U0261452

TECHNOLOGY OF MERCURY REMOVAL
FROM FLUE GAS
BY BIOCHAR ADSORBENT

生物焦吸附剂烟气脱汞技术

贾里　著

内 容 提 要

本书根据电厂实际烟气环境提出了生物焦吸附剂烟气脱汞技术，对生物质的热解制焦过程进行优化融合，在选择特定组分进行结构设计的基础上，使吸附剂的脱汞与再生性能大幅提高。书中重点阐述了热解方式、颗粒粒径、热解气氛和改性条件对吸附剂性能的影响及机理，阐明了非恒温及多气相组分等多参数耦合条件下生物质的反应路径和最优活化再生方法；通过构建吸附剂的分子结构，在明晰其结构特性的同时，揭示了生物焦吸附剂的汞脱除机理。本书内容可为经济制备优异脱汞剂及其高效分离再生的工艺提供关键数据和理论基础。

本书可供高等学校能源与动力工程、环境工程等相关专业的本科生、研究生以及工程技术人员参考。

图书在版编目（CIP）数据

生物焦吸附剂烟气脱汞技术/贾里著．—北京：中国电力出版社，2021.10
ISBN 978-7-5198-6006-6

Ⅰ.①生…　Ⅱ.①贾…　Ⅲ.①煤烟污染—汞—废气治理—研究　Ⅳ.①X701.7

中国版本图书馆 CIP 数据核字（2021）第 191205 号

出版发行：中国电力出版社
地　　址：北京市东城区北京站西街 19 号（邮政编码 100005）
网　　址：http://www.cepp.sgcc.com.cn
责任编辑：赵鸣志（010-63412385）马雪倩
责任校对：黄　蓓　郝军燕
装帧设计：赵丽媛
责任印制：吴　迪

印　　刷：三河市万龙印装有限公司
版　　次：2021 年 10 月第一版
印　　次：2021 年 10 月北京第一次印刷
开　　本：700 毫米×1000 毫米　32 开本
印　　张：8.125
字　　数：220 千字
印　　数：0001—1000 册
定　　价：60.00 元

前言

进入环境中的汞（Hg）对人体健康危害极大。作为主要的人为汞排放国家，中国面临着越来越大的国际压力与前所未有的挑战。煤炭燃烧后释放的汞已成为大气中汞的主要来源，而电力行业燃烧的煤占煤炭产量的60%，减排潜力巨大，优化空间明显，从而对于中国所要完成的这项紧迫的汞减排任务，电力行业将成为重要的突破。现阶段电厂无专门的汞排放控制装置，根据我国目前实际情况，能够与现有烟气净化设备联用的吸附剂喷射法，已成为降低燃煤电厂汞排放量的具有巨大发展潜力的技术。因此，开发高效廉价的可循环再生汞吸附剂是国家能源与环境领域的重大需求。生物焦作为生物质热解的固体产物，具有良好的物理化学特性，国际上利用生物焦脱除燃烧污染物的研究已得到广泛开展。同时电厂锅炉煤燃烧后形成的中温烟气，可以为生物质的热解过程提供必需的能量并获得生物焦吸附剂，进而对烟气中的汞进行高效脱除，并最终被除尘器分离捕获。该技术无须专门吸附剂制备装置，利用废弃生物质治理汞污染，减排成本极低，技术可靠且潜力巨大，从而实现“以废脱毒”。

本书以农业废弃物——核桃壳生物质作为原料，在多参数耦合条件下采用热解制焦的方法，针对电厂锅炉实际烟气环境，制备了具有较高脱汞活性的生物焦吸附剂。将常规化学沉淀法、溶胶凝胶法、多元金属多层负载与生物质热解制焦过程优化融合，在选择特定组分进行结构设计的基础上，使生物焦吸附剂的脱汞与再生性能大幅提高。在获得生物焦吸附剂汞脱除特性的基础上，借助多种表征分析手段研究其物质组成、晶相结构、热解特性、孔隙结构、微观形貌、元素价态和表面化学特性等，建立吸附剂理化性质与脱汞性能之间的构效关系；基于自行构建的生物焦分子结构，利用程序升温脱附等技术，并借助吸附动力学和密度泛函理论，揭示吸附剂对汞的氧化和吸附过程之间的深层次差异性机理，以及汞脱除过程的关键作用机制，进而提出生物焦吸附剂烟气脱汞技术。本书呈现了本领域最新的研究成果，既体现出其学术特点，又密切联系工程背景。

全书共分6章，主要由作者以及课题组老师多年的研究成果组成。在编写过程中，课题组金燕教授、樊保国教授、乔晓磊工程师以及王建成教授、张建春教授级高工给予了很大的支持。博士研究生申欣、王彦霖和硕士研究生李犇、姚禹星、霍锐鹏、韩飞、赵蕊、郭晋荣、张永强、李泽鹏、秦舒宁、张柳、王碧茹、陈世虎、王晨星等做了一系列的研究工作，在此一并感谢。

本书的出版得到了国家自然科学基金委员会、山西省科技厅及教育厅、清华大学电力系统国家重点实验室、太原锅炉集团有限公司、国家电投集团宁夏能源铝业有限公司临河发电分公司等部门的资助，在此表示感谢。

由于本领域国际上相关研究较少，加之著者水平有限，书中难免存在不足，恳请广大读者批评指正。

贾里

2021年9月

目录

第1章

概　述

由于自然和人为的原因进入环境中的汞（Hg）因其具有致癌、致畸、致突变等毒性，对人体健康危害极大，已逐渐被公众关注。其中，煤炭燃烧后释放的汞占中国汞排放总量的50%，已成为中国大气中汞的主要来源。

中国由于特殊的能源结构，2016年火电装机容量占总装机容量的75%[1]，火电厂燃烧的煤占煤炭产量的60%[2]，而且每年耗煤量花费占火电厂发电总投入的60%。火电厂由于单台设备容量大、燃煤量多，所以污染物的排放相对集中。电厂锅炉煤燃烧后，在排烟温度条件下，随烟气离开锅炉的汞一部分是气态的单质汞（Hg^0），另一部分是汞的氧化物（以$HgCl_2$为主）。其中，气态单质汞难以捕获，会有一部分被多孔的飞灰吸附；而Hg^{2+}凝固或凝华后形成固体（$HgCl_2$的凝固点为276℃），也可能被吸附，同时因其能溶于水，在后续的除尘、脱硫过程中可以从烟气中分离[3]。目前，控制煤燃烧所带来的烟气汞污染引起了世界各国的关注和研究。

现阶段无专门的汞排放控制装置，根据我国目前实际情况，能够与现有电除尘器（electrostatic precipitator，ESP）和布袋除尘器（fabric filter，FF）等设备联用的吸附剂喷射法，已经成为降低燃煤电厂汞排放量的一项具有巨大发展潜力的技术。其中，活性炭喷射技术作为燃煤烟气汞控制技术之一，已开始应用于部分城市的固体废物焚烧装置中，但是，同时也存在竞争吸附、温度域窄、成本高和再生差等问题。因此，开发高效廉价的可替代汞吸附剂已成为一项具有实际应用价值的工作。

作为生物质得以充分利用的重要途径，可以用于脱除燃烧污染物，例如使用生物焦脱除烟气中的 SO_2 以及通过生物质气化后的燃气再燃以控制燃煤锅炉的 NO_x 排放等技术，能够有效解决生物质热值与其单独利用效率较低的问题，在国际学术与实际应用研究中已经得到了广泛关注和发展；然而通过热解直接获得的生物焦对汞的吸附效率较低，其吸附能力的提升一般需要进行改性处理。

对于燃煤烟气中气态汞的吸附，如果存在一个近似相当的反应条件，则可以使生物质颗粒在该条件下进行热解，并随着烟温降低连续进行汞的吸附。电厂锅炉煤燃烧后生成的烟气形成了高温（1100℃或950℃）、贫氧（4% O_2 左右）的条件，可以为生物质的热解过程提供必需的能量，形成生物焦后，在温度较低的适宜区间对气态单质汞进行吸附。

由于省去了专门的汞吸附剂（生物焦）的制备过程，这种既能脱除汞污染，又能利用可再生能源的工艺，使得汞减排成本相对较低，有可能成为汞减排可靠且具有巨大潜力的手段。生物焦的吸附性能主要由结构特性及表面化学性质两方面因素共同决定，与生物焦的制备条件和对汞的吸附条件有关，主要包括热解方式、颗粒粒径、热解气氛、改性方式、吸附温度及气氛等参数。在高温热解条件下，这些参数不仅自身之间会互相影响耦合，同时还可以对热解过程中生物焦的形成、挥发分的释放及单质汞的吸附等过程产生耦合作用，导致生物质热解过程变得复杂，进而影响热解产物生物焦的性质及相应汞吸附特性。目前，多参数耦合条件下生物焦的制备及其对 Hg^0 吸附机理研究，国内外尚未有相关研究报道，仍需对相关基础问题进行系统深入的研究，以期为本工艺的实施提供关键数据和理论基础。

1.1 汞及其化合物的性质及危害

汞（mercury）的化学符号为 Hg，由于熔点较低，在常温条件下即可蒸发。在20℃时，汞蒸气压为0.1733Pa。通常情况下可以与O、Cl、S等元素结合[4]。

汞具有较好的导电性和导热性，并且具有不可燃性。除去铁金属，汞能与金、银、锡、锌等金属形成合金即汞合金（汞齐）。由于铁和汞无法形成合金，通常用铁来置换汞。汞蒸气因具有较大密度和表面张力，易吸附在墙壁、衣物等日常用品上，形成二次污染，持续污染空气和周边生活环境。单质汞是自然界中化学性质较为稳定的物质，且其电力势能较高。

汞的各种形态均具有非常大的毒性，误食入人体内后容易积蓄且不容易被降解，进而直接危害人的身体健康[5]。汞的急性中毒可能会造成人体神经系统的永久性损伤，甚至会严重影响其他身体机能[6]。含汞的化合物中，毒性最强的是甲基汞，毒性较弱的是无机汞。人类活动中排放的含汞化合物大多都是无机汞，但经过环境的一系列变化，无机汞可能会转化为毒性较强的甲基汞，具有隐蔽和突发性，从而严重危害人类的身体健康和生存环境。历史事件中，有两起影响较大的与甲基汞相关的人类中毒事件，一起是曾发生在伊拉克的误食甲基汞处理后的谷物而产生中毒；另一起是曾发生在日本的误食被甲基汞污染的海鲜而产生中毒，被称为“水俣病”。

1.2　汞污染来源

汞污染大部分通过大气进行扩散，而其重新分配则是依靠陆地与海洋。在大气中的气态单质汞传输距离可达1000多km[7,8]，且可以停留少至几个月多则一年的时间[9]；相比而言，气态二价汞和颗粒态汞的传输距离较短，无法实现长距离转移，且不能在大气中长时间停留，一般会与其他元素发生反应，最终以化合物形态沉降于地面，造成沉降地区的局部污染。目前全球每年天然排放汞和人为排放汞的总估算量为5000～6000t[10,11]，其中人为排放（尤其是煤炭燃烧）被认为是造成大气汞污染的重要源头，天然汞排放的源头则较为分散，难以从根本上进行控制。因此对大气中汞污染排放量的控制，就必须要从严格控制人为排放入手，尤其减少火力发电厂等较大汞污染源头的排放量，这也是降低汞污染的首要任务。

1.2.1 天然排放源

汞的天然排放源是指无人类活动参与的自然汞排放源头，主要有火山喷发、地热活动、含汞矿物质的风化及海洋自然挥发等。

天然汞排放源头占比如图 1-1 所示。其中，火山喷发排放到大气中的汞占全球每年汞天然源头排放量的 17%[12]；地热活动排放到大气中的汞占全球每年汞天然源头排放量的 9%[13]；含汞矿物质的风化排放到大气中的汞占全球每年汞天然源头排放量的 2%[14]；海洋自然挥发排放到大气中的汞占全球每年汞天然源头排放量的 72%，这部分汞主要来源于海底火山喷发、海槽热液活动和天然沉积汞的直接排放[15]。

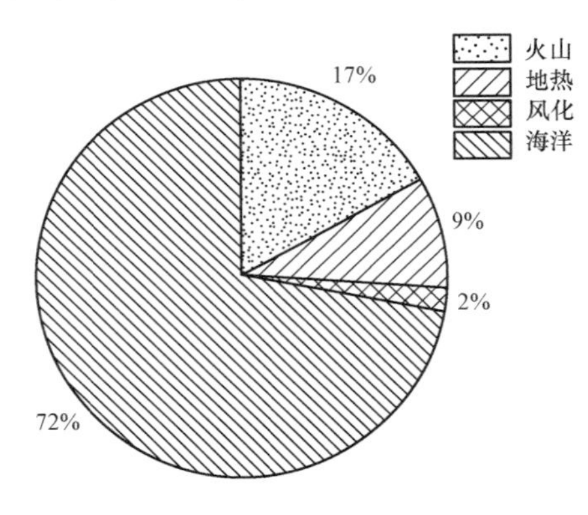

图 1-1 大气汞的天然排放源占比

1.2.2 人为排放源

根据联合国环境规划署的 2013 年全球汞排放评估报告，向大气中排放汞污染物的主要人为排放源占比如图 1-2 所示。从图 1-2 中可以看出，主要人为排放源头大致可分两类：第一类为生产过程排放，这部分排放的汞是存在于生产原料或者燃料中的杂质，即为生产过程中所形成的“副产品”，这一类的汞污染主要来源于化石燃料（43%）、采矿及冶炼过程（22%）、石油和天然气的燃烧（1%）以及炼油过程（1%）；第二类则来自产品使用或处理过程，来源于小型金矿（27%）、处理或正在处理的废物产品（5%）、氯碱行业中汞的使用（1%）以及人类火葬中牙齿填料的释放（小于 1%）[16]。

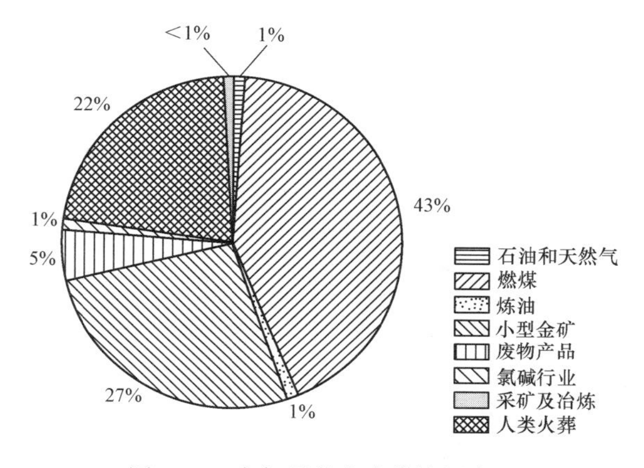

图1-2　大气汞的人为排放源占比

1.3　全球汞污染现状与排放标准

1.3.1　国际汞污染排放现状

现阶段研究发现，汞的人为源所排放的汞主要分布于以下区域：亚洲东南部、非洲北部近地中海地区及南部、北美洲东南部、欧洲中部等[17]。这些地区中大多数都是经济比较发达或经济高速发展的国家，属于人类经济和社会活动较为密集的地区，因此可得人类活动干预与汞排放量密切相关。

1990年以后，全世界范围内的汞排放量一直呈现较为稳定的趋势。根据1995～2010年期间的相关研究，全球汞排放趋势如图1-3所示。随着对火力发电机组所排放重金属及其他污染物限制的颁布，北美与欧洲的汞排放总量在过去十几年间呈下降趋势，在2005～2010年的五年间，美国火力发电厂汞排放总量下降50%左右[18]。在亚洲，包括中国在内的发展中国家，由于经济高速发展，且产业结构不合理，所以相关能源需求量大，直接导致亚洲地区的汞排放量逐年上升，占据全球汞排放总量的50%以上。在南美洲和南非地区，黄金价格的持续增长导致金矿开采活动频繁，而金矿开采不可避免会增加汞的排放量，自2005年至今，这两个地区的汞排放量增长约一倍。以上均为人为活动所造成的汞排放[19-21]。

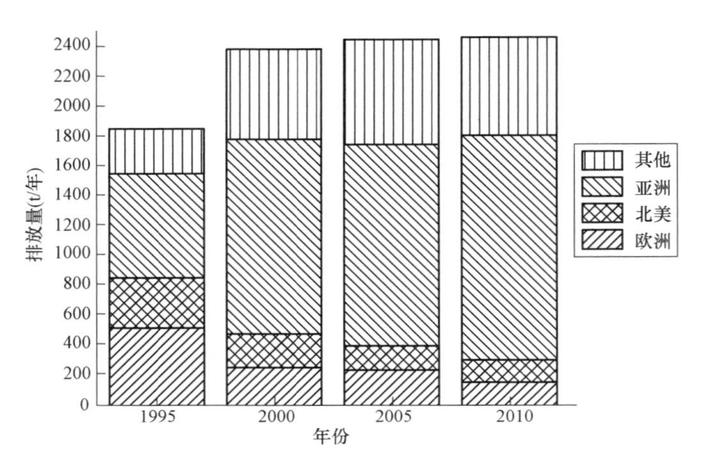

图 1-3　全球范围内的汞污染排放趋势

1.3.2　中国汞污染排放现状

作为最大的发展中国家，近年来中国工业规模迅速扩张，随之而来的能源消耗量也逐渐提升。同时，作为全球最大的煤炭出产国与消费国，中国的一次能源消费中煤炭占比约 70%，且呈逐年增长趋势。预计 2020 年的燃煤消费量将达到 3×10^9 t[22]。在大气中人为汞排放量的主要来源是化石燃料的燃烧，尤其是煤炭燃烧，世界其他国家开采出的燃煤资源中汞及其化合物的平均含量为 0.02～1μg/g，而我国煤中汞的含量则高达 0.2～2μg/g[23,24]。由于煤炭的高消费和高含汞量，中国的汞排放量占全球总量的 27%，成为全球最大的汞排放国家[25]。随着经济增长和资源消耗增加，中国人为汞排放量每年递增。1999 年，中国人为汞排放量约为 535t，2003 年为 695t，截至 2007 年人为汞排放总量增至 794.9t[26]。中国在 2012 年由于燃煤向大气中排放的汞约 254t，其中工业锅炉汞排放占比 47%，电厂锅炉排放占比 39%，居民区排放占比 8%[27]。

同时我国各地区原煤含汞量相差较大，造成各地区的人为汞排放量不同。从省份角度研究，贵州、广东和辽宁是我国人为汞排放量最大的三个省。贵州是因为原煤使用量大、所产出的原煤含汞量大，且工业生产中汞排放控制设备缺乏而导致；广东和辽宁则由于有色金属的大量冶炼，汞污染物成为金属冶炼的“副产品”导致。从地区分布来看，经济发达、人口众多的东南沿海和中部崛起地区汞排放量远高于西部欠发达地区，可得出汞排放量与社会经济、人口活动呈密切相关关系[28,29]。

综上所述，无论是从国家还是地区角度，加强中国的汞排放控制与监管是大势所趋，尤其是作为排放大户的燃煤电厂。研究和使用高效、绿色的电厂脱汞技术对于降低我国汞排放量意义重大。

1.3.3　汞的排放标准

近年来，随着世界经济的快速增长，人类生存环境日益恶化，为了资源的可持续利用和人类的健康文明，关于火力发电厂汞及其他有害重金属的污染已逐渐被公众和政府所关注，并对汞污染排放的具体限制进行了规定。

（1）美国。美国环境保护署（U.S. Environmental Protection Agency，EPA）于21世纪初开始控制火力发电机组汞的排放，并相应颁布了美国清洁空气汞控制法规（Clean Air Mercury Rule，CAMR），主要依靠利用现有电厂烟气污染物控制装置，对汞进行减排。预计至2020年，实现美国全年汞排放量下降至15t的目标，相应整体汞排放逃逸率仅为30%[30]。

在CAMR具体实施期间，随着全球对空气污染的重视，美国联邦政府于2009年要求对CAMR的框架法规（Clean Air Interstate Rule，CAIR）进行修订，并要求环境保护署设立更为严格的标准，进而有效控制电厂汞排放量。新制定的标准将以“最大可实现的控制技术”为原则，且具体要求以美国汞排放量最小的12%的燃煤电厂排放量的平均值作为标准制定新法规[31]。在此基础上，美国环境保护署于2012年初颁布了关于燃煤电厂有毒有害气体的排放标准（包括汞在内）（Mercury and Air Toxics Standards，MATS），并于2012年4月16日起正式实施。其中，规定现有和新建的燃煤、燃油锅炉都要实行减排，这是美国首次针对燃煤电厂颁布全国性的大气污染控制法规。由于美国排放的汞约 50％来自电厂，该标准可削减电厂 90％的汞排放量[32]。

（2）欧盟。欧盟于 2001 年颁布的《大型燃烧装置大气污染物排放限值指令》（2001P 80P EC）未对汞排放作强制性约束。2006 年出台的《大型燃烧装置的最佳可行技术参考文件》中也没有强制规定汞的排放限值，仅推荐了利用常规烟气污染物的脱除装置进行协同脱汞，主要包括选择性催化还原装置（selective catalytic reduction，SCR）、烟气湿法脱硫装置（wet flue gas desulfurization，WFGD）、电除尘器和布袋除尘器等。德国则对汞的排放有具体要求，其中德国联邦控制法案第十三条例（13 BlmSchv）要求燃煤电厂的汞排放限值为 $0.01mg/m^3$，并要求所有电厂安装汞的连续监测系统；同时德国电厂技术协会于 2010 年所制定的协会标准，要求燃煤锅炉的汞排放量控制在 $0.01mg/m^3$ 以下。

（3）中国。2011 年，中国生态环境部颁发了最新《火电厂大气污染物排放标准》（GB 13223—2011），首次将汞纳入电厂锅炉污染物排放的限值中，要求从 2015 年 1 月 1 日起，燃煤电厂烟气汞的排放限值为 $0.03mg/m^3$。从规定中可以看出，与发达国家和地区（如美国、欧盟等）相比，中国燃煤电厂有关汞的排放标准还有很大差距。

《关于汞的水俣公约》于 2017 年 8 月 16 日正式生效，在国际化学品领域内，是继 1997 年 2 月《关于持久性有机污染物的斯德哥尔摩公约》之后的又一重要国际公约，作为首批缔约方之一，我国汞的排放情况也越来越被国际社会所关注。中国作为全球最大的煤炭出产国和消费国，经济增长迅速，且以化石燃料为主体的工业能源消费结构无法在短期内发生根本性改变，这势必会导致未来汞排放污染越来越严重，我国的履约将面临巨大考验，因而研究煤炭燃烧过程中汞污染的控制技术有着重大现实意义。

1.4　燃煤电厂汞排放特性及脱汞技术

1.4.1　燃煤电厂烟气汞排放特性

煤炭燃烧时汞的释放规律十分复杂，既与燃烧方式有关，也与煤质特性有关。其中，煤粉炉和流化床锅炉是我国现有火力发电厂普遍使用的主要燃烧方式。现阶段研究发现，在煤粉炉中，入炉的汞多以气态形式存在，并随着烟气进入大气中，所占比例在 75%～90%范围内，另有少部分的汞存在于脱硫石膏、底渣和飞灰中。对于电厂流化床锅炉，入炉的汞中 65%～80%被飞灰吸附，而后被除尘器所捕集，只有一少部分的汞存在于锅炉底渣中，或随着烟气排出[33-37]。

煤质特性中，影响燃煤电厂汞排放量的重要因素主要是煤炭中硫、灰分、氯和汞的含量，这四种特性主要通过影响汞的赋存形态进而影响汞在燃煤产物中的分布情况。其中，硫元素会通过抑制单质汞的氧化以及氯化汞的形成，对汞的捕集产生不利影响；灰分含量越多，飞灰在烟气中的含量越大，因此气态汞被飞灰吸附的可能性越大；烟气中的氯元素比氧气更能加速气态单质汞氧化；烟气的温度越高，越不利于气态汞向颗粒吸附态汞的转化，阻碍飞灰对汞的吸附和氯元素对单质汞的氧化[38-41]。

1.4.2　燃煤电厂烟气脱汞技术

燃煤汞排放标准日益严格，为探寻有效的汞排放控制方法，有关燃煤汞污染控制技术和管理等方面的研究已逐渐被国内外学者关注和开展。综合国内外研究现状，控制燃煤电厂汞污染的有效方法主要包括：燃烧前燃料脱汞、燃烧中控制和燃烧后烟气脱汞三方面。目前关于此方面的研究集中于燃烧后烟气脱汞。

1.4.2.1　燃烧前燃料脱汞

有关燃烧前燃料的脱汞方法，目前最常用的有燃煤洗选和燃煤热处理两种技术。燃煤洗选技术是通过分选以去除原煤中的一部分汞，进而在煤炭燃烧之前将汞脱除[42]，需将煤与包含黄铁矿或者其他杂质的矿物质分开，以此来减少汞和其他重金属的含量。目前主要采用的是物理洗煤技术，能够有效减少在燃煤过程中产生的汞排放量，主要有重介质分选技术、旋流分离技术、浮游选煤技术、利用密度差值分离杂质的跳汰技术，以及利用表面物化性质差异分离杂质的选择性絮凝技术等。燃烧前燃料的脱汞方法还包括具有一定脱除效果的微生物法和化学法，但使用成本较高，不适宜大范围的工业化应用。但是，目前所常用的洗选技术无法将与煤中有机碳相结合的汞有效脱除，仅能将原煤中不可燃矿物原料中的部分汞脱除。目前发达国家的燃煤入洗率已达40%～100%，而我国的燃煤入洗率仅为34%左右，与发达国家存在着很大的差距。在实现燃煤电厂的绿色环保生产，提升原煤入洗率方面，我国的脱汞技术发展任重而道远。

燃煤热处理技术是指利用汞及其化合物容易挥发的特性，对燃煤进行加热，在此过程中使煤炭的部分汞及其化合物挥发析出，以此来降低煤炭汞含量。Senior 等[43]研究发现，在400℃的热解温度下，该项方法能实现高达80%的脱汞率，但在具体操作过程中，由于高温条件造成煤炭的部分热解而热值降低，且耗能较大，同时如果没有及时对煤热解过程中所释放的汞及其化合物进行处理，仍会对环境造成污染。所以，通过该方法实现对煤炭中汞的脱除尚未成熟，在未来有待进行更深层的研究探索。

1.4.2.2 燃烧中控制

目前，国际上关于燃烧中汞污染控制的研究较少，现有的技术措施主要有流化床燃烧和变工况燃烧等。

流化床燃烧技术应用较广，一方面是由于燃料能在流化床炉中停留时间更长，从而提高了汞吸附于颗粒物表面的比例；另一方面是因为流化床内炉温较低，能够降低氧化态汞分解为单质汞的概率，增加氧化态汞在烟气中的含量。陆晓华等[44]通过建立模型，研究燃烧工况、燃烧气氛、煤灰粒径、煤粉细度等影响因素与煤灰中部分重金属元素的含量关系，证明通过调节燃烧工况（如提高煤粉粒径、降低炉内温度与还原性气氛等），可以降低各种痕量元素的排放。

1.4.2.3　燃烧后烟气脱汞

燃烧后烟气脱汞是当前我国乃至世界范围内燃煤电厂主要使用的脱汞技术手段。目前的相关烟气脱汞研究主要分为两个方面，一方面是使用吸附剂脱除烟气中的汞，主要是对新型吸附剂的开发和对已有吸附剂的改性；另一方面是采用已有的燃煤电厂烟气污染控制设备，实现烟气脱硫脱硝与脱汞的协同进行。

(1) 现有污染物控制设备（air pollutant control devices，APCDs）。美国环境保护署发布的信息收集报告统计了 80 多个具有代表性的燃煤电厂，对其汞排放量进行研究，获得了不同设备运行条件下和不同煤种投入使用工况下的电厂汞平均减排情况[45]，结果如表 1-1 所示。研究发现，在脱硫、脱硝和除尘等污染物控制设备的协同作用下，对燃煤烟气中汞的脱除率可以达到 90%以上。

表 1-1　　不同协同控制技术的总汞平均减排量

控制策略	控制技术	平均脱除率（%）		
		烟煤	无烟煤	褐煤
颗粒物控制	CS-ESP	36	9	N/A
	HS-ESP	14	7	N/A
	FF	90	72	N/A
	PS	N/A	9	N/A
颗粒物控制和喷雾干燥器	SDA+ESP	N/A	43	N/A
	SDA+FF	98	2	2
	SDA+FF+SCR	98	N/A	N/A
颗粒物控制和湿法烟气脱硫系统*	PS+WFGD	12	10	N/A
	CS-ESP+WFGD	81	29	48
	HS-ESP+WFGD	46	20	N/A
	FF+WFGD	98	N/A	N/A

注　CS-ESP 为低温静电除尘器；HS-ESP 为高温静电除尘器；FF 为布袋除尘器；PS 为湿式除尘器；SDA 为喷雾干燥吸收器；N/A 表示不适用。

* 两种控制设施捕获汞量预估。

燃煤电厂主要使用 ESP 或 FF 来实现对粉尘的控制，这两种方法的除尘效率可达99%以上。在除尘的同时，附着在大颗粒表面的 Hg^P（颗粒态汞）也能够有效被ESP脱除，另一部分吸附在亚微米颗粒中的固相Hg却很难被ESP捕集，且对气相 Hg^0 和 Hg^{2+} 基本无捕捉能力[46]。FF对烟气汞的减排不仅表现在对 Hg^P 的脱除，而且对气相 Hg^0 和 Hg^{2+} 也有一定去除能力[47]。截至2009年年底，我国95%以上的锅炉机组采用ESP作为除尘设备[48]。

烟气湿法脱硫是将石灰和石灰石作为吸附剂，对 Hg^{2+} 可以达到90%的脱除效率，是我国目前主要使用的脱硫技术，但该方法对 Hg^0 的脱除效果不明显[49]。

面对日益严格的环境保护法规，越来越多的火力发电厂使用SCR脱硝技术，研究表明，SCR装置可促进烟气中 Hg^0 的氧化，而燃煤煤种和烟气中含有的氯化物含量很大程度上影响了SCR对 Hg^0 的氧化效率[50,51]。

目前燃煤电厂的APCDs虽然已能在一定程度上实现汞的减排，但基于我国国情，入炉煤品质较发达国家差距较大，所以面对越加严格的燃煤排放控制标准，专门针对烟气中汞的减排控制迫在眉睫。

（2）脱汞吸附剂。利用吸附剂进行脱汞是将吸附剂注入除尘器，在吸附烟气中的汞和提高氧化作用的同时，利用除尘设备和脱硫设备的协同效果，将脱汞效率达到较高程度，该方法是目前最具发展潜力的脱汞技术。目前脱汞吸附剂的研究主要集中于两方面，一方面降低使用成本；另一方面提高吸附性能。碳基、飞灰、钙基和矿物类吸附剂是当前在燃煤电厂中应用较多的汞吸附剂[52]。

（a）碳基吸附剂。碳基脱汞材料由于其密集的孔隙结构和复杂的表面活性官能团，对大气与水体污染物有较好的吸附能力。目前，活性炭喷射法（activated carbon injection，ACI）作为最成熟的技术，已投入使用于部分城市固废焚烧装置中。活性炭吸附脱汞是一个动态的复杂过程，主要有吸附、凝结、扩散和化学反应等步骤，而且活性炭对汞的吸附效果受到表面官能团种类、自身孔隙结构、颗粒粒径、环境中的空速、温度、汞的浓度等多种因素的影响[53]。孙巍等人[54]将卤素蒸汽作为改性剂将活性炭改性，对比改性前后的活性炭吸附能力，发现对活性炭进行改性能够提高其吸附性能，其中使用溴改性的活性炭具有最佳吸附能力。其他学者利用 CeO_2、$ZnCl_2$、$CuCl_2$、MnO_2 等[55,56]作为活性炭的改性剂，发现这些物质能将单质汞氧化为氧化态汞，进而对汞进行吸附和脱除，显著提高活性炭对于汞的吸附性能。

利用活性炭吸附法脱汞主要采用两种方法：一种方法是将活性炭在除尘装置之前喷入，在吸附汞之后于除尘装置中被捕集，从而实现脱汞；另一种方法是在烟气排放之前设置活性炭吸附床（granular activated carbon，GAC)，将烟气通入吸附床中进行处理，从而达到脱汞效果。目前 ACI 脱汞方法应用范围较广，但其使用和推广存在着以下弊端：由于活性炭吸附容量较低、热稳定性较差，且烟气中存在的汞浓度极低，使用 ACI 脱汞的成本极高；ACI 的使用提高了在飞灰中的未燃尽碳比例，从而降低了飞灰的再循环利用率，同时这种方法对 HgO 的脱除效果较差；由于活性炭具有吸附无选择性的特点，在其吸附过程中，会不可避免吸附烟气中的其他成分，因此对汞的吸附能力下降，导致了 ACI 方法的投入成本进一步提高。因此，需要研究和推广更为高效和廉价的可替代汞吸附剂，这也是当前关于吸附剂研究的热点。

(b) 飞灰吸附剂。作为燃煤电厂生产过程的主要副产品之一，飞灰能够被用于脱除烟气中的汞，而且与活性炭相比，价格更为低廉，得到了广泛关注。当前飞灰主要应用于垃圾焚烧锅炉的烟气脱汞领域。

樊保国等[57]通过对电厂汞分布的分析研究，发现电厂中占总汞质量 69.17%的汞污染可由飞灰捕集，且飞灰表面的未燃尽碳能够帮助提升其对汞的吸附能力，同时飞灰表面的如 C═O 等含氧官能团具有一定的氧化能力，进而能够促进 Hg^0 的化学吸附和氧化；飞灰吸附烟气中的汞是化学反应、化学吸附、物理吸附或者三种方式的有效结合[58]。美国 Radian 实验室[59]研究发现，飞灰对汞具有吸附作用，其吸附能力受环境温度、自身特性、烟气成分等多种因素的影响；在吸附烟气中汞的过程中，Hg^0 被首先吸附，在达到动态的平衡之后，飞

灰才可以和烟气中 NO_x、SO_2、HCl 等气体产生反应；部分单质汞在被氧化之后，能够被下游的脱硫装置脱除，而吸附汞的飞灰将被后续除尘装置所捕集到。樊保国等[60]研究发现，飞灰中的含汞量会随着飞灰粒径的增加呈现先增后减的规律，在 90～106μm 的粒径范围中，飞灰吸附汞的能力达到最强；温度高低也会影响飞灰对汞的吸附能力，温度越低，其吸附能力则越好。另外，研究还发现，飞灰表面的含硫化合物在其吸附汞过程中，能够形成汞的活性吸附位点，与单质汞产生反应，从而形成 HgS[61]；烟气中的 NO_2 等成分能够加速飞灰对汞的氧化，而 NO 和 SO_2 等则能够和汞形成竞争吸附，进而影响飞灰对汞的吸附效果。

（c）钙基吸附剂。钙基物质对烟气中汞的脱除效果存在差异，目前对氧化汞脱除效果最好的钙基物质主要有 CaO、$Ca(OH)_2$ 等，效果最高至 85%，但对单质汞的吸附效果较差，CaO、$Ca(OH)_2$ 等也是目前应用较多的用以控制烟气中汞含量的钙基物质[62]。由前文可知，汞污染控制的关键在于脱除燃煤烟气中的 Hg^0，而钙基吸附剂脱除单质汞的效果并不能满足控制汞污染物的相关要求。

钙基吸附剂能够有效脱除燃煤烟气的硫氧化物，而且价格便宜又易于获得，因此若能够实现对于燃煤烟气汞吸附性能的突破，将在未来有很大的发展潜力。当前有关钙基吸附剂的研究集中于两个方面，一方面是在钙基吸附剂中加入具有氧化性的元素，从而提高其对单质汞的氧化能力；另一方面是增加吸附活性位点，提高对单质汞的吸附水平。

（d）矿物类吸附剂。常见的矿物类吸附剂有黏土、膨润土、沸石、硅胶、高岭土等。尽管大部分矿物类吸附剂脱汞效果并不好，但作为吸附剂，具有价格便宜并且易于获得的优势。研究表明，原始的矿物类材料脱汞能力极低，经过改性的硅胶和高岭土脱汞能力仍然较差，但通过金属卤化物改性处理的沸石、硅酸钙和氧化铅脱除汞的能力较强，说明了矿物类吸附剂的有效脱汞过程是载体与活性组分共同作用导致[63]。

综上所述，APCDs和活性炭吸附法已成为目前国际上控制燃煤电厂汞污染排放所用的主要技术，但这两种技术在中国的应用受到一定的限制：

（1）我国燃煤的含氯量较低（63～318mg/kg），远低于美国燃煤含氯量的平均水平（628mg/kg），因此我国电厂中SCR单元催化氧化Hg^0的能力较差。同时，原煤含有较高的硫元素，导致燃烧后的烟气中SO_2浓度较高，进而严重阻碍了活性炭对Hg^0的吸附。

（2）APCDs和活性炭喷射法均无法完全将汞及其化合物从烟气中捕集并进行集中控制，甚至可能将气态的Hg^0氧化成毒性更大的$HgCl_2$，这些$HgCl_2$分散于飞灰、脱硫液以及脱硫石膏中。在我国，这些副产品都要进行资源化再利用（一般用于生产建材）。虽然这些建材中$HgCl_2$含量较低，但由于$HgCl_2$溶于水、易挥发，进而产生二次污染，所以会增加中国居民的汞暴露风险。其中，脱硫副产品中的Hg^{2+}很容易再被还原成Hg^0释放到空气中[64]。

1.5 生物焦吸附剂

1.5.1 生物质资源及其利用

生物质是绿色植物光合作用所产生的各种有机物，并通过化学方式将太阳能以可再生形态存储于生物圈中，具有低氮、低硫、零碳排放、高氯、高灰焦活性和高挥发分的优点。根据统计结果，目前全球每年大约产出1460亿t生物质，总能量相当于1.4×10^{11}～1.8×10^{11}t标准煤，为全球总能耗的10倍，其中农作物生物质大约产出300亿t/年。作为农业大国，中国的生物质资源十分丰富，根据估算，生物质资源每年约产出50亿t[65]，总能量高达6×10^8t标准煤。其中，山西省相较于其他省份，具有更为丰富且特殊的生物质资源，玉米芯、棉花秆和核桃壳等可供回收利用的资源丰富，核桃产量位居全国第二。目前可供利用的生物质资源主要是有机废弃物，如能源作物、农业废弃物、木材、城市垃圾、人畜粪便、有机废水与水生植物等。这些可供利用的生物质资源并未被社会有效利用，而是被直接作为燃料燃烧或者作为废弃物填埋，在浪费生物质资源的同时，带来了对环境的污染[66]。

对生物质的有效利用主要有气化技术、沼气技术、热解碳化技术、直接燃烧发电技术和生物质固化成型技术等。作为与活性炭同为碳基材料的生物焦，主要通过生物质热解产生。热解一般是在无氧环境中将生物质加热至高温，利用热能切断大分子化学键，使其转变为小分子物质的过程。而作为生物质热解的固态产物，生物焦具有孔隙结构复杂和表面化学特性丰富的特点，作为汞吸附剂潜力巨大。目前，国内外关于生物质脱除燃烧污染物的研究已经非常广泛，如将生物质气化后的燃气进行再燃以实现燃烧过程中 NO_x 的减排，使用生物焦以减少烟气中 SO_2 的排放等[67,68]。这些研究能够有效弥补生物质热值不足和单独利用效率低的缺点，为生物质的利用提供了有效途径。将生物质进行资源化利用，无疑是绿色、低碳的努力方向，探索低费用的制焦工艺和吸附工艺则是利用生物焦的必要前提。

1.5.2 生物焦汞吸附剂

现阶段国内外关于生物焦汞吸附剂的相关研究主要集中在制备条件、微观特性和吸附条件对吸附剂汞吸附特性的影响以及吸附机理等四个方面。

（1）制备条件对吸附剂汞吸附特性的影响。制备条件主要有生物质种类、热解温度以及化学改性三个方面。

（a）由于自身成分差异，由不同种类的生物质制备出的生物焦孔隙结构和表面形态不同。林晓芬[69]通过实验对玉米秆、稻壳等八种生物质进行热解并对其孔隙结构进行分析，发现不同生物质所形成的生物焦其表面形态有很大程度不同，在热解焦孔隙结构方面，棉花秆和玉米秆比树叶和稻壳更发达，丰富的孔隙结构有利于气体在生物焦颗粒内的扩散。Gonzalez 等[70]在 N_2 气氛下，对橄榄核、杏树枝、胡桃壳和杏仁壳四种生物质于 600℃温度条件下进行 60min 的热解制焦，研究表明生物焦孔隙结构与其原料密切相关，杏仁壳更加容易产生具有很多微孔结构的热解焦。卢平等[71]对稻壳、稻秆、麦秆、棉花秆等生物质进行热解制焦实验，发现在相同的制备条件下，麦秆热解焦具有最优的孔隙结构参数。

（b）热解温度的差异直接影响到生物焦表面孔隙结构。Sánchez 等人[72]将巴西栗在 350、600℃和 850℃三个不同温度下进行热解制焦，对所制出焦样的孔隙情况进行对比研究，发现挥发分物质的析出量会随热解温度的增高而提升，从而形成复杂的孔隙结构，但温度过高会造成内孔塌陷，所形成较大孔径的孔隙则不利于生物焦对汞的吸附；在 600℃温度条件下，所获得热解焦具有最佳的表面形貌和孔隙结构。尹建军[73]利用固定床对稻秆在 500、600、700℃和 800℃四个不同温度进行热解实验，发现稻秆焦的孔隙结构和比表面积会随着温度升高而呈现先增大后减小的规律；在 600℃热解温度条件下，稻秆焦呈现出最佳孔隙结构，并且吸附汞的性能最好。Newalkar 等[74]对生物质进行热解实验，发现随着温度的增长，生物质的 C—H 和 C—O 键逐渐断裂，H 和 O 从生物质中分离出来，碳得以富集。

（c）通过化学浸渍法对生物焦进行改性处理，能够改善其孔隙结构和表面化学特征，进而增强对汞的吸附能力。Lee 等[75]通过对载碘载氯活性炭吸附气态汞的性能实验，发现改性后的活性炭在一定程度上增强了吸附水平；随温度的增高，载碘活性炭具有更强的气态 Hg^0 吸附水平，而载氯活性炭的吸附水平减弱。Padak 等[76]对活性炭进行卤素改性，对比改性前后吸附气态汞能力，发现活性炭改性后吸附水平显著提高，其中氟原子吸附性能最强，其次为氯、溴和碘。

化学沉淀法多用于制备金属氧化物纳米颗粒，方法成熟、经济高效，还可通过该方法负载其他金属及其氧化物，所负载金属能够有效提升吸附剂的吸附水平。同时针对现阶段吸附剂易与所吸附污染物混合而难以分离的特点发现，可通过负载磁性物质实现吸附剂的循环利用。有关磁性铁基吸附剂负载第二金属脱汞的研究集中于使用 Co、Al、Pd、Mn、Cu 等氧化物，催化氧化或者强化吸附剂吸附能力等方面。另外，作为带电荷高分子有机聚合物胶体，腐殖酸具有较高化学活性，含有氨基、羧基和酚羟基等多种活性官能团，在环境中易于与其他金属离子相结合，因此可以使用沉淀法将腐殖酸包裹在吸附剂表面，从而实现对吸附剂中官能团的定向修饰。Han 等[77]通过沉淀法在 γ-Al_2O_3上分别负载 Fe_2O_3、PdO 和 PdO-Fe_2O_3，研究发现当反应温度为 100℃时，吸附剂 Fe-Al-Pd 的脱硫率为 99.2%，脱汞率为 93.6%。Dong 等[78,79]在沸石表面包裹磁性 Fe_3O_4并负载纳米 Ag 颗粒，制备出能在 200℃以下完全脱除烟气中汞的吸附剂，其吸附性能受到所负载 Ag 的含量、粒径和形态等多因素影响。Zhang 等[80]通过沉淀法，利用腐殖酸和 Fe_3O_4制备了包裹有腐殖酸涂层的 Fe_3O_4纳米材料（HA-Fe_3O_4），可以显著提升吸附剂对亚甲基蓝的吸附水平。

（2）微观特性对吸附剂汞吸附特性的影响。吸附剂的孔隙结构、表面官能团和微量元素会对汞吸附特性产生较大影响。

（a）在气固吸附的过程中，吸附剂的孔隙结构是影响其吸附能力表现的主要参数之一。吸附剂孔隙越发达，比表面积越大，其物理吸附性能越强。吸附剂微孔能够提供汞的吸附位点，介孔则能够提供汞进入微孔的扩散通道[81]。夏洪应等[82]通过水蒸气活化技术，制备出以烟秆为原料的颗粒活性炭，并分析水蒸气流量、活化时间、活化温度等多种因素对吸附能力的影响作用，发现在水蒸气流量为 3.31g/min、活化时间为 60min 和活化温度为 1173K 条件下，烟秆颗粒物活性炭具有最佳吸附性能和最优微孔结构，其相应总孔容积和 BET 比表面积分别为 $0.8152cm^3/g$ 和 $1073m^2/g$。

（b）吸附剂表面官能团也对汞脱除过程具有重要影响，主要的代表性官能团包括羟基、内酯基、羰基和羧基。Li 等[83]通过实验研究发现，经过 HNO_3改性之后，吸附剂表面含氧官能团的种类和数目增多，羰基和内酯基能够提供活性位吸附汞，而酚基会影响活性焦的吸附作用。谭增强等[84]在实验中对竹炭分别采用 $KMnO_4$和 HNO_3试剂进行氧化改性，并对其氧化改性后的脱汞能力进行分析研究，发现在改性后的竹炭表面上，有利于脱汞的含氧官能团（羰基和内酯基）增多，其化学吸附能力得到显著提升。

（c）生物质中所含有的卤素成分是维持生长的必需元素之一，而生物质热解过程中卤素组分会发生相关迁移和形态变化，并对汞吸附特性产生影响，同时生物质中氯元素主要以氯离子的形式存在，并超过其质量比98%[85]，以HCl的形式析出[86]，可以促进Hg^0向氧化态或颗粒态发生转化[87]，并且在氧化性气氛的燃煤烟气中，Hg^0会随烟气温度逐渐下降而发生相应化学反应，生成$HgCl_2$，烟气中的氯元素含量越高，作为稳定相的$HgCl_2$的温度范围会越宽[88]，从而利于汞的脱除。

(3) 吸附条件对吸附剂汞吸附特性的影响。吸附温度、吸附气氛和入口汞含量作为吸附条件会对吸附剂汞吸附特性产生较大影响。

(a) 温度能够改变吸附力性质，低温利于物理吸附过程，高温利于化学吸附过程，因此是影响吸附过程的关键参数。任建莉等[89]通过研究在75、125、172℃温度条件下活性炭的吸附特性，发现活性炭吸附性能会随着温度的增高而下降。高洪亮等[90]在80℃和120℃不同吸附温度下，通过小型燃煤烟气汞脱除实验台进行研究，发现若吸附时间相同，吸附剂的烟气汞穿透率会随温度增长而提高，活性炭对于汞的吸附能力显著降低。Liu等[91]通过对载硫活性炭在不同吸附温度250、400、600℃条件下气态汞的吸附实验进行研究，发现反应温度是影响活性炭吸附汞特性的重要因素，温度越高，活性炭吸附能力越强，并且在高温条件下可以获得最佳性能。

(b) 现阶段关于吸附气氛的影响尚无统一定论。张斌[92]通过对不同烟气组分条件下活性炭汞吸附能力进行对比研究，发现在基本工况($6\%O_2+10\%CO_2+$平衡气体N_2)加入1500μL/L SO_2条件下，活性炭对汞的单位吸附量较无SO_2时降低33%；加入400μL/L NO条件下，单位汞吸附量可以提升16%；SO_2和NO在分别加入的条件下，单位吸附量下降3.8%。任建莉等[93]分析了在小型固定床试验台环境下钙基类物质对单质汞的吸附性能，发现在无SO_2条件下，钙基吸附剂的吸附水平较差；在加入SO_2条件下，钙基吸附剂的吸附水平得到明显提升。

(c) 在研究入口汞含量的影响过程中，潘雷[94]得到了烟气初始汞浓度分别为 10.39、9.42μg/m^3和 8.46μg/m^3条件下吸附剂对汞的脱除效率分别为 34.57%、24.65%和 16.67%，吸附汞的效率会随汞初始浓度的增加而提高。王军辉[95]研究汞入口初始浓度分别为 14.8、25.2、33.8μg/m^3和 52.5μg/m^3条件下吸附剂的汞吸附特性，发现脱汞效率会随汞入口初始浓度的增加而下降；浓度的增加可以使吸附剂的汞容增大，但在此过程中吸附会占据更多的活性位和空位，使相对活性位和吸附空间变少，从而降低吸附效率。

（4）吸附剂的汞吸附机理研究。现阶段主要利用吸附动力学、程序升温脱附技术以及密度泛函理论对吸附剂的汞吸附机理进行研究。

（a）吸附动力学是目前分析吸附机理、预测吸附速率控制步骤所采用的主流研究方法，在固体吸附剂表面吸附和液相吸附重金属的研究中得到广泛应用。目前有关气相单质汞在吸附剂表面的热力学、吸附动力学及吸附平衡研究较少。Skodras[96]通过建立内扩散、准一级、准二级及 Elovich，四种吸附动力学模型，对在活性炭表面的汞吸附动力学和吸附控制过程进行分析，发现化学吸附是影响汞吸附过程的主要因素。Radisav 等[97]通过动力学研究硫改性活性炭的单质汞吸附过程，得出 HgS 生成速率能够影响吸附过程的整体反应速率。

（b）为了获得汞的吸附机理，需要获得所吸附汞在吸附剂中的赋存形态，现今对固体样品中汞的相应测量技术主要为扩展 X 射线吸收精细结构测量技术（extended X - ray absorption fine structure，EXAFS）和 X 射线吸收近边结构测量技术（X - ray absorption near edge structure，XANES)，但均具有可选择性低、人为误差较大的局限性，不适用于大多数的固体样品。程序升温脱附技术（temperature programmed desorption，TPD）可以根据不同汞化合物的热稳定性原理，获得固体样品中汞的赋存形态，并且能够适用于检测大部分固体样品中汞的形态[98]。目前已经有关于此技术应用于飞灰和活性炭等吸附剂对汞吸附特性及机理的研究，Rumayor 等[99]在煤燃烧烟气及富氧燃烧气氛下，通过废纸和木柴制备焦炭，研究与汞发生反应的相关规律，并采用 TPD 技术分析汞的赋存形态，发现汞可以与焦炭表面的含氧官能团发生反应，进而形成有机汞（Hg - OM）。

（c）现阶段有研究者通过利用量子化学计算软件对不同种类吸附剂吸附汞及其化合物的微观反应机理进行理论研究。Greenwell 等[100]基于量子化学的密度泛函理论，并采用 B3PW91 方法，结合实验分析未燃尽碳表面吸附汞的特性，在 lanl2dz 基组水平上建立未燃尽碳的饱和簇模型，发现未燃尽碳对汞并不是单纯的物理吸附，而是在吸附汞的过程中同时发生了化学吸附。Wu 等[101]通过密度泛函理论，对 γ - Fe_2O_3 和 α - Fe_2O_3 吸附汞的性能进行分析，发现 γ - Fe_2O_3 和 α - Fe_2O_3 可以有效提升飞灰吸附 $HgCl_2$ 的能力。

1.6 本书的主要内容与实验系统

1.6.1 主要内容

基于上文中所述的国内外研究现状，现阶段相关研究主要存在以下问题与不足：

（1）升温速率、制备粒径以及热解气氛对生物焦微观特性及汞吸附特性影响的研究较少，机理解释不充分。

（2）吸附温度、入口汞含量、吸附气氛对生物焦汞吸附特性的影响尚无统一定论。

（3）铁基改性对吸附剂脱汞的影响及其机理尚不清楚。

（4）关于热解方式、颗粒粒径、热解气氛、改性方式等制备以及吸附条件的多参数耦合影响作用机理研究较少。

（5）关于气态单质汞在生物焦表面的吸附动力学研究较少。

（6）生物焦分子结构搭建和基于密度泛函理论对汞的吸附机理研究鲜见报道。

针对现阶段研究中存在的不足，本书以核桃壳生物质作为原料，研究不同热解方式、颗粒粒径、热解气氛和改性条件下的生物焦汞吸附过程，并借助多种表征分析手段，在构建生物焦分子结构模型的基础上，利用密度泛函理论，结合其吸附动力学过程，获得生物焦的汞吸附特性及机理。通过本书的研究，可为所提出的利用电厂锅炉烟气环境制备生物焦脱汞剂的工艺提供关键数据和理论基础。本书研究内容主要包括以下五部分：

（1）热解方式和颗粒粒径对生物焦单质汞吸附特性的影响及机理研究。根据前期研究，选取核桃壳、椰壳、玉米芯和棉花秆四种生物质作为原料，获得对应汞吸附特性，并确定吸附性能最强的生物质（核桃壳）作为本书研究对象。对两种热解方式（等温、非等温）和四种不同粒径范围（150～270μm、106～150μm、75～106μm、58～75μm）条件下所生成生物焦的单质汞吸附特性进行研究，利用热重分析仪、低温 N_2 吸附脱附仪、傅里叶变换红外光谱仪和扫描电镜研究生物焦的热解特性及孔隙结构、表面形貌、表面化学特性等微观特性，并结合其吸附动力学过程，探究影响机理。同时，获得汞初始浓度、吸附温度以及吸附气氛（O_2、CO_2、SO_2）等吸附条件对等温和非等温条件下所制备生物焦汞吸附特性的影响。

（2）热解气氛对生物焦单质汞吸附特性的影响及机理研究。对 N_2、O_2 和 CO_2 三种热解气氛条件下制备的生物焦单质汞吸附特性进行研究，利用热重分析仪、低温 N_2 吸附脱附仪、傅里叶变换红外光谱仪研究生物焦的热解特性及孔隙结构、表面化学特性等微观特性，在获得热解气氛对生物焦单质汞吸附特性影响的基础上，研究生物质在 N_2、O_2 和 CO_2 条件下的热解路径和机制，同时结合其吸附动力学过程，并利用程序升温脱附技术，进一步探究吸附机理。

（3）铁基改性生物焦的单质汞吸附特性及机理研究。通过化学沉淀法制备以生物焦为载体的铁基复合吸附剂，主要包括未掺杂其他金属的单铁基负载改性生物焦，以及基于铁基负载第二金属（Cu、Mn）的改性生物焦。在获得改性生物焦 Hg^0 吸附特性的基础上，利用 X 射线衍射仪、热重分析仪、低温 N_2 吸附脱附仪、扫描电镜、能谱仪、X 射线光电子能谱分析仪和傅里叶变换红外光谱仪研究铁基改性生物焦的物质组成、晶相结构、热解特性、孔隙结构、微观形貌、元素价态和表面化学特性等，并对金属改性负载量的影响以及吸附过程中生物焦与所负载改性物质、不同负载金属自身之间相互作用进行研究。同时结合其吸附动力学过程，并利用程序升温脱附技术，探究改性生物焦的 Hg^0 吸附机理。

（4）多元金属定向修饰生物焦的单质汞脱除/再生特性及机理研究。将常规化学沉淀法、溶胶凝胶法、多元金属多层负载与生物质热解制焦过程进行整合，在选择特定组分进行结构设计的基础上，获得经济高效的掺杂多元金属铁基改性生物焦烟气脱汞剂，主要包括未掺杂其他金属的单铁基负载改性生物焦，以及基于铁基掺杂多元金属（Ce、Cu、Co、Mn）的改性生物焦。在获得改性生物焦 Hg^0 脱除特性的基础上，利用多种表征分析手段研究样品的物质组成、晶相结构、热解特性、孔隙结构、微观形貌、元素价态和表面化学特性等，建立改性生物焦理化性质与脱汞性能之间的构效关系。在识别生物焦吸附和氧化位点的同时，对前驱体制备与生物质热解、生物焦与所负载改性物质、不同负载金属自身之间的耦合作用机理及协同作用机制进行研究，结合吸附动力学过程，利用程序升温脱附技术，揭示改性生物焦对 Hg^0 氧化和吸附过程之间的深层次差异性机理，以及 Hg^0 脱除过程的关键作用机制。

（5）生物焦分子结构及单质汞吸附机理研究。结合已获得的生物焦微观特性，通过超导核磁共振波谱仪、透射电镜对生物焦的有机碳架结构、微晶形貌与晶格特征进行研究，并基于所获得的化学结构利用 ChemBioOffice 构建生物焦的分子结构单体模型，对模型进行验证。基于分子力学，在 UFF（universal force field）、Dreiding 和 MM2（molecular mechanics versions 2）三种力场下对三维模型进行结构优化。另外，基于密度泛函理论，采用 B3LYP-D3 方法，选取生物焦模型的所有边缘位置作为模拟吸附的活性位，对 Hg^0 在生物焦表面的吸附过程进行理论计算。

1.6.2　实验系统

生物焦是生物质热解的固态产物，生物质自身特性（生物质种类、颗粒粒径）、热解条件（热解方式、升温速率、热解气氛）和改性条件

（改性方法、负载量、掺杂金属种类）等因素均会影响生物质的热解过程以及所形成生物焦的微观特性。本书利用自行设计的生物焦固定床制备实验系统和固定床汞吸附实验系统，在不同的热解和改性条件下制取相应生物焦样品，对其 Hg^0 吸附特性进行分析与研究。同时，本书利用不同研究手段从多个角度对生物焦和生物质样品的微观特性和结构特征进行测试和表征，通过统一的处理方法进行分析与对比，以确保实验研究的科学严谨性和实验结果的可重复性。

本书采取的技术路线如图 1-4 所示。

（1）利用自行设计的生物焦固定床制备实验系统，在不同热解方式、颗粒粒径、热解气氛和改性条件下完成生物焦的制备。

在不同热解方式、颗粒粒径和热解气氛条件下进行生物焦制备的过程中，基于电厂实际运行环境，所研究的热解方式分为两种，分别为等温热解和变温热解。等温热解的研究温度分别为 400、600、800℃和 1000℃；变温热解的研究温区为 400～1000℃，且升温速率分别为 5、10℃/min 和 15℃/min。根据前期研究，制备粒径选取 58～75、75～106、106～150μm 和 150～270μm，共四个粒径段。同时，为了模拟电厂锅炉实际烟气环境，选取 O_2 和 CO_2 作为制备气氛条件，其中，在 O_2 气氛热解制备过程中，气氛分别设定为 3%（体积分数，下同）O_2＋97%N_2、5%O_2＋95%N_2 和 7%O_2＋93%N_2；在 CO_2 气氛热解制备过程中，气氛分别设定为 10%CO_2＋90%N_2、15%CO_2＋85%N_2 和 20%CO_2＋80%N_2。

在对生物焦进行化学改性的过程中，初期通过化学沉淀法制备以生物焦为载体的铁基复合吸附剂，主要包括未掺杂其他金属的单铁基负载改性生物焦，以及基于铁基负载第二金属（Cu、Mn）的改性生物焦，同时还将负载量与前驱体煅烧温度作为改性制备条件进行研究；另外，基于所获得的研究结果，对改性方法进行进一步优化，将常规化学沉淀法、溶胶凝胶法、多元金属多层负载与生物质热解制焦过程进行整合，在选择特定组分进行结构设计的基础上，获得经济高效的掺杂多元金属铁基改性生物焦烟气脱汞剂。

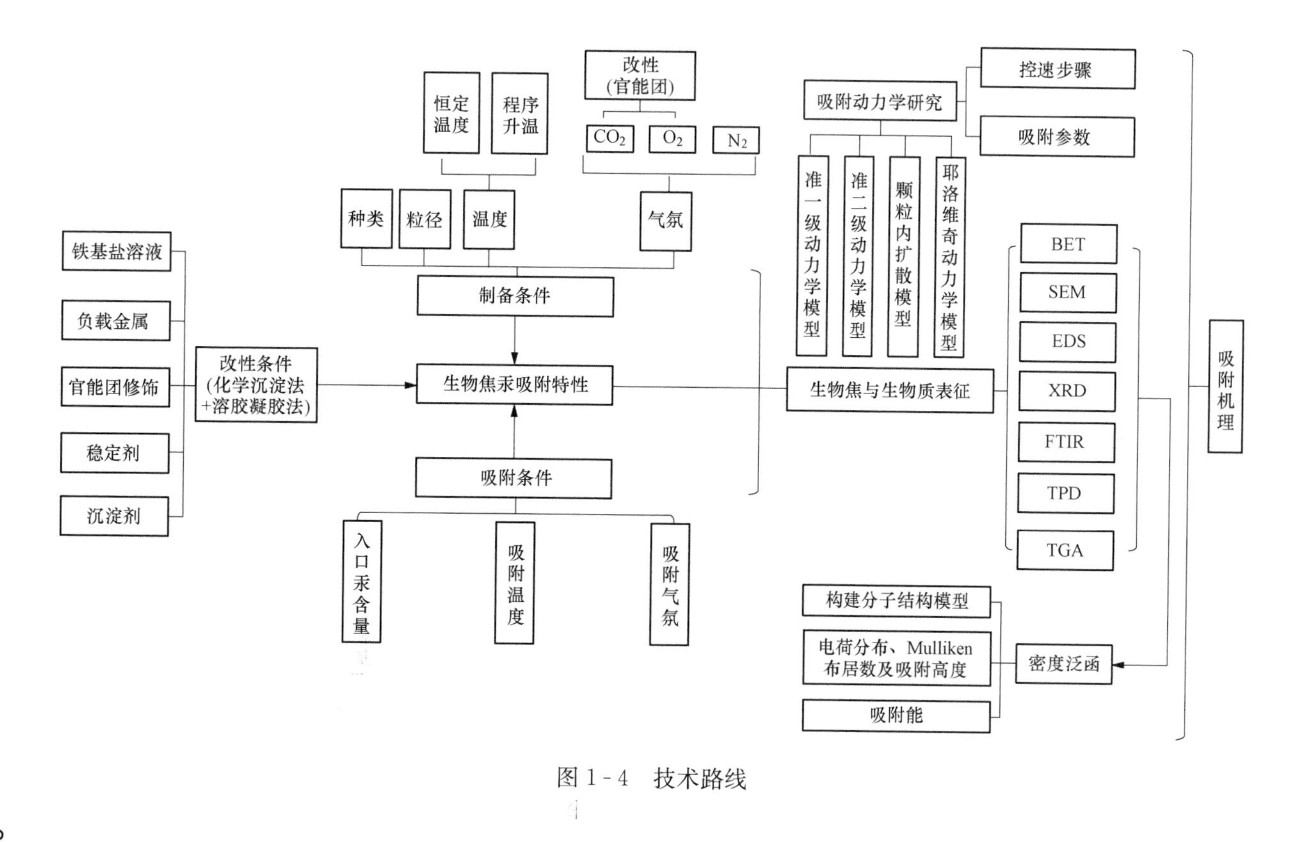

恒定温度
程序升温
改性(官能团)
CO2
O2
N2
种类
粒径
温度
气氛
制备条件
铁基盐溶液
负载金属
官能团修饰
稳定剂
沉淀剂
改性条件(化学沉淀法+溶胶凝胶法)
生物焦汞吸附特性
吸附条件
入口汞含量
吸附温度
吸附气氛
吸附动力学研究
控速步骤
吸附参数
准一级动力学模型
准二级动力学模型
颗粒内扩散模型
耶洛维奇动力学模型
生物焦与生物质表征
BET
SEM
EDS
XRD
FTIR
TPD
TGA
吸附机理
构建分子结构模型
电荷分布、Mulliken布居数及吸附高度
吸附能
密度泛函

图 1-4 技术路线

（2）利用自行设计的固定床汞吸附实验系统获得不同制备及改性条件下所形成生物焦的汞吸附特性（如汞穿透率及累积汞吸附量）。同时，研究入口汞含量（42、62μg/m³ 和 82μ/m³）；吸附温度（50、100℃和 150℃）和吸附气氛（100％N_2；3％O_2＋97％N_2、5％O_2＋95％N_2、7％O_2＋93％N_2；10％CO_2＋90％N_2、15％CO_2＋85％N_2、20％CO_2＋80％N_2等）等吸附条件对生物焦汞吸附特性的影响及机理，并获得生物焦的最佳吸附条件。

（3）利用低温 N_2吸附脱附仪、热重分析仪（thermogravimetric analysis，TGA）、傅氏转换红外线光谱分析仪（fourier transform infrared spectroscopy，FTIR）、X 射线衍射仪（X - ray diffraction，XRD）、扫描电镜（scanning electron microscope，SEM）和 X 射线光电子能谱分析仪（X - ray photoelectron spectroscopy，XPS）等表征分析手段，对不同制备和改性条件下吸附汞前后的生物焦进行研究，获得生物焦的微观形貌、孔隙结构、表面化学特性以及所吸附汞的赋存形态等特征参数，进而得出最佳反应条件。同时通过对生物焦吸附汞的实验结果进行综合分析，研究热解方式、颗粒粒径、热解气氛对生物质热解过程中生物焦的形成、挥发分的释放、单质汞的吸附等过程以及热解产物（生物焦）的自身性质、汞吸附特性的影响机理；研究金属改性负载量、铁基与负载其他金属盐溶液种类、前驱体煅烧温度等对改性过程及 Hg^0吸附特性的影响，并获得前驱体煅烧与生物质热解过程之间的耦合作用机理，吸附过程中生物焦与所负载改性物质、不同负载金属自身之间的相互作用机理。在此基础上，获得生物焦固体表面对单质汞的多相吸附基本原理及相关最优参数。

（4）利用准一级、准二级、内扩散和耶洛维奇（Elovich）动力学模型分别对实验数据进行拟合，从反应动力学的角度研究多参数耦合条件的影响机制，获得相应的动力学参数，如相关系数 R^2、内扩散速率常数 k_{id}、平衡吸附量 q_e、初始吸附速率 a、吸附活化能等，并进行对比研究，以确定不同条件下汞吸附过程的速率控制步骤和相应吸附机制，如图 1 - 5 所示。

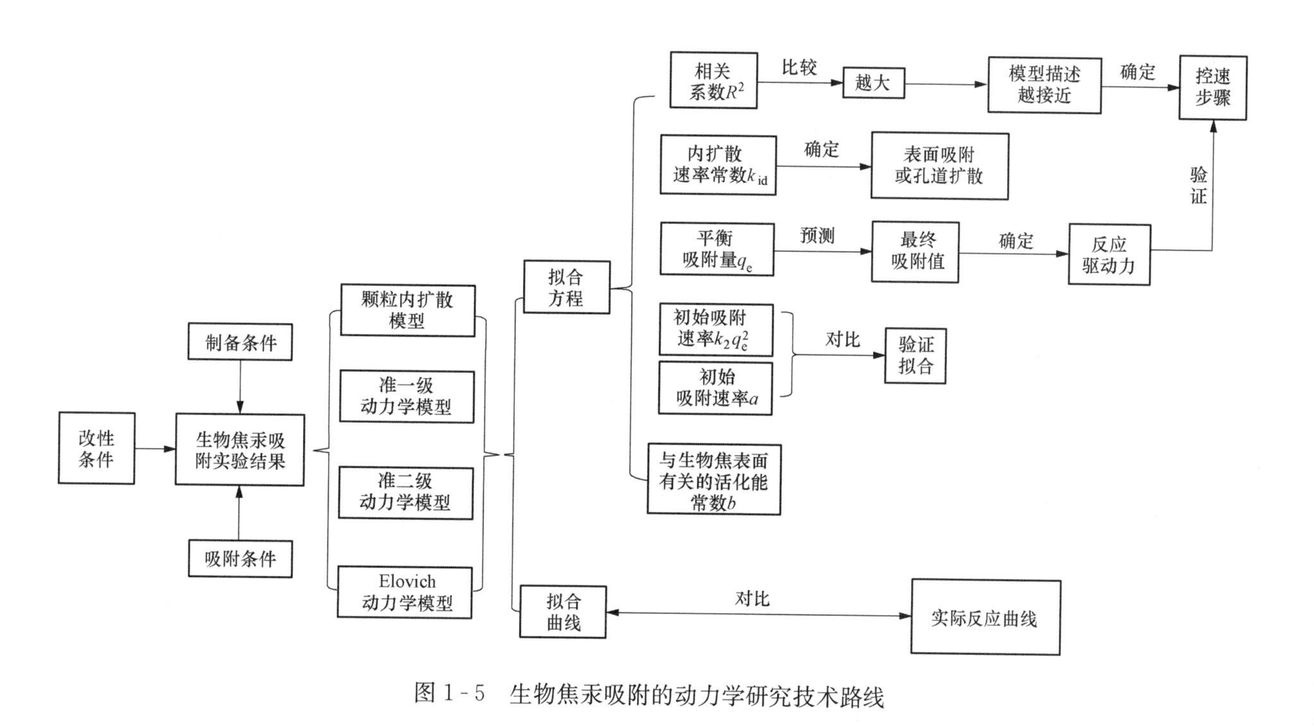

图1-5 生物焦汞吸附的动力学研究技术路线

（5）基于多参数耦合条件下所制备生物焦吸附汞前后的微观特性，通过利用固定床汞吸附实验系统，采用程序升温脱附技术，获得生物焦汞吸附过程的吸附方式和相应汞赋存形态。采用吸附动力学模型对实验数据进行拟合，并基于密度泛函理论利用 Gaussian 等软件模拟研究吸附过程，结合自行搭建的生物焦分子结构单体模型，获得吸附反应的吸附能、电荷分布、马利肯布居数（Mulliken's population）及吸附高度等相应参数，进而获得生物焦对汞吸附的深层次机理。

1.6.2.1 生物焦固定床制备实验系统

本书通过利用自行设计的生物焦固定床制备实验系统，进行不同气氛、粒径和热解方式等条件下生物焦的制备，如图 1-6 所示。实验系统主要由配气系统、立式管式炉反应器和尾气吸收处理装置构成。在热解过程中，利用 N_2（流量为 5L/min）吹扫系统 5min，并通过烟气分析仪检测固定床出口的 O_2 含量；之后称取 10g 生物质，置于石英管中间筛板上方，并通过配气系统，于石英管下方持续通入 10min 制备所需气氛，并检测固定床出口的气体成分，以保证制备气氛；设置并启动升温程序，当管式炉温度达到要求后，将石英管置于其中；达到所设定热解时间后，将石英管从炉内取出并继续通入制备气氛，待生物焦冷却至室温后，将其取出并置于干燥器内备用。

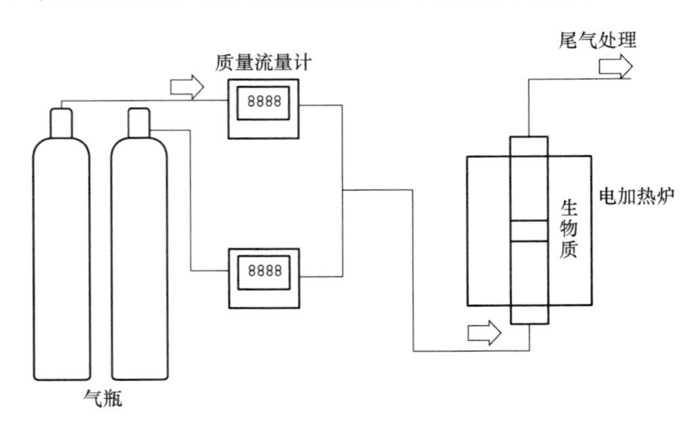

图 1-6　生物焦固定床制备实验系统

1.6.2.2　固定床汞吸附/脱附实验系统

（1）固定床汞吸附实验系统。本书在固定床汞吸附实验过程中，所使用的固定床汞吸附实验系统如图 1-7 所示，主要由 Hg^0 渗透装置、配气系统、固定床反应器、MI 公司生产的 VM3000 汞连续在线监测仪和尾气吸收装置组成。其中，VM3000 汞连续在线监测仪测量固定床出口汞浓度，采样间隔时间为 1s，生物焦吸附剂装填量为 1g。实验气体进入 VM3000 前，使用 $SnCl_2$ 溶液，将实验气体中的 Hg^{2+} 还原为 Hg^0 作为出口汞，这是因为前期研究发现，生物焦在吸附过程中，会有部分 Hg^0 在其表面被氧化形成 Hg^{2+}，并以气态形式逃逸，但 Hg^{2+} 在实际电厂运行环境中，因其能溶于水，可在后续的除尘、脱硫过程中从烟气中分离。生物焦吸附后的烟气通入 VM3000 后，即可获得生物焦对 Hg^0 的吸附特性。汞蒸汽由放置在 U 形高硼硅玻璃管内的汞渗透管产生，为确保实验过程中 Hg^0 浓度的稳定，将 U 形管放置在维持恒温的水浴箱内。根据 VM3000 仪器自身的进气量要求，实验气体总流量设定为 1.4L/min，由载气和平衡气组成，且携带 Hg^0 的 N_2 流量为 500mL/min，在固定床入口处通入的平衡气（N_2）流量为 900mL/min。

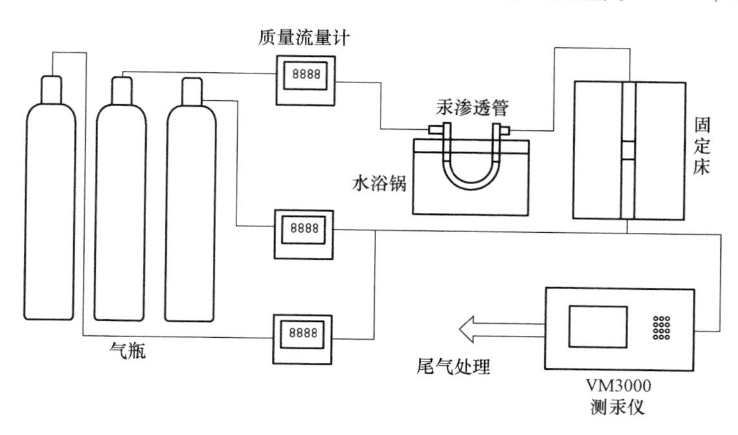

图 1-7　固定床汞吸附实验系统

在进行吸附实验前，实验气体经过旁路进入 VM3000 进行监测，

Hg^0浓度稳定 30min 后，切换连接至固定床反应器，在线监测出口汞浓度。为了防止 Hg^0 因温度较低而凝结在管路壁面上，所有管路及三通部件都采用特氟龙材料。实验过程中的尾气利用改性活性炭处理。

（2）固定床汞脱附实验系统。为了获得汞的吸附机理，需要获得汞在吸附剂中的赋存形态。现今对固体样品中汞的相应测量技术主要为扩展 X 射线吸收精细结构测量技术和 X 射线吸收近边结构测量技术，但均具有可选择性低、人为误差较大的局限性，不适用于大多数的固体样品[102,103]。TPD 技术可根据不同汞化合物的热稳定性原理，获得固体样品中汞的赋存形态，并适用于大部分固体样品中汞形态的检测[104]。

本书在程序升温脱附实验过程中，将进行过单质汞吸附实验的生物焦样品填入上文所述的固定床汞吸附实验装置中，并在总气流流量为 1.4L/min N_2气氛条件下，以 10℃/min 的升温速率将固定床反应器从室温升温到 950℃，同时利用 VM3000 检测出口汞含量，从而获得吸附汞后生物焦样品随温度提高的汞释放量，进而获得汞在生物焦吸附剂中的赋存形态。

1.6.2.3 汞浓度测量仪器

本书使用德国 MI 公司生产制造的 VM3000 型测汞仪进行汞浓度测量，如图 1-8 所示。测量过程中，测试气体通过免维护的隔膜泵导入光学样品池，同时利用 UV 光束进行照射，部分紫外光被样品中的汞原子吸收。测量过程基于原子吸收光谱法（atomic absorption spectroscopy，AAS），该方法具有选择性高、灵敏度高等优点。同时，VM3000 的测量灵敏度为 0.1μg/m^3；测量范围为 0.1～100μg/m^3；响应时间小于 1s，可连续测量，满足

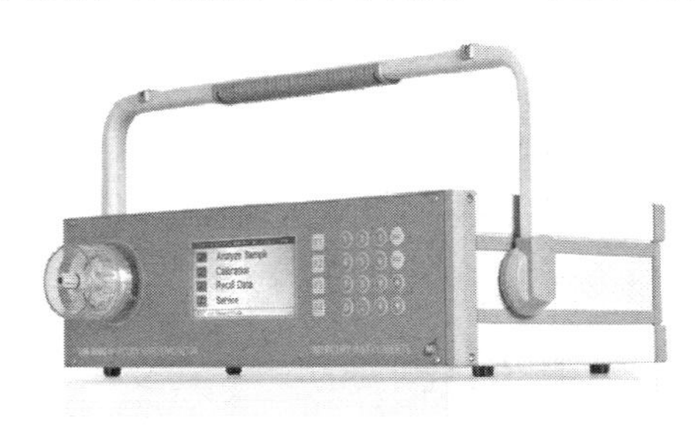

图 1-8　VM3000 型测汞仪

本书的实验要求。

1.6.2.4　脱汞性能评价指标

本书采用汞穿透率 η 和单位质量生物焦累积汞吸附量 q，用于研究生物焦的汞吸附性能。

（1）汞穿透率 η。汞穿透率 η 为某一时刻 t_i 固定床出口处烟气中 Hg^0 浓度与固定床入口处 Hg^0 初始浓度的比值，如式（1-1）所示。在相同实验条件下，同一时刻 η 值越高，则对应生物焦样品的脱汞性能越差。

$$\eta = \frac{C_{\text{out}}}{C_{\text{in}}} \times 100\% \tag{1-1}$$

式中　C_{in}——固定床入口 Hg^0 初始浓度，ng/L；

C_{out}——t_i 时刻固定床出口处烟气中 Hg^0 浓度，ng/L。

（2）单位质量生物焦累积汞吸附量 q。单位质量生物焦汞吸附量 q 是指从吸附开始到 t_i 时刻为止，生物焦所吸附 Hg^0 的总量，如式（1-2）所示。

$$q = \frac{F}{m}\int_0^t (C_{\text{in}} - C_{\text{out}}) \cdot \mathrm{d}t \tag{1-2}$$

式中　q——$0 \sim t_i$ 时刻单位质量生物焦对 Hg^0 的吸附总量，ng/g；

F——流经生物焦的 N_2 流量，L/s；

m——生物焦装填量，g；

t——吸附时间，s。

1.6.2.5　吸附脱附实验可靠性分析

本书在每次实验开始前均进行单质汞空白浓度标定，并对吸附和脱附实验进行总汞平衡计算，以确保实验的可靠性。

汞的质量平衡率为汞吸附过程中，实验系统的出口汞质量与入口汞质量的比值，其计算方法如式（1-3）所示。

$$R = \frac{m_{\text{Hg,out}}}{m_{\text{Hg,in}}} \times 100\% \tag{1-3}$$

式中　$m_{\text{Hg,in}}$——吸附时间内固定床汞实验过程中的入口总汞质量，即模拟烟气中 Hg^0 的入口质量，ng；

$m_{Hg,out}$——吸附时间内固定床汞实验过程中的出口总汞质量，包括吸附后烟气中 Hg^0 的出口质量、吸附后生物焦吸附剂表面总汞富集质量，ng。

在固定床汞吸附过程中的总汞平衡计算中，利用 Lumex 多功能汞分析系统获得吸附汞后生物焦样品的汞含量，从而作为所对应生物焦吸附剂表面的汞富集量。

在脱附过程中，由脱附曲线在脱附时间内的积分结果可以确定所对应吸附剂表面的汞富集量，结合对应吸附过程中固定床的入口汞质量以及出口汞质量即可计算得到汞质量平衡率。

汞平衡计算中的误差受到诸多因素影响，包括模拟烟气流速的波动和取样测量中的误差，且很难准确获得每种因素所带来的误差。一般认为，汞平衡率在 70%～130%范围内即表明实验结果具有准确性[105]。本书中所有实验的汞平衡率均在 85%～121%范围内，验证了实验结果的可靠性。

参考文献

[1] 傅莎，邹骥．“十三五”煤电零增长也能满足中国未来电力需求［J］．世界环境，2016，(4)：77-79.

[2] 吉承军．关于火电厂运行经济性诊断的方法［J］．中国科技纵横，2013，(16)：31-36.

[3] Yang H，Xu Z，Fan M，et al. Adsorbents for capturing mercury in coal-fired boiler flue gas［J］. Journal of Hazardous Materials，2007，146 (1)：1-11.

[4] 何胜．燃煤烟气汞催化氧化的试验和机理研究［D］．杭州：浙江大学，2009.

[5] 孙彬彬，黄旭升．汞及其化合物致周围神经损伤研究进展［J］．中华内科杂志，2017，56 (1)：65-67.

[6] Clarkson T W，Magos L. The toxicology of mercury and its chemical compounds［J］. Critical Reviews in Toxicology，2006，36 (8)：609-620.

[7] Driscoll C T，Mason R P，Chan H M，et al. Mercury as a global pollutant：Sources，Pathways，and Effects［J］. Environmental Science & Technology，

2013, 47 (10): 4967 - 4983.

[8] Slemr F, Ernst - Günther Brunke, Ebinghaus R, et al. Worldwide trend of atmospheric mercury since 1977 [J] . Geophysical Research Letters, 2003, 30 (10): 405 - 414.

[9] Li P, Feng X B, Qiu G L, et al. Mercury pollution in Asia: A review of the contaminated sites [J] . Journal of Hazardous Materials, 2009, 168 (3): 591 - 601.

[10] Gray J E, Hines M E. Mercury: Distribution, transport, and geochemical and microbial transformations from natural and anthropogenic sources [J]. Applied Geochemistry, 2006, 21 (11): 1819 - 1820.

[11] Lamborg C H, Fitzgerald W F, O'Donnell J, et al. A non - steady - state compartmental model of global - scale mercury biogeochemistry with interhemispheric atmospheric gradients [J] . Geochimica et Cosmochimica Acta, 2002, 66 (7): 1105 - 1118.

[12] Nriagu J, Becker C. Volcanic emissions of mercury to the atmosphere: global and regional inventories [J] . Science of the Total Environment, 2003, 304 (1): 3 - 12.

[13] Varekamp J C, Buseck P R. Global mercury flux from volcanic and geothermal sources [J] . Applied Geochemistry, 1986, 1 (1): 65 - 73.

[14] Walters C R, Somerset V S, Leaner J J, et al. A review of mercury pollution in South Africa: current status [J] . Journal of Environmental Science & Health Part A Toxic/hazardous Substances & Environmental Engineering, 2011, 46 (10): 1129 - 1137.

[15] Amos H M, Jacob D J, Streets D G, et al. Legacy impacts of all - time anthropogenic emissions on the global mercury cycle [J] . Global Biogeochemical Cycles, 2013, 27 (2): 410 - 421.

[16] Subir M, Ariya P A, Dastoor A P. A review of the sources of uncertainties in atmospheric mercury modeling Ⅱ. Mercury surface and heterogeneous chemistry - A missing link [J] . Atmospheric Environment, 2012, 46 (1): 1 - 10.

[17] Wilson S J, Steenhuisen F, Pacyna J M, et al. Mapping the spatial distribution of global anthropogenic mercury atmospheric emission inventories [J]. Atmospheric Environment, 2006, 40 (24): 4621 - 4632.

[18] Steenhuisen F. Global emission of mercury to the atmosphere [J] . Technical Back-

ground Report for the Global Mercury Assessment，2013，22（4）：132 - 141.

[19] Pacyna E G，Pacyna J M，Steenhuisen F，et al. Global anthropogenic mercury emission inventory for 2000 [J] . Atmospheric Environment，2006，40（22）：4048 - 4063.

[20] Pirrone N，Cinnirella S，Feng X，et al. Global mercury emissions to the atmosphere from natural and anthropogenic sources [J] . Environmental Science & Technology，2016，41（15）：1324 - 1333.

[21] Obrist D，Kirk J L，Zhang L，et al. A review of global environmental mercury processes in response to human and natural perturbations：Changes of emissions，climate，and land use [J] . Ambio，2018，47（2）：116 - 140.

[22] Jiang G B，Shi J B，Feng X B. Mercury pollution in China [J]. Environmental Science & Technology，2006，40（12）：3672 - 3678.

[23] Mukherjee A B，Zevenhoven R，Bhattacharya P，et al. Mercury flow via coal and coal utilization by - products：A global perspective [J] . Resources Conservation and Recycling，2008，52（4）：571 - 591.

[24] Wang Q，Shen W，Ma Z. Estimation of mercury emission from coal combustion in China [J] . China Environmentalence，1999，34（13）：2711 - 2713.

[25] Liang S. Virtual atmospheric mercury emission network in China [J]. Environmental Science & Technology，2014，48（5）：2807 - 2815.

[26] Wu Y，Wang S，Streets D G，et al. Trends in Anthropogenic Mercury Emissions in China from 1995 to 2003 [J] . Environmental Science & Technology，2006，40（17）：5312 - 5318.

[27] Tian H，Wang Y，Cheng K，et al. Control strategies of atmospheric mercury emissions from coal - fired power plants in China [J] . Journal of the Air and Waste Management Association，2012，62（5）：576 - 586.

[28] Streets D G，Hao J，Wu Y，et al. Anthropogenic mercury emissions in China [J] . Atmospheric Environment，2005，39（40）：7789 - 7806.

[29] Fu X，Feng X，Sommar J，et al. A review of studies on atmospheric mercury in China [J] . Science of the Total Environment，2012，421：73 - 81.

[30] Jackson A K，Evers D C，Adams E M，et al. Songbirds as sentinels of mercury in terrestrial habitats of eastern North America [J] . Ecotoxicology，2015，24（2）：453 - 467.

[31] Lueken R, Klima K, Griffin W M, et al. The climate and health effects of a USA switch from coal to gas electricity generation [J]. Energy, 2016, 109: 1160 - 1166.

[32] Liu K L, Gao Y, Riley J T, et al. An investigation of mercury emission from FBC systems fired with high - chlorine coals [J]. Energy & Fuels, 2001, 15 (5): 1173 - 1180.

[33] Pudasainee D, Kim J H, Seo Y C. Mercury emission trend influenced by stringent air pollutants regulation for coal - fired power plants in Korea [J]. Atmospheric Environment, 2009, 43 (39): 6254 - 6259.

[34] Glodek A, Pacyna J M. Mercury emission from coal - fired power plants in Poland [J]. Atmospheric Environment, 2009, 43 (35): 5668 - 5673.

[35] Ito S, Yokoyama T, Asakura K. Emissions of mercury and other trace elements from coal - fired power plants in Japan [J]. Science of the Total Environment, 2006, 368 (1): 397 - 402.

[36] Wu Q R, Wang S X, Wang Y J. Projections of atmospheric mercury emission trends in China's nonferrous metalsing industry [J]. China Environmental Science, 2017, 37 (7): 2401 - 2413.

[37] Dabrowski J M, Ashton P J, Murray K, et al. Anthropogenic mercury emissions in South Africa: Coal combustion in power plants [J]. Atmospheric Environment, 2008, 42 (27): 6620 - 6626.

[38] 赵毅，郝荣杰．燃煤电厂汞的形态转化及其影响因素研究进展 [J]．热力发电，2010，39 (1)：6 - 10.

[39] 胡长兴，周劲松，何胜，等．氯和灰分对大型燃煤锅炉烟气中汞形态的影响 [J]．动力工程学报，2008，28 (6)：945 - 948.

[40] 张辰．燃用高灰高硫煤电厂的汞排放研究 [J]．环境工程技术学报，2013，3 (1)：53 - 58.

[41] Hower J C, Senior C L, Suuberg E M, et al. Mercury capture by native fly ash carbons in coal - fired power plants [J]. Progress in Energy & Combustion Science, 2010, 36 (4): 510 - 529.

[42] 赵宝江．火电厂脱汞技术综述 [J]．广州化工，2011，39 (22)：1 - 4.

[43] Senior C L, Sarofim A F, Zeng T, et al. Gas - phase transformations of mercury in coal - fired power plants [J]. Fuel Processing Technology, 2000, 63

(2)：197 - 213.

[44] 陆晓华，欧阳中华，曾汉才，等．煤灰中部分重金属元素含量与燃料工况的关系模型［J］．环境化学，1998，17（4）：345 - 348.

[45] Srivastava R K，Hutson N，Martin B，et al. Control of mercury emissions from coal - fired electric utility boilers［J］. Environmental Science & Technology，2006，40（5）：1385 - 1393.

[46] 陈进生，袁东星，李权龙，等．燃煤烟气净化设施对汞排放特性的影响［J］. 中国电机工程学报，2008，28（2）：72 - 76.

[47] Chen L，Duan Y，Zhuo Y，et al. Mercury transformation across particulate control devices in six power plants of China：The co - effect of chlorine and ash composition［J］. Fuel，2007，86（4）：603 - 610.

[48] 张建宇．中国燃煤电厂大气污染物控制现状分析［J］．环境工程技术学报，2011，1（3）：185 - 196.

[49] Wang S，Zhang L，Li G，et al. Mercury emission and speciation of coal - fired power plants in China［J］. Atmospheric Chemistry and Physics，2010，10（3）：1183 - 1192.

[50] Yang H M，Ping W. Transformation of mercury speciation through the SCR system in power plants［J］. Acta Scientiae Circumstantiae，2007，19（2）：181 - 184.

[51] He S，Zhou J，Zhu Y，et al. Mercury oxidation over a vanadia - based selective catalytic reduction catalyst［J］. Energy & Fuels，2009，23（1）：253 - 259.

[52] 程广文，张强，白博峰．烟气脱汞技术研究进展［J］．热力发电，2013，42（9）：59 - 62.

[53] Li Y H，Lee C W，Gullett B K. Importance of activated carbon's oxygen surface functional groups on elemental mercury adsorption［J］. Fuel，2003，82（4）：451 - 457.

[54] 孙巍，晏乃强，贾金平．载溴活性炭去除烟气中的单质汞［J］．中国环境科学，2006，26（3）：257 - 261.

[55] Mei Z，Shen Z，Zhao Q，et al. Removal and recovery of gas - phase element mercury by metal oxide - loaded activated carbon［J］. Journal of Hazardous Materials，2008，152（2）：721 - 729.

[56] Shen Z，Ma J，Mei Z，et al. Metal chlorides loaded on activated carbon to

capture elemental mercury [J]. Acta Scientiae Circumstantiae, 2010, 22 (11): 1814-1819.

[57] 樊保国，刘军娥，乔晓磊，等. 电厂煤粉锅炉汞排放特性研究 [J]. 环境污染与防治，2014，36 (7): 61-63.

[58] 郭欣. 煤燃烧过程中汞、砷、硒的排放与控制研究 [D]. 武汉：华中科技大学，2005.

[59] Nolan P S, Redinger K E, Amrhein G T, et al. Demonstration of additive use for enhanced mercury emissions control in wet FGD systems [J]. Fuel Processing Technology, 2004, 85 (6-7): 587-600.

[60] 樊保国，贾里，李晓栋，等. 电站燃煤锅炉飞灰特性对其吸附汞能力的影响 [J]. 动力工程学报，2016，36 (8): 621-628.

[61] Maroto-Valer M M, Taulbee D N, Hower J C. Characterization of differing forms of unburned carbon present in fly ash separated by density gradient centrifugation [J]. Fuel, 2001, 80 (6): 795-800.

[62] 刘妮，程乐鸣，骆仲泱，等. 钙基吸收剂微观结构特性及其反应性能 [J]. 化工学报，2004，55 (4): 635-639.

[63] 张亮，徐旭常，陈昌和，等. 非碳基改性吸附剂汞脱除性能实验研究 [J]. 中国电机工程学报，2010，30 (17): 27-34.

[64] Gustin M, Ladwig K. Laboratory Investigation of Hg Release from Flue Gas Desulfurization Products [J]. Environmental Science & Technology, 2010, 44 (10): 4012-4018.

[65] 朱锡锋. 生物质热解原理与技术 [M]. 北京：科学出版社，2014.

[66] 呼涛. 生物质能产业化应成为我国能源可持续发展新动力 [J]. 现代农业科学，2006，(12): 37-37.

[67] Ping L U, Fei L U, Shu T, et al. Adsorption characteristics of SO_2 and NO in a simulated flue gas over the steam activated biomass chars [J]. Journal of Fuel Chemistry & Technology, 2013, 41 (5): 627-635.

[68] Shu D, Liu J, Chi Y, et al. Adsorption Characterization and Activation Behavior of Biomass Chars Produced by Hydrothermal Carbonization [J]. Journal of Biobased Materials & Bioenergy, 2017, 11 (6): 568-576.

[69] 林晓芬. 生物质焦吸附脱除烟气中 SO_2 和 NO_x 的研究 [D]. 南京：东南大学，2006.

[70] Gonzalez J F，Román S，Encinar J M，et al. Pyrolysis of various biomass residues and char utilization for the production of activated carbons [J] . Journal of Analytical & Applied Pyrolysis，2009，85 (1)：134 - 141.

[71] 卢平，陆飞，树童，等. 生物质热解焦吸附模拟烟气中 SO_2 和 NO 的实验研究 [J] . 中国电机工程学报，2012，32 (35)：37 - 45.

[72] Sánchez M E，Menéndez J A，Domínguez A，et al. Effect of pyrolysis temperature on the composition of the oils obtained from sewage sludge [J]. Biomass & Bioenergy，2009，33 (6)：933 - 940.

[73] 尹建军. 生物质焦脱硫、脱硝、脱汞的实验研究 [D] . 南京：东南大学，2011.

[74] Newalkar G，Iisa K，D' Amico A D，et al. Effect of temperature，pressure，and residence time on pyrolysis of pine in an entrained flow reactor [J]. Energy & Fuels，2014，28 (8)：5144 - 5157.

[75] Lee S J，Seo Y C，Jurng J，et al. Removal of gas - phase elemental mercury by iodine - and chlorine - impregnated activated carbons [J] . Atmospheric Environment，2004，38 (29)：4887 - 4893.

[76] Padak B，Brunetti M，Lewis A，et al. Mercury binding on activated carbon [J] . Environmental Progress，2006，25 (4)：319 - 326.

[77] Han L，Lv X，Wang J，et al. Palladium - iron bimetal sorbents for simultaneous capture of hydrogen sulfide and mercury from simulated syngas [J]. Energy & Fuels，2012，26 (3)：1638 - 1644.

[78] Dong J，Xu Z，Kuznicki S M. Mercury removal from flue gases by novel regenerable magnetic nanocomposite sorbents [J] . Environmental Science & Technology，2009，43 (9)：3266 - 3271.

[79] Dong J，Xu Z，Kuznicki S M. Magnetic multi - functional nano composites for environmental applications [J] . Advanced Functional Materials，2009，19 (8)：1268 - 1275.

[80] Zhang X，Zhang P，Wu Z，et al. Adsorption of methylene blue onto humic acid - coated Fe_3O_4 nanoparticles [J] . Colloids & Surfaces：A Physicochemical & Engineering Aspects，2013，435 (9)：85 - 90.

[81] Skodras G，Diamantopoulou I，Zabaniotou A，et al. Enhanced mercury adsorption in activated carbons from biomass materials and waste tires [J] . Fuel

Processing Technology，2007，88（8）：749-758.

[82] 夏洪应，彭金辉，张利波，等．水蒸气活化制备烟杆基颗粒活性炭的研究［J］．离子交换与吸附，2007，23（2）：112-118.

[83] Li Y H，Lee C W，Gullett B K. Importance of activated carbon's oxygen surface functional groups on elemental mercury adsorption［J］. Fuel，2003，82（4）：451-457.

[84] 谭增强，邱建荣，向军，等．氯化锌改性竹炭脱除单质汞的特性与机理分析［J］．中国环境科学，2011，62（10）：1944-1950.

[85] Kashparov V，Colle C，Levchuk S，et al. Transfer of chlorine from the environment to agricultural foodstuffs［J］. Journal of Environmental Radioactivity，2007，94（1）：1-15.

[86] Knudsen J N，Jensen P A，Lin W G，et al. Secondary Capture of Chlorine and Sulfur during Thermal Conversion of Biomass［J］. Energy & Fuels，2005，19（2）：606-617.

[87] Wang X，Si J，Tan H，et al. Nitrogen，sulfur，and chlorine transformations during the pyrolysis of straw［J］. Energy & Fuels，2010，24（9）：5215-5221.

[88] Jensen P A，Frandsen F J，Johansen K D，et al. Experimental investigation of the transformation and release to gas phase of potassium and chlorine during straw pyrolysis［J］. Energy & Fuels，2017，14（6）：1280-1285.

[89] 任建莉，周劲松，骆仲泱，等．活性炭吸附烟气中气态汞的试验研究［J］．中国电机工程学报，2008，24（2）：171-175.

[90] 高洪亮，周劲松，骆仲泱，等．燃煤烟气中汞在活性炭上的吸附特性［J］．煤炭科学技术，2006，34（5）：49-52.

[91] Liu W，Vidić R D，Brown T D. Optimization of sulfur impregnation protocol for fixed-bed application of activated carbon-based sorbents for gas-phase mercury removal［J］. Environmental Science & Technology，2008，32（4）：531-538.

[92] 张斌．活性焦联合脱除 SO_2 和 Hg 的实验研究［D］．南京：南京师范大学，2011.

[93] 任建莉，周劲松，骆仲泱，等．钙基类吸附剂脱除烟气中气态汞的试验研究［J］．燃料化学学报，2006，34（5）：557-561.

[94] 潘雷．燃煤飞灰与烟气汞作用机理的研究［D］．上海：上海电力学

院，2011.
[95] 王军辉．活性炭吸附脱除燃煤烟气中汞的研究［D］．杭州：浙江大学，2006.
[96] Skodras G，Diamantopoulou I，Pantoleontos G，et al. Kinetic studies of elemental mercury adsorption in activated carbon fixed bed reactor ［J］. Journal of Hazardous Materials，2008，158 (1)：1 - 13.
[97] Radisav D，Vidic，Chang M T，et al. Kinetics of vapor - phase mercury uptake by virgin and sulfur - impregnated activated carbons ［J］. Journal of the Air & Waste Management Association，1998，48 (3)：247 - 255.
[98] Rumayor M，Lopez - Anton M A，Díaz - Somoano M，et al. A new approach to mercury speciation in solids using a thermal desorption technique ［J］. Fuel，2015，160：525 - 530.
[99] Rumayor M，Fernandez - Miranda N，Lopez - Anton M A，et al. Application of mercury temperature programmed desorption (HgTPD) to ascertain mercury/ char interactions ［J］. Fuel Processing Technology，2015，132：9 - 14.
[100] Greenwell C，Roberts D L，Albiston J，et al. Novel process for removal and recovery of vapor phase mercury ［R］. Office of Scientific & Technical Information Technical Reports，1998.
[101] Wu S，Ozaki M，Uddin M A，et al. Development of iron - based sorbents for Hg^0 removal from coal derived fuel gas：Effect of hydrogen chloride ［J］. Fuel，2008，87 (4)：467 - 474.
[102] Kim C S，Rytuba J J，Jr G E B. Geological and anthropogenic factors influencing mercury speciation in mine wastes：an EXAFS spectroscopy study ［J］. Applied Geochemistry，2004，19 (3)：379 - 393.
[103] Rubio R，Rauret G. Validation of the methods for heavy metal speciation in soils and sediments ［J］. Journal of Radioanalytical & Nuclear Chemistry，1996，208 (2)：529 - 540.
[104] Rumayor M，Lopez - Anton M A，Díaz - Somoano M，et al. A new approach to mercury speciation in solids using a thermal desorption technique ［J］. Fuel，2015，160：525 - 530.
[105] 华晓宇．基于活性焦改性协同脱除二氧化硫和汞机理研究［D］．杭州：浙江大学，2011.

第2章

热解方式和颗粒粒径对生物焦单质汞吸附特性的影响及机理研究

根据本书所提出的利用电厂锅炉烟气环境制备生物焦脱汞剂的思路，电厂锅炉煤燃烧后生成的烟气可以形成高温热解条件，为生物质的热解过程提供必需的能量，但是烟气温度会随着流动发生变化，形成非等温及较宽温度范围的热解区间，而且生物质粒径也会对热解过程产生影响。因此，研究热解方式和颗粒粒径对生物焦单质汞吸附特性的影响是探索低费用脱汞工艺的必要前提。

现阶段研究者发现，升温速率和颗粒粒径是影响物质热解特性的两个重要因素，主要影响化学反应过程中的传热传质，从而对气固异相反应速率产生重要影响[1]。随着热解温度的升高，生物质热解产生的气态产物显著增多[2,3]。

生物焦对汞的吸附特性与热解方式和颗粒粒径有关，虽然已有关于相应制备条件对生物焦热解特性影响的研究，但是关于在热解终温与时间一定情况下，升温速率对生物焦热解特性及相应汞吸附特性影响的研究较少，且热解温度的影响会随吸附剂种类不同而存在较大差异，同时有关颗粒粒径对生物焦微观特性和汞吸附性能影响的相关研究则更少，相关机理解释不充分。本章在综合研究定温、变温不同热解方式和颗粒粒径条件对生物焦汞吸附特性影响的基础上，结合生物焦的微观特性及其汞吸附动力学过程，探究相应反应机理，以期为今后的脱汞方法提供关键参数和理论依据。

2.1 样品的制备

根据前期研究结果发现，相比椰壳、玉米芯和棉花秆，核桃壳的汞吸附性能较好[4]，并结合山西省核桃产量位居全国第二的研究背景，本书选取核桃壳（walnut shell，WS）作为原料，利用破碎机和振筛机进行粒径分级，通过四分法获得58～270μm粒径范围内四个粒径段的核桃壳生物质，粒径段分别为150～270μm（100目）、106～150μm（150目）、75～106μm（200目）和58～75μm（250目），记为A、B、C和D，并利用生物焦固定床制备实验系统，在N_2气氛条件下热解10min后放入干燥器中完成生物焦样品的制备。热解方式分为定温制备和变温制备，在定温制备过程中，热解温度分别设定为400、600、800℃和1000℃；变温制备过程中，选取这四个温度作为升温终温，热解10min，且升温速率分别设定为5、10℃/min和15℃/min，记为α、β和γ；相比变温制备，定温制备记为I。生物焦样品的制备条件及相应编号如表2-1所示。

表2-1 生物焦样品制备条件及相应编号

序号	制备条件				样品编号
	热解终温（℃）	热解方式	颗粒粒径（μm）	制备气氛	
1	400	定温制备	150～270	N_2	400-A-I
2	400	定温制备	106～150	N_2	400-B-I
3	400	定温制备	75～106	N_2	400-C-I
4	400	定温制备	58～75	N_2	400-D-I
5	400	变温制备（5℃/min）	58～75	N_2	400-D-α
6	400	变温制备（10℃/min）	58～75	N_2	400-D-β
7	400	变温制备（15℃/min）	58～75	N_2	400-D-γ
8	600	定温制备	150～270	N_2	600-A-I
9	600	定温制备	106～150	N_2	600-B-I

续表

序号	制备条件				样品编号
	热解终温（℃）	热解方式	颗粒粒径（μm）	制备气氛	
10	600	定温制备	75～106	N_2	600 - C - I
11	600	定温制备	58～75	N_2	600 - D - I
12	600	变温制备（5℃/min）	58～75	N_2	600 - D - α
13	600	变温制备（10℃/min）	58～75	N_2	600 - D - β
14	600	变温制备（15℃/min）	58～75	N_2	600 - D - γ
15	800	定温制备	150～270	N_2	800 - A - I
16	800	定温制备	106～150	N_2	800 - B - I
17	800	定温制备	75～106	N_2	800 - C - I
18	800	定温制备	58～75	N_2	800 - D - I
19	800	变温制备（5℃/min）	58～75	N_2	800 - D - α
20	800	变温制备（10℃/min）	58～75	N_2	800 - D - β
21	800	变温制备（15℃/min）	58～75	N_2	800 - D - γ
22	1000	定温制备	150～270	N_2	1000 - A - I
23	1000	定温制备	106～150	N_2	1000 - B - I
24	1000	定温制备	75～106	N_2	1000 - C - I
25	1000	定温制备	58～75	N_2	1000 - D - I
26	1000	变温制备（5℃/min）	58～75	N_2	1000 - D - α
27	1000	变温制备（10℃/min）	58～75	N_2	1000 - D - β
28	1000	变温制备（15℃/min）	58～75	N_2	1000 - D - γ

2.2　汞吸附特性研究

不同热解方式和颗粒粒径条件下生物焦的汞吸附特性如图 2 - 1～图 2 - 4 所示。在相同汞吸附条件及颗粒粒径一定的情况下，随着定温制备条件中热解温度和变温制备条件中热解终温的升高，生物焦的汞吸附能力先增强后减弱，且吸附能力由强到弱依次为 600、800、1000℃和 400℃；600℃作为定温制备的热解温度和变温制备的热解终温时，汞吸附能力远大于其他温度，其中 600 - D - I 样品的汞吸附能力最好，19705s 时汞穿透率仅为 75%。

从图2-1～图2-4中还可以看出，随着颗粒粒径的减小，汞吸附能力呈整体逐渐增强的趋势，当制备温度为600℃时，随着粒径的减小，600-A-I、600-B-I、600-C-I和600-D-I四个生物焦样品分别在4582、10634、17775s和19705s时汞穿透率为75%；在相同的吸附时间内（8255s），其单位累积汞吸附量分别为1292.76、1479.97、1621.13ng/g和1769.83ng/g，对应的穿透率分别为86.09%、69.33%、60.67%和58.67%。

变温制备过程中，在热解终温一定的情况下，升温速率为10℃/min时，生物焦样品的汞吸附性能最好，其中600-D-β样品的汞吸附能力最强，在11748s时汞穿透率仅为75%。同时，对于600、800℃和1000℃这三种热解终温，相比15℃/min，升温速率为5℃/min条件下生成的生物焦样品汞吸附性能较差；而当热解终温为400℃时，结果正好相反，即15℃/min条件下生成的样品性能较差。

相比定温制备条件，变温制备条件下生成的生物焦整体汞吸附性能较差，但800-D-β、800-D-γ和1000-D-β样品的汞吸附性能均优于其对应定温制备条件下所生成的生物焦。

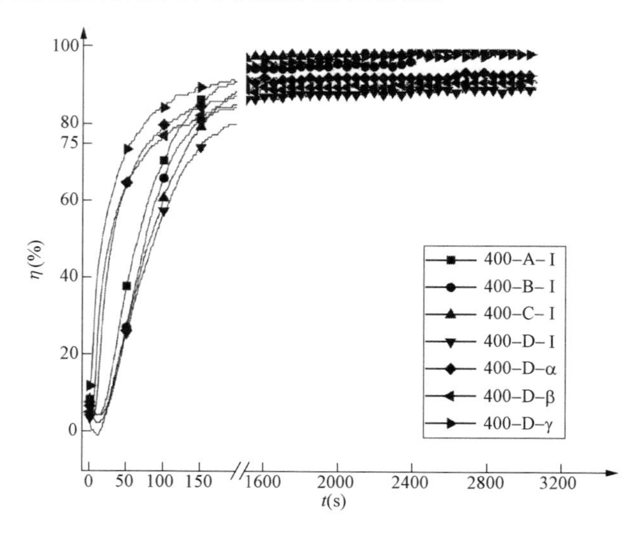

图2-1　400℃不同热解方式和颗粒粒径条件下生物焦的汞吸附特性

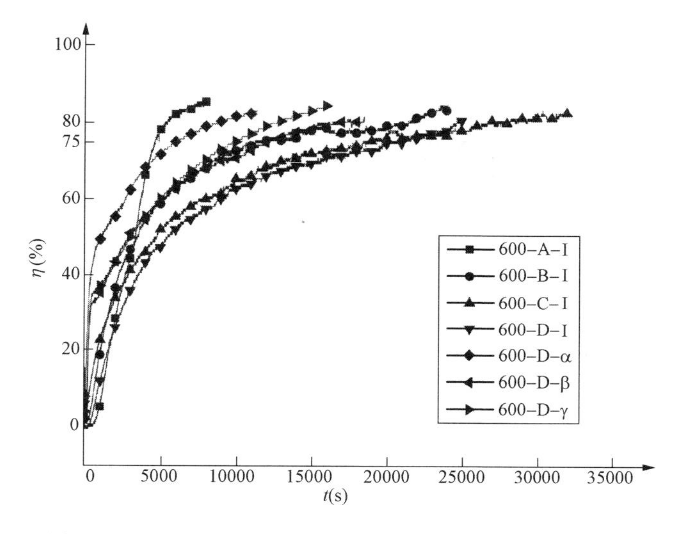

图 2-2　600℃不同热解方式和颗粒粒径条件下生物焦的汞吸附特性

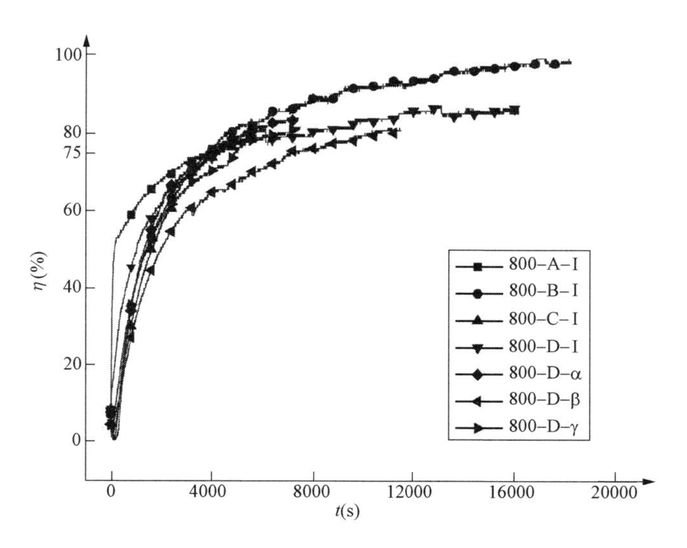

图 2-3　800℃不同热解方式和颗粒粒径条件下生物焦的汞吸附特性

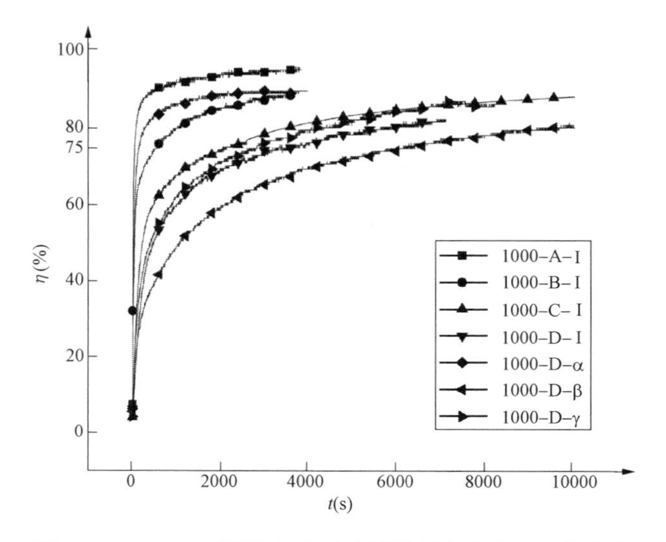

图 2-4　1000℃不同热解方式和颗粒粒径条件下生物焦的汞吸附特性

2.3　工业分析和元素分析

本书对所研究的生物质原料和生物焦进行了工业分析与元素分析，结果如表 2-2 所示。

表 2-2　　生物质和生物焦的工业分析与元素分析

样品	工业分析 W_{ad}（%）				元素分析 W_{ad}（%）					高位发热量
	V_{ad}	FC_{ad}	M_{ad}	A_{ad}	C	H	O	N	S	$Q_{ar,gr}$（kJ/kg）
WS-RAW	79.5	12.77	7.4	0.33	45.7	5.94	46.02	0.32	0.02	18435.17
600-D-I	18.66	75.84	0.79	4.71	86.32	1.15	4.92	1.18	0.08	29293.92
400-D-I	49.71	45.99	0.83	3.47	—	—	—	—	—	—
800-D-I	12.6	81.44	0.53	5.43	—	—	—	—	—	—
1000-D-I	9.65	83.94	0.52	5.89	—	—	—	—	—	—
600-D-α	20.16	74.33	0.52	4.99	—	—	—	—	—	—
600-D-β	20.35	74.59	0.73	4.33	—	—	—	—	—	—

续表

样品	工业分析 W_{ad}（%）				元素分析 W_{ad}（%）					高位发热量
	V_{ad}	FC_{ad}	M_{ad}	A_{ad}	C	H	O	N	S	$Q_{ar,gr}$（kJ/kg）
600-D-γ	21.32	73.89	0.64	4.15	—	—	—	—	—	—
600-A-I	32.74	63.22	0.97	3.07	—	—	—	—	—	—
600-B-I	30.69	65.89	0.31	3.11	—	—	—	—	—	—
600-C-I	21.14	73.22	0.88	4.76	—	—	—	—	—	—

表2-2的分析结果表明，在空气干燥基条件下，核桃壳生物质相比生物焦，具有较高的挥发分含量，热解过程中挥发分的析出则有利于生物焦形成丰富的孔隙结构，同时氧元素含量较高，说明其含氧官能团较为丰富；生物质在热解过程中，C—H和C—O键纷纷断裂，H和O从生物焦中分离出来，使得生物焦H和O含量减少，碳得以富集[5]，所以生物焦中固定碳含量较高，其高位发热量较高，而且随着热解温度的升高，固定碳含量增高；与非等温热解条件相比，等温热解条件下生成的生物焦挥发分含量较低，挥发分析出较为充分，并且随着热解温度的降低，挥发分含量大幅提高。从表2-2可以看出，400-D-I的挥发分含量高达49.71%，挥发分析出不够充分。变温制备条件下，随着热解升温速率的提高，其挥发分含量逐渐升高，说明挥发分析出程度逐渐减弱。另外，随着粒径的减小，传质传热对热解过程的影响减小，从而利于热解过程的进行，挥发分析出逐渐增多。

2.4 热解特性研究

不同热解方式与颗粒粒径的核桃壳生物质热解曲线相似，如图2-5与图2-6所示，分别为描述样品失重过程的热重（thermo gravimetry，TG）和微商热重（derivative thermo gravimetry，DTG）曲线。样品热解过程与纤维素类生物质一致[6]，主要参与热解过程的聚合物组分为半纤维素、纤维素和木质素。

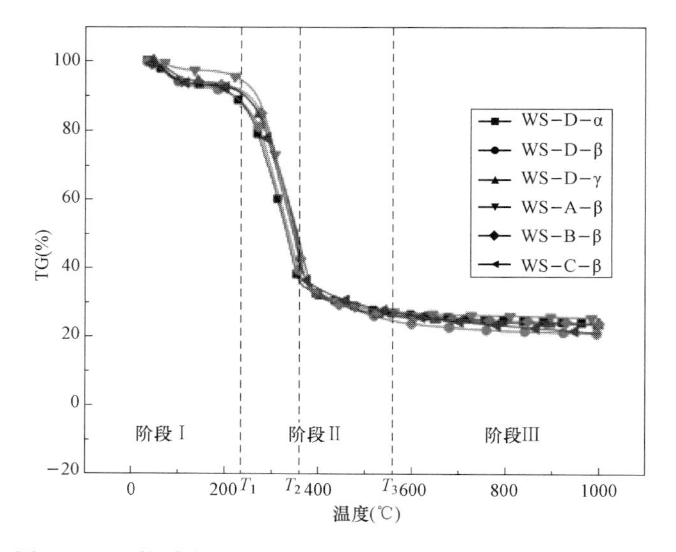

图 2-5　生物质在不同热解方式和颗粒粒径条件下的 TG 曲线

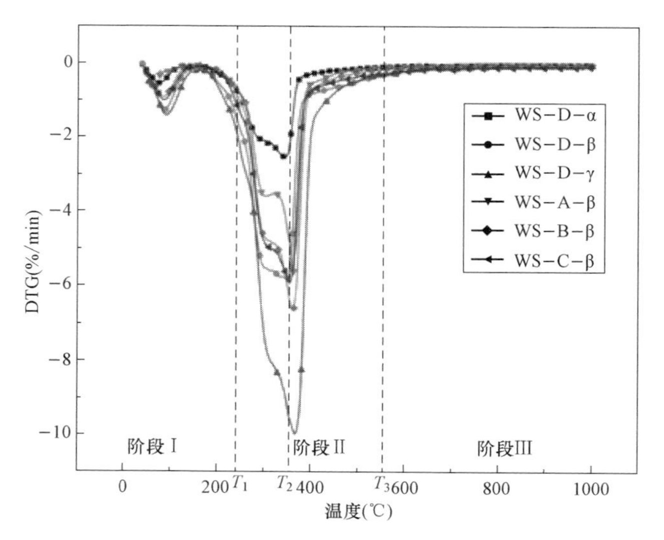

图 2-6　生物质在不同热解方式和颗粒粒径条件下的 DTG 曲线

（1）半纤维素主要由葡萄糖、甘露糖、木糖以及半乳糖等多种糖类构成，其分子链短且带有支链，无定型结构，在低温时容易热解，

主要在 220～315℃温度区间内热解。

（2）纤维素是由葡萄糖分子聚合而成的直链聚合物，具有更稳定的晶体结构，其热解温度区间比半纤维素高，主要集中在 315～400℃范围内。

（3）木质素是由没有固定形状的大分子芳香族化合物通过网状结构聚合而成，化学键能的大小范围很大，较难分解，其热解发生在从室温到 900℃的较宽温度范围内。

核桃壳生物质热解过程大致可分为三个阶段，第一阶段是从室温到 T_1（失重率约为 10%时所对应温度，为挥发分的初始析出温度[7]），为 200～250℃，这一阶段主要发生生物质的失水、内部少量解聚重组和“玻璃化转变现象”[8]，同时也为下一阶段生物质的快速热解做准备工作；第二阶段是从 T_1 到 T_3，T_3 在 300～500℃温度区间内，该阶段是热解过程的主要失重阶段，大部分有机组分被快速分解，并形成热解产物，其中在 360℃左右出现较强的失重峰，主要由于纤维素热解所致，同时在此失重峰前，会在 310℃左右出现一个特殊的肩峰，主要发生半纤维素的热解；从 T_3 到热解终温为热解的第三阶段，仅有轻微失重，在该阶段中主要进行固体残余物中含碳物质的缓慢分解，并最终形成生物焦。

本书根据 DTG 曲线及相关热解参数，提出综合热解特性指数 D，用以表征生物质挥发分释放的难易程度，如式（2-1）所示，D 值越大，说明热解行为越容易发生，获得的相应热解特性参数如表 2-3 所示。

$$D=\frac{(\mathrm{d}w/\mathrm{d}t)_{\max}\cdot(\mathrm{d}w/\mathrm{d}t)_{\mathrm{mean}}\cdot V}{T_1\cdot T_2\cdot\Delta T_{(1/2)}}\tag{2-1}$$

式中　T_2——第二阶段中挥发分最大析出速率所对应温度，℃；

$(\mathrm{d}w/\mathrm{d}t)_{\max}$——热解过程的最大失重速率，即 DTG 峰值，%/min；

$(\mathrm{d}w/\mathrm{d}t)_{\mathrm{mean}}$——第二和第三阶段中挥发分平均失重速率，%/min；

V——第二阶段中挥发分的析出量，%；

$\Delta T_{(1/2)}$——对应于 $(\mathrm{d}w/\mathrm{d}t)/(\mathrm{d}w/\mathrm{d}t)_{\max}=1/2$ 的温度，℃。

在颗粒粒径一定的情况下，随着升温速率增大，挥发分热解的起始温度 T_1、最大失重速率对应温度 T_2、终止温度 T_3与综合热解特性指数 D 增高；TG 曲线向高温侧移动，且 DTG 曲线峰值区间变宽，存在滞后现象，这是因为生物质导热性能较差，随着升温速率增加，加剧了颗粒内温度梯度的形成，导致颗粒内部不能及时升温和分解[9]；同时挥发分析出量呈现先增高后减小的趋势，且升温速率为 10℃/min 时最大，这是由于虽然加大升温速率可以加快挥发分的析出，但热解过程中会产生大量自由基，当升温速率较大时，自由基与内在氢的反应速率不及自由基生成速率，导致自由基相互结合，生成难挥发的高分子物质，不利于挥发分的析出。

表 2-3　生物质的热解特性参数

样品	T_1 (℃)	T_2 (℃)	T_3 (℃)	$(dw/dt)_{max}$ (%/min)	V (%)	$(dw/dt)_{mean}$ (%/min)	$\Delta T_{(1/2)}$ (℃)	D
WS-A-β	264	359	498	−5.69	62.82	−0.89	282	1.19×10^{-5}
WS-B-β	243	360	505	−6.65	63.73	−0.89	280	1.54×10^{-5}
WS-C-β	231	353	532	−5.90	63.93	−0.92	274	1.55×10^{-5}
WS-D-β	202	349	550	−5.84	66.18	−0.88	267	1.81×10^{-5}
WS-D-α	200	344	494	−2.53	63.16	−0.42	260	3.75×10^{-6}
WS-D-γ	224	366	571	−9.97	65.97	−1.33	283	3.76×10^{-5}

在升温速率一定的情况下，随着粒径的增大，挥发分热解终止温度 T_3逐渐降低，反应区间逐渐减小，这是由于生物质粒径会对传质传热产生较大影响。随着粒径减小，样品颗粒容易传热，与外部温度差减小，且热解产生的气体可以及时排出。由于生物质颗粒内部为多孔结构，这些一次裂解产生的挥发分如果未能及时排出，则会在由生物质颗粒内部向外释放过程中发生二次裂解反应，形成部分可冷凝气体，影响挥发分的析出。同时，根据综合热解特性指数 D，可以得出升温速率与粒径相比，其对生物质热解过程的影响更大。

2.5　孔隙结构研究

影响生物焦对汞吸附特性的孔隙结构参数主要包括比表面积、累积孔体积以及相对比孔容积等。本书对不同热解方式和颗粒粒径条件下生成的生物焦进行低温 N_2 吸附/脱附实验，对其孔隙结构进行了研究，如表 2-4 所示。同时，为了更直观地分析热解方式和颗粒粒径对孔隙结构的影响，用图 2-7～图 2-12 表示样品微分孔体积和累积孔体积的变化。

表 2-4　　不同热解方式和颗粒粒径条件下生物焦的孔隙结构参数

样品	BET 比表面积 (m^2/g)	累积孔体积 (cm^3/g)	分形维数 D_S	孔隙丰富度 Z ($10^6/m$)	相对比孔容积（%）	
					微孔和介孔	大孔
400-D-I	2.575	0.012	2.5325	214	29.91	70.09
600-D-I	150.261	0.081	2.7219	1855	77.44	22.56
800-D-I	45.396	0.055	2.5101	825	50.53	49.47
1000-D-I	54.228	0.068	2.5311	797	41.43	58.57
600-D-α	215.714	0.156	2.7622	1383	79.74	20.26
600-D-β	280.762	0.179	2.8526	1562	80.57	19.43
600-D-γ	287.792	0.182	2.8353	1585	81.31	18.69
600-A-I	14.815	0.027	2.6698	548	27.74	72.26
600-B-I	83.987	0.052	2.7695	1615	64.62	35.38
600-C-I	109.149	0.062	2.7129	1760	76.43	23.57

在研究孔隙结构对生物焦吸附汞能力的影响时，提出孔隙丰富度 Z（单位容积下的比表面积），用以表征生物焦样品的孔隙丰富程度，如式（2-2）所示：

$$Z = \frac{S_0}{V_0} \tag{2-2}$$

式中　Z——生物焦的孔隙丰富度，$10^6/m$；

S_0——生物焦的比表面积，m^2/g；

V_0——生物焦的比孔容积，cm^3/g。

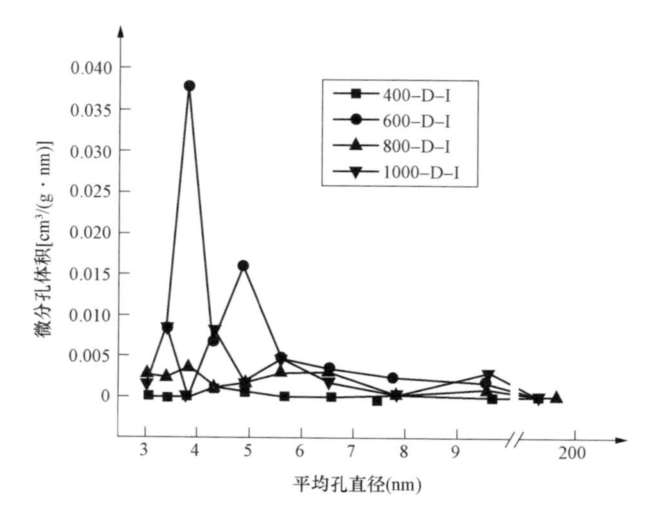

图 2-7　不同热解温度条件下生物焦的微分孔体积

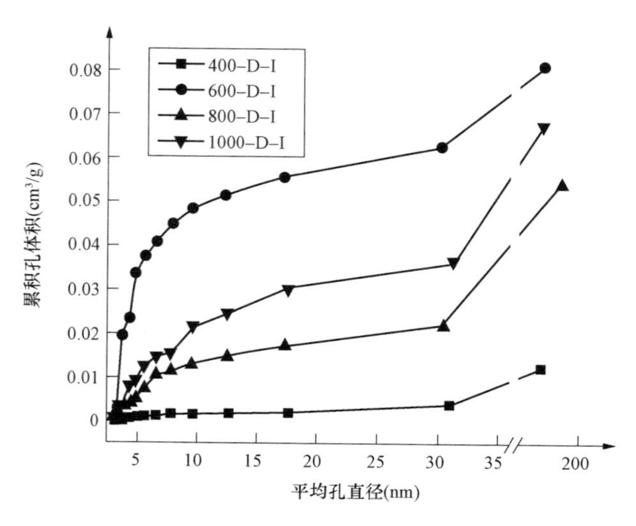

图 2-8　不同热解温度条件下生物焦的累积孔体积

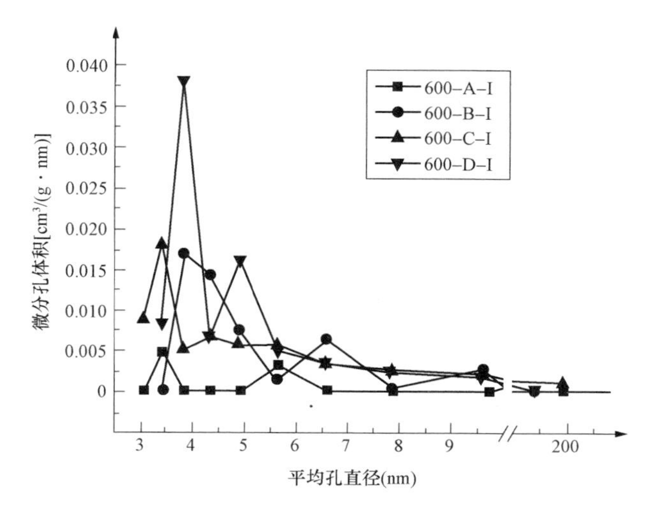

图 2 - 9　不同颗粒粒径条件下生物焦的微分孔体积

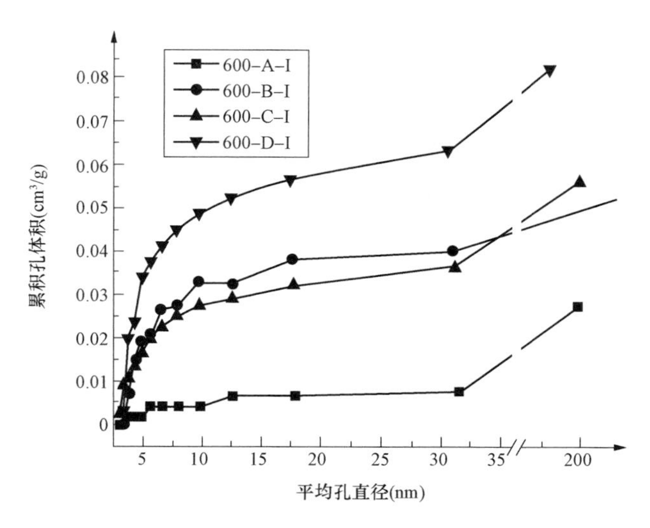

图 2 - 10　不同颗粒粒径条件下生物焦的累积孔体积

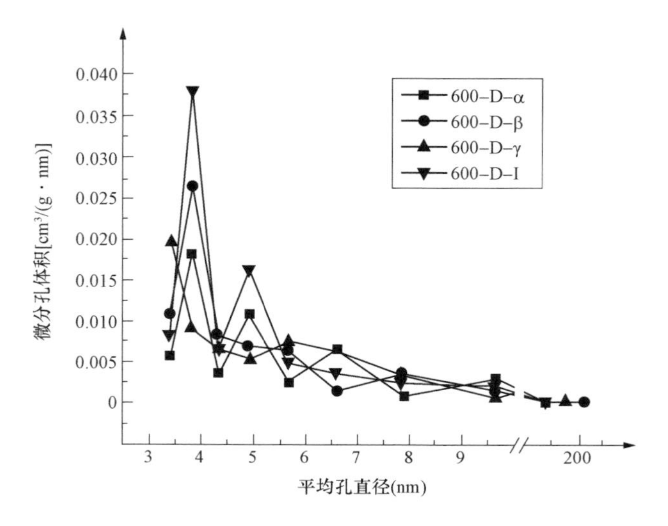

图 2-11 不同升温速率条件下生物焦的微分孔体积

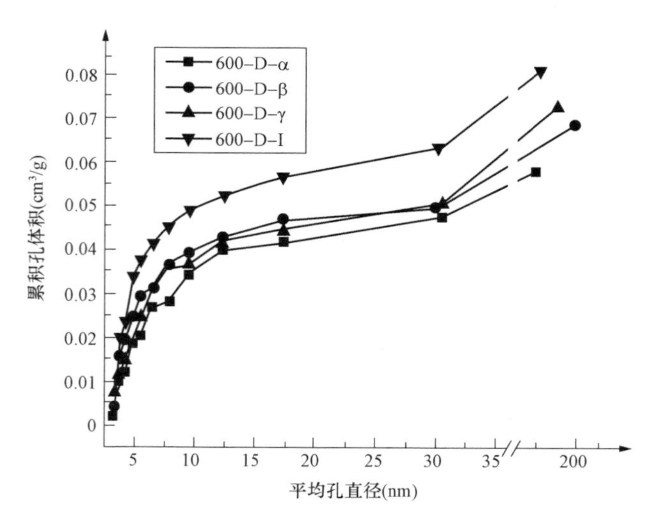

图 2-12 不同升温速率条件下生物焦的累积孔体积

生物焦表面分形维数 D_S 也是表征其孔隙结构的重要参数，当分形维数为 2 时，物体表面光滑且规则；当分形维数接近 3 时，其表面结构完全无序且紊乱，其可由式（2-3）获得[10,11]。

$$\ln(V/V_m)=(D_S-3)\ln[\ln(p_0/p)]+C \tag{2-3}$$

式中 V/V_m——相对吸附量；

D_S——分形维数；

p_0/p——相对压力的倒数；

C——常数。

研究发现，在颗粒粒径一定的情况下，随着热解温度的升高，BET比表面积、累积孔体积、分形维数和孔隙丰富度均呈现先增高后减小的趋势：

（1）400-D-I样品对应的孔结构参数最小，由前文中所获得关于热解特性的研究结果可知，400℃热解条件下生物质热解不够充分，挥发分析出不完全，孔隙结构还未完整形成，主要为大孔结构，表面较为规则，分形维数和孔隙丰富度较低。

（2）相比之下，600℃制备条件下600-D-I样品的比表面积和孔体积最大。这是由于600℃热解条件下挥发分析出量较大，促进了孔隙结构的发展，介孔大量生成，比表面积和孔体积增加较多；同时其分形维数较大，说明表面结构无序且紊乱，所形成的孔较深；而且孔隙丰富度较高，孔隙发达，利于对汞的吸附[12]。

（3）随着热解温度进一步升高，一方面较高的温度会造成孔隙结构的坍塌以及由于高温导致硅酸盐结构变化所引起的生物焦表面变平[13,14]，分形维数降低；另一方面，当热解温度在600～850℃时，部分挥发分会发生二次裂解形成焦油，由于这部分挥发分主要来自生物质颗粒内部深处，处于半析出状态的焦油会堵塞部分孔隙结构[15]，所以800-D-I样品的孔体积和比表面积均大幅下降。

（4）当热解温度为1000℃时，由于高温作用，会出现小孔互相贯通的现象，导致孔隙丰富度进一步下降，同时较高的温度会促进残留在孔隙中的焦油析出，并且伴随部分如H_2等较轻的挥发分析出，所以孔体积和比表面积较800℃时略微增大，且孔结构有向大孔发展的趋势。

不同热解升温速率会产生不同的孔隙结构，相比热解温度，升温速率对孔隙结构的影响较小。随着升温速率的提高，热解所经历的温区扩大，一方面热解温度与挥发分析出速率为正比关系，挥发分速率变化是一个平缓的提高过程，同时热解产物需要有充足的时间从颗粒内有序扩散，否则会在颗粒内产生积累，从而导致孔隙结构的阻塞，所以随着升温速率的提高，生物焦样品可以形成丰富的孔隙结构，孔隙丰富度逐渐增大；另一方面在较低温度区间内，热解温度越低挥发分析出速度越慢，孔隙保留情况越好，600-D-β和600-D-γ样品由于在高温区经历时间较短，所以比表面积和孔体积较大，而600-D-α由于其热解过程主要在550～600℃区间进行，大孔的相对比孔容积较高，分形维数较小，可得其表面结构比较规则，所形成的孔较浅，不利于对汞的吸附。同理，相比变温制备条件下所生成的三个样品，600-D-Ⅰ样品的BET比表面积和累积孔体积较小。

随着粒径的减小，生物焦样品的孔隙结构参数呈现逐渐增大的趋势，对汞的吸附性能也逐渐增强。一方面挥发分析出速率与析出量逐渐增大，利于孔隙结构的形成；另一方面由于生物质破碎过程中剪切应力的作用，生物质颗粒粒径在减小的同时，所形成的生物焦比表面积逐渐增大，孔隙发达、孔隙丰富度较高，且分形维数逐渐增大。同时，相比升温速率，热解温度与颗粒粒径对生物焦孔隙结构的影响较大。

另外，400-D-Ⅰ样品的汞吸附能力优于400-D-α、400-D-β和400-D-γ，主要是因为变温制备条件下生物焦样品所经历的温区较低，不利于挥发分的析出，生物焦孔隙结构不发达。同理，400-D-α生物焦样品脱汞效果优于400-D-γ，且800-D-β、800-D-γ和1000-D-β样品的汞吸附性能均优于其对应定温制备条件下所生成的生物焦。

从累积孔体积曲线可以得出，孔径在35nm以上时，累积孔体积增加缓慢，表明对于生物焦样品，大孔对其累积孔体积的贡献较小，主要是介孔对孔体积的累加。同时，生物焦对汞的吸附能力与其累积

孔体积呈现整体正相关性。

2.6　表面化学特性研究

本书在对生物焦表面官能团的研究过程中，通过对红外图谱进行基线校正、求二阶倒数以确定初始峰的位置和数目，同时结合各位置所对应的官能团[16,17]，选择合适的峰形函数（Lorentz 型或 Gaussian 型）组合并进行最小二乘法迭代求解和拟合分峰面积，进而表征具体官能团含量。红外光谱图可分为四个主要区域：羟基振动区（3600～3000cm^{-1}）、脂肪 CH 振动区（3000～2700cm^{-1}）、含氧官能团振动区（1800～1000cm^{-1}）和芳香 CH 的面外振动区（900～700cm^{-1}），分别记为 a、b、c 和 d。其中，羟基官能团和含氧官能团（包括 COOH 和 C═O）是影响生物焦汞吸附的主要因素，主要是可以增加生物焦表面对汞的吸附能，通过生物焦表面的碳原子与汞原子发生电子转移形成活性位点，进而发生化学吸附[18]。生物焦红外光谱图如图 2 - 13 所示，拟合所得到的相关参数如表 2 - 5 所示。

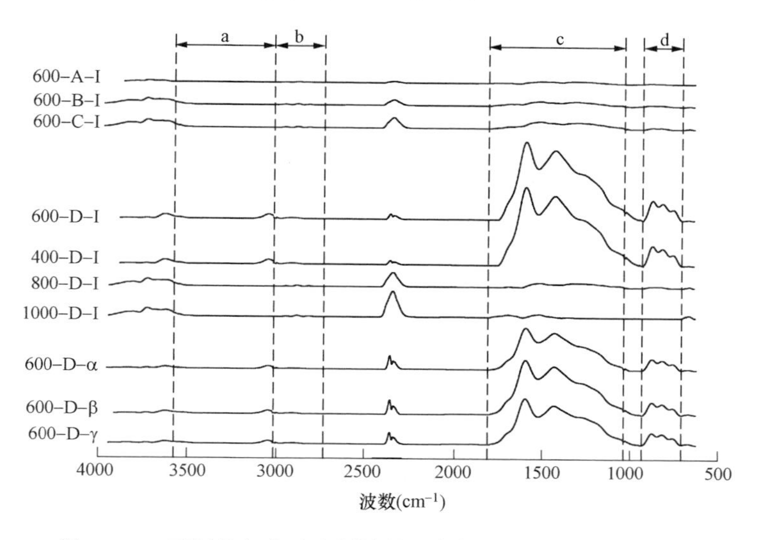

图 2 - 13　不同热解方式和颗粒粒径条件下生物焦红外光谱图

表 2-5　不同热解方式和颗粒粒径条件下生物焦的官能团拟合结果

样品	a 区	b 区	c 区	d 区	C—O 官能团	C═C 官能团	COOH 和 C═O 官能团
400-D-I	33	83	2979	184	1019	855	332
600-D-I	28	6	2170	85	733	788	127
800-D-I	11	4	139	12	53	44	32
1000-D-I	12	0	40	0	0	26	0
600-D-α	15	2	976	94	355	403	38
600-D-β	20	2	1288	110	464	532	40
600-D-γ	15	0	1183	105	435	437	56
600-A-I	0	3	76	5	27	12	3
600-B-I	9	5	142	12	56	13	8
600-C-I	11	4	216	15	93	64	14

羟基振动区主要为生物焦的一些游离羟基，由于氢和氧形成的氢键键能较大，导致宽波峰带。随着热解温度的升高，其含量急剧减小，说明生物质在热解过程中有—OH 官能团脱落，反应析出了水分，并且酚类和醇类物质逐渐消失[19]。

脂肪 CH 振动区主要为属于脂肪族化合物—CH_2 和—CH_3 的伸缩振动，在生物质热解过程中生物质分子中烷基侧链会发生断裂，其含量逐渐减少。随着热解温度的升高，反应析出大量 CH_4 等气体，其相应含量急剧减小，当热解温度升高至 1000℃时，相应官能团消失。

含氧官能团作为生物焦主要的表面官能团，是生物质热解进行的活性基团[20]，主要分布在三个振动频率段：

（1）1150～1350cm^{-1} 频率段主要为 C—O 官能团的伸缩振动区，生物质在热解过程中 C—O 官能团以 CO 气体的形式析出[21]，随着热解温度的升高，生物焦的 C—O 官能团含量逐渐降低，同时生物焦分子中的醚、酯类结构相对含量减小，当热解温度大于 800℃时，C—O 振动彻底消失。

（2）1600cm^{-1} 频率段附近的伸缩振动属于芳香族中芳核的 C═C

官能团，芳烃碳骨架是生物质分子中的主要结构[22]，在热解过程中会发生相应聚合反应[23]，所以对应含量随着热解温度的升高而逐渐降低。

（3）1000～1100cm^{-1}频率段是生物焦中一些硅酸盐矿物的 Si - O 振动吸收峰，随着热解温度的升高，其含量逐渐降低，当热解温度为800℃和1000℃时，相应官能团消失，这主要是由于高温导致硅酸盐结构发生变化，验证了关于孔隙结构的研究结果。

随着颗粒粒径的减小，生物焦官能团含量呈现整体增加的趋势。一方面由于颗粒粒径减小，其热解面积增加，影响生物焦官能团含量；另一方面，因为颗粒的超细破碎过程不只是一个物理过程，还是一个化学过程[24]，在破碎过程中会伴随机械力化学效应，即机械力影响或诱发化学反应。在生物质研磨过程中，机械力在对生物质进行破碎的同时，分子间作用力受到破坏，进而使生物质从大分子结构变为小分子结构；同时，根据能量守恒定律，破碎机所传递给生物质的机械能绝大部分转化为生物质的内能，导致宏观表现为在其表面温度升高的同时，生物质活化能降低，且所被活化的化学键开始发生相应分解反应，进而生成了新的自由基和官能团（如 C—O、C ══C、COOH 和 C ══O）。所以，随着生物质破碎程度的加剧，生物质粒径在减小的同时，其表面官能团的数量随之增加。结合本书研究结果，这种机械力化学作用具有一定的选择性，对含氧官能团的影响作用比较明显。

生物焦对汞的吸附既取决于其孔隙结构又与表面化学性质有关[25,26]。通过表 2 - 5 的拟合结果，并结合前文中关于样品孔隙结构的研究结果可知，400 - D - I 样品的官能团尤其是羟基和含氧官能团含量较大，但其比表面积和孔体积均远小于其他生物焦样品，所以其汞吸附效果较差；相比 1000 - D - I 样品，800 - D - I 样品的比表面积与累积孔体积较小，但是官能团尤其是含氧官能团（包括 COOH 和 C ══O 官能团）含量较大，使得其汞吸附性能较好；同理，600 - D - I 样品的官能团含量远大于对应变温制备条件下生成的生物焦，利于对汞的吸附；变温制备过程中，相比其他升温速率，10℃/min 升温速率条件下生成的生物焦官能团含量较高，汞吸附能力加强。

2.7 微观形貌研究

本书通过 SEM 对生物焦样品进行观测，获得不同热解方式和颗粒粒径条件下生物焦的表面形态和微观结构特征，如图 2-14 所示。从图 2-14（a）～（d）可以看出，随着粒径的减小，由于破碎过程中剪切应力的作用，生物质在热解过程中，表面由规则、平整变得越来越粗糙，生成和发展了更多新的孔隙结构，同时出现了大量片状凸起结构。

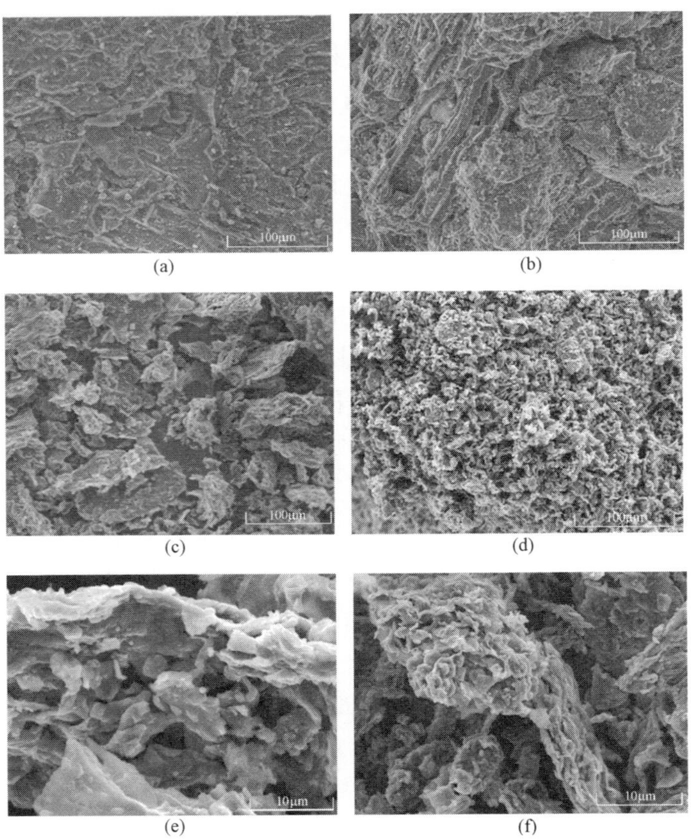

图 2-14　不同热解方式和颗粒粒径条件下生物焦的 SEM 图像

（a）600-A-I；（b）600-B-I；（c）600-C-I；
（d）600-D-I；（e）400-D-I；（f）600-D-I

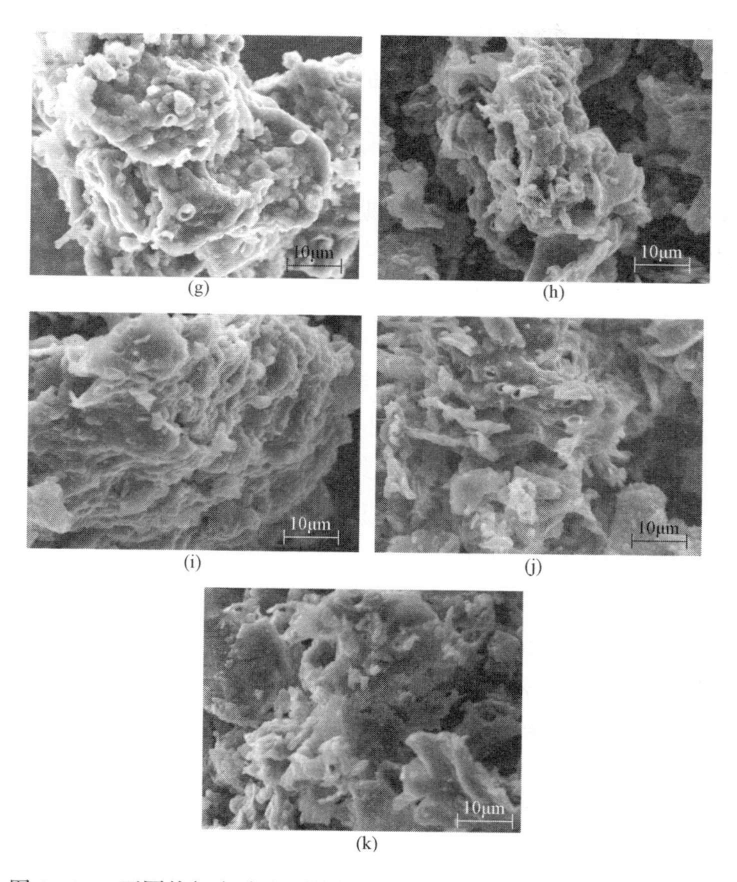

图 2 - 14　不同热解方式和颗粒粒径条件下生物焦的 SEM 图像（续）

（g）800 - D - I；（h）1000 - D - I；（i）600 - D - α；（j）600 - D - β；（k）600 - D - γ

图 2 - 14（e）～（h）为不同热解温度制备条件下生成的生物焦样品微观形貌，400 - D - I 样品（e）表面较为光滑，基本没有孔洞；600 - D - I 样品（f）孔隙结构较为发达，且孔洞较深；而 800 - D - I 样品（g）中部分孔洞被处于半析出状态的焦油所堵塞，且表面相比 600 - D - I 时较为光滑；1000 - D - I 样品（h）中的孔洞已无堵塞现象，但由于孔隙坍塌和孔壁烧融，孔洞明显扩大，出现了小孔贯通的现象。另外，在不同升温速率制备条件下，600 - D - α 样品（i）表面

较为平整，而 600 - D - γ 样品（k）形成的孔隙结构较为发达。以上结果均验证了关于孔隙结构演变过程的研究结论。

2.8 吸附动力学及活化能研究

2.8.1 单质汞在生物焦表面吸附的动力学研究

生物焦对单质汞的吸附主要包括外部传质、表面吸附和颗粒内扩散三个基本过程，本书采用准一级动力学模型、准二级动力学模型、颗粒内扩散模型和耶洛维奇（Elovich）模型，研究反应机理并确定吸附过程中的控速步骤。准一级动力学模型和颗粒内扩散模型主要研究物理吸附过程，准二级动力学模型和 Elovich 模型则以研究化学吸附为主。其中，准一级动力学模型主要研究外部传质过程，如式（2 - 4）所示；准二级动力学模型基于 Langmuir 吸附等温方程，研究化学键的形成，验证吸附过程以化学吸附为主，如式（2 - 5）所示；颗粒内扩散模型源于质量平衡方程，该模型主要研究固体吸附过程中孔道内部扩散过程，如式（2 - 6）所示；Elovich 模型基于 Temkin 吸附等温方程，与准二级动力学模型相似，主要描述化学吸附过程，两种模型的拟合结果可用于互相验证之间的准确性，如式（2 - 7）所示。

$$q = q_e[1 - \exp(-tk_1)] \qquad (2-4)$$

式中 q——t 时刻单位质量生物焦的吸附量，ng/g；

q_e——平衡时单位质量生物焦的吸附量，ng/g；

t——吸附时间，min；

k_1——准一级速率常数，min^{-1}。

$$q = (q_e^2 k_2 t)/(1 + q_e k_2 t) \qquad (2-5)$$

式中 k_2——准二级速率常数，ng/(g・min)。

$$q = k_{id} t^{1/2} + C \qquad (2-6)$$

式中 k_{id}——颗粒内扩散速率常数，ng/(g・$min^{1/2}$)；

C——与边界层厚度有关的常数，ng/g，随生物焦表面异质性和亲水性基团的增加而降低，其值越大说明边界层对吸附的影响越大。

$$q = (1/\beta)\ln(t + t_0) - (1/\beta)\ln(t_0) \quad (2-7)$$
$$t_0 = 1/(\alpha \cdot \beta)$$

式中 α——初始吸附速率，ng/(g·min$^{1/2}$)；

β——与表面覆盖度和活化能有关的常数，ng/g。

本书利用这四种吸附动力学模型对生物焦的汞吸附实验数据进行拟合计算，结果如表2-6与表2-7所示，其中拟合方程所得相关参数与实验值之间的误差用相关系数R^2表示，其值越大则表明所选模型对吸附过程的描述越接近。

表2-6 生物焦的吸附动力学拟合参数（准一级动力学方程和准二级动力学方程）

样品	准一级动力学方程			准二级动力学方程		
	R^2	k_1	q_e	R^2	k_2	q_e
400-D-I	0.9721	6.21×10^{-5}	89	0.9829	1.33×10^{-6}	113
600-D-I	0.9956	4.46×10^{-4}	5325	0.9993	1.95×10^{-7}	8019
800-D-I	0.9997	8.54×10^{-5}	3944	0.9992	1.48×10^{-7}	6266
1000-D-I	0.9999	1.94×10^{-5}	964	0.9998	8.81×10^{-10}	1498
600-D-α	0.9989	1.18×10^{-4}	1598	0.9992	2.63×10^{-8}	2669
600-D-β	0.9989	1.31×10^{-4}	2663	0.9996	3.08×10^{-8}	4055
600-D-γ	0.9999	1.33×10^{-4}	1950	0.9999	1.85×10^{-7}	3315
600-A-I	0.9998	7.04×10^{-5}	955	0.9987	6.26×10^{-9}	1328
600-B-I	0.9997	2.45×10^{-4}	1073	0.9961	6.63×10^{-9}	1396
600-C-I	0.9974	3.45×10^{-4}	2377	0.9991	2.38×10^{-8}	3441

从表2-6与表2-7可以看出，拟合所得的生物焦样品的相关系数均接近0.99，因此不同热解条件下所制备的生物焦样品对汞的吸附过程均符合这四种动力学模型，其吸附过程既受到物理吸附的影响，也受到化学吸附的影响，且单质汞吸附过程与生物焦的吸附位点有关，而不是单一的单层吸附。通过准一级和准二级动力学模型中的预测平

衡吸附量 q_e，可以得出在实际实验吸附过程中，所有生物焦样品对汞的吸附过程均未达到饱和状态，并且与实际吸附量呈正相关关系，验证了拟合结果的正确性。

随着热解温度的增加，生物焦汞吸附过程的准一级动力学模型与准二级动力学模型的拟合相关系数逐渐接近，说明外部传质过程与表面化学吸附过程对其汞吸附过程的影响相当，且 1000-D-I 样品的准一级动力学拟合系数较准二级动力学高，说明其控速步骤主要为物理吸附过程，但其准一级和准二级速率常数远低于其他样品，这主要由于其表面孔隙结构较差和官能团含量较少所导致。从表 2-6 可知，600-D-α、600-D-β 和 600-D-γ 样品对 Hg^0 主要为化学吸附。

表 2-7　生物焦的吸附动力学拟合参数（颗粒内扩散方程和 Elovich 方程）

样品	颗粒内扩散方程			Elovich 方程		
	R^2	k_{id}	c	R^2	α	β
400-D-I	0.9718	1.78	7	0.9933	0.5365	3.44×10^{-2}
600-D-I	0.9907	26.21	−683	0.9999	0.4387	3.49×10^{-4}
800-D-I	0.9989	12.74	−535	0.9956	0.4138	4.21×10^{-4}
1000-D-I	0.9998	10.01	−119	0.9948	0.2118	1.79×10^{-3}
600-D-α	0.9872	13.69	−203	0.9994	0.2720	9.17×10^{-4}
600-D-β	0.9976	16.59	−330	0.9999	0.3541	6.80×10^{-4}
600-D-γ	0.9868	18.25	−254	0.9999	0.4058	7.20×10^{-4}
600-A-I	0.9997	7.91	−102	0.9405	0.2259	2.09×10^{-3}
600-B-I	0.9976	18.32	−126	0.9914	0.2563	3.02×10^{-3}
600-C-I	0.9949	23.63	−226	0.9999	0.2673	8.65×10^{-4}

随着制备粒径的减小，生物焦汞吸附过程中的控速步骤由物理吸

附转为化学吸附，且准一级和准二级速率常数逐渐增大，这是因为生物焦的相关孔隙结构参数和表面官能团含量均得到提高，且后者的提高程度大于前者。同时，随着制备粒径的减小，k_{id}呈现整体不断增加的趋势。其中，600-D-I样品的k_{id}值远大于其他样品，主要是由于前者的孔隙丰富度Z较大，孔隙较为丰富，利于汞在颗粒内扩散过程的进行。对于所有样品，利用内扩散模型拟合获得的相关系数均较小，且明显低于利用准一级动力学模型拟合获得的相关系数，说明相对于内扩散过程，外部传质过程是汞在生物焦表面吸附的速率控制步骤。

Elovich动力学模型的拟合曲线与实验结果也较好吻合，验证了活性位点化学吸附过程的存在。Elovich方程基于Temkin吸附等温方程，因此可以认为汞在生物焦表面的吸附也较好地遵循Temkin吸附等温方程，其中，初始汞吸附速率α随着生物焦样品表面官能团含量的增加而不断增加。

2.8.2 单质汞在生物焦表面吸附的活化能研究

吸附活化能（E_a）表示吸附质分子在吸附前变成活化状态需要的能量。通常，E_a值在0～－4kJ/mol内代表物理吸附，－40～－800kJ/mol代表化学吸附。吸附活化能可以通过Arrhenius方程获得，如式（2-8）所示。

$$\ln k_2 = -\frac{E_a}{RT} + \ln k_0 \tag{2-8}$$

式中 E_a——吸附活化能，kJ/mol；

R——气体常数，8.314J/(mol·K)；

T——烟气温度，K；

k_0——温度影响因子。

如图2-15所示为利用Arrhenius方程对汞在生物焦表面吸附过程的线性拟合结果，如表2-8所示为拟合获得的参数。

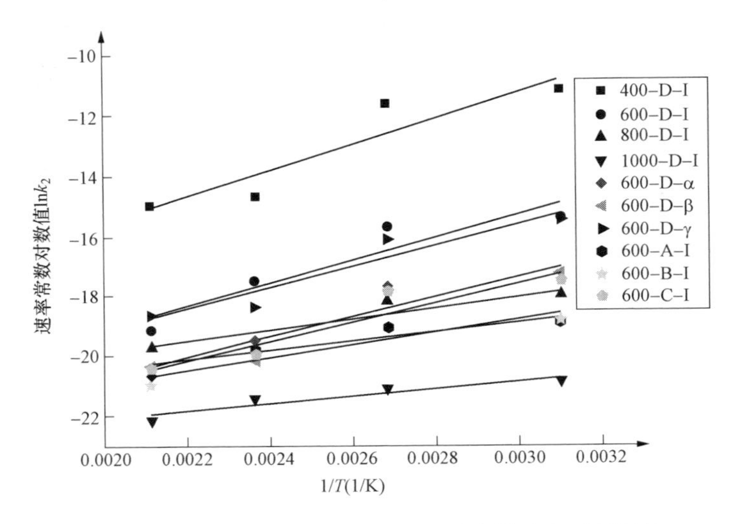

图 2-15　Arrhenius 方程对汞在生物焦样品表面吸附的线性拟合结果

表 2-8　　Arrhenius 方程拟合参数

样品	E_a（kJ/mol）	R^2	样品	E_a（kJ/mol）	R^2
400-D-I	−35.9	0.8671	600-D-β	−29.29	0.8726
600-D-I	−31.67	0.8725	600-D-γ	−29.44	0.8996
800-D-I	−15.55	0.8872	600-A-I	−12.95	0.8958
1000-D-I	−10.14	0.8714	600-B-I	−17.51	0.8737
600-D-α	−27.68	0.8847	600-C-I	−27.67	0.8890

计算所获得的 E_a值均处于−40～−4kJ/mol 范围内，表明汞在生物焦表面的吸附是物理吸附和化学吸附的结合。其中，汞在 1000-D-I 样品表面吸附的 E_a值最接近−4kJ/mol，验证了物理吸附是其主要吸附形式。随着粒径的减小，E_a的绝对值逐渐增加，说明吸附形式由物理吸附逐渐转变为了化学吸附，且汞在 600-D-I 样品表面吸附所需要的活化能是汞在 600-A-I 样品表面吸附的 2 倍多，说明汞在 600-D-I

样品表面吸附需要更多的能量，主要是由于化学吸附的加强导致，与前文研究结论一致。

2.9　吸附条件对汞吸附特性的影响研究

为了模拟实际电厂烟气环境，并获得汞初始浓度、吸附温度以及吸附气氛（SO_2、O_2、CO_2浓度）等不同吸附条件对生物焦单质汞吸附特性的影响，基于上文所获得的结论，选取等温和非等温制备条件下汞吸附性能最强的核桃壳生物焦进行研究，分别记为 WS_{iso} 和 WS_{var}。

在研究汞初始浓度、吸附温度、SO_2 浓度、O_2 浓度、CO_2 浓度对生物焦汞吸附性能影响的过程中，除研究变量外，其余实验条件分别设定为 42μg/m^{3}初始汞浓度、50℃吸附温度、N_2气氛；研究不同吸附条件影响时，初始汞浓度分别选取 42、62、82μg/m^3；吸附温度分别为 50、100、150℃；SO_2 浓度分别为 285、1142、2000mg/m^3；O_2 浓度分别为 3%、5%、7%；CO_2浓度分别为 10%、15%、20%。

2.9.1　汞初始浓度对生物焦汞吸附特性的影响

汞初始浓度对生物焦汞吸附特性的影响如图 2-16 和图 2-17 所示。在相同汞初始浓度吸附条件下，WS_{iso} 样品汞吸附性能均优于 WS_{var}样品，而且随着吸附时间的增加，两者的汞穿透率和单位汞吸附量曲线变化趋势基本相似。同时还可以发现，随着汞初始浓度的增加，WS_{iso}和 WS_{var}样品的汞吸附性能随之增强。由此可见，汞初始浓度的增加会对生物焦汞吸附性能起到促进作用。这是因为在对单质汞的吸附过程中，随着汞初始浓度的升高，生物焦表面所富集的汞含量增大，可以提高汞与生物焦发生吸附反应的概率及相应吸附速率。同时在反应初期，吸附气氛与生物焦表面之间的汞浓度差越大，则越利于促进整个吸附过程，进而增强生物焦的整体汞吸附性能。随着吸附反应的进行，在生物焦表面吸附位点数量和活性一定的情况下，虽然汞浓度的增大可以提升生物焦整体汞吸附量，但是由于吸附位点的消耗，反应速率会有所降低，所以当汞初始浓度升高至 82μg/m^{3}时，生物焦汞吸附性能的提升效果较小。

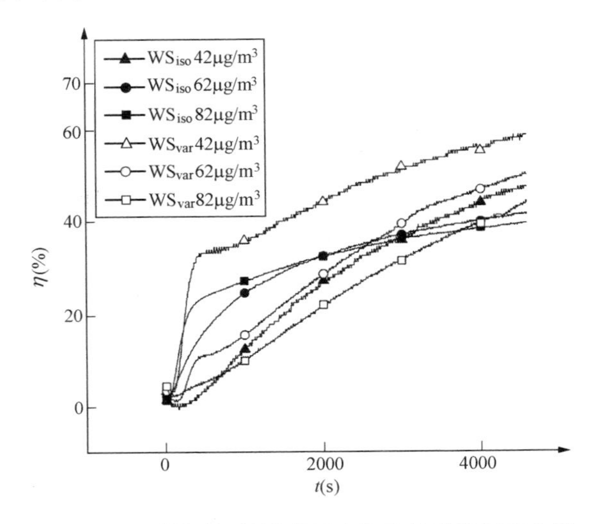

图 2-16　不同汞初始浓度下生物焦的汞穿透率曲线

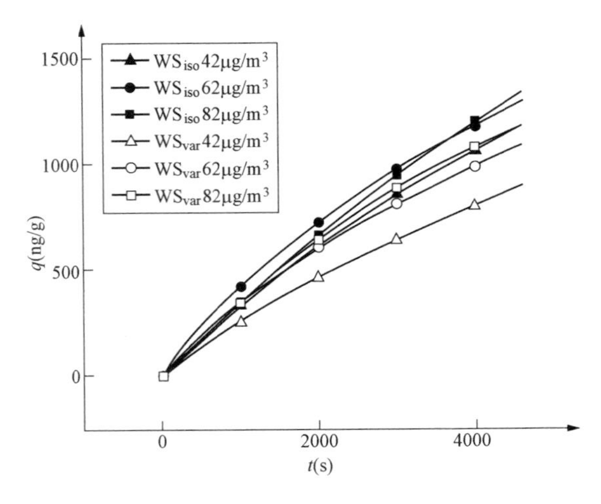

图 2-17　不同汞初始浓度下生物焦的单位汞吸附量曲线

对于 WS_{var} 样品，在吸附实验的三种汞初始浓度条件下，由于孔隙结构发达，可以提供单质汞发生反应的吸附位点丰富，所以随着汞浓度的提高，吸附性能增强的幅度更大；而 WS_{iso} 样品，由于累积孔体积和比表面积较小，虽然单位累积汞吸附量有所增加，但提升幅度较小。

2.9.2　吸附温度对生物焦汞吸附特性的影响

吸附温度对生物焦汞吸附特性的影响如图 2-18 和图 2-19 所示。

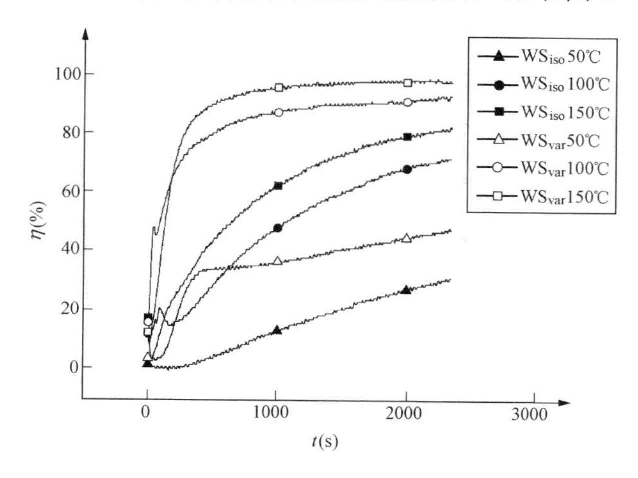

图 2-18　不同吸附温度下生物焦的汞穿透率曲线

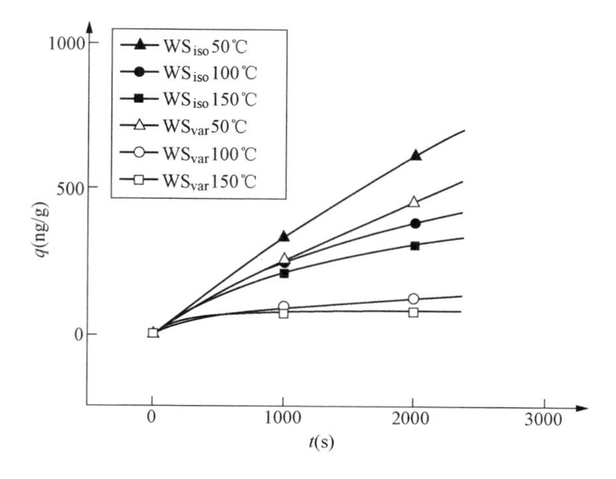

图 2-19　不同吸附温度下生物焦的单位汞吸附量曲线

结果表明，相同制备条件下所形成的生物焦样品随着吸附温度的升高，吸附性能均有所下降，且 WS_{var} 样品在吸附温度为 100℃ 和 150℃条件下其吸附性能远低于 WS_{iso} 样品。这是因为生物焦对单质汞的吸附既包含物理吸附反应也包含化学吸附反应，其中物理吸附反应主要受到孔隙结构等自身物理特性的影响，而化学吸附反应则主要受到表面官能团等化学特性的影响，且吸附活化能较高。在物理吸附过程中，单质汞与生物焦表面接触，发生碰撞，通过范德华力（包括色散力、静电力等）吸附在生物焦表面和孔隙结构中[27]，该吸附是由汞和生物焦分子间作用力所引起，因而结合力较弱，是可逆的放热反应过程；而在化学吸附过程中，汞与生物焦表面官能团发生电子转移、交换或共有，通过相关化学键进行吸附，所涉及的力也远强于范德华力。因此，当吸附温度较低时，还不足以破坏物理吸附方式下的范德华力，只能使得吸附在生物焦最外层表面的小部分汞脱离。随着吸附温度的进一步升高，物理吸附被完全抑制和破坏，进而导致生物焦整体的汞吸附性能大幅下降。

由于 WS_{var} 样品的累积孔体积等孔隙结构较好，对汞的物理吸附性能较 WS_{iso} 样品更强，通过物理吸附的单质汞更多，最终导致随吸附温度的升高，汞累积吸附量下降的幅度更大；而 WS_{iso} 样品由于表面官能团含量较多，主要通过化学吸附的方式与单质汞发生反应，所受到的因温度升高而导致对物理吸附的抑制作用较小。

2.9.3 吸附气氛对生物焦汞吸附特性的影响

2.9.3.1 SO_2 对生物焦汞吸附特性的影响

SO_2 对生物焦汞吸附特性的影响如图 2-20 和图 2-21 所示。在相同 SO_2 浓度吸附条件下，WS_{var} 样品的汞吸附性能整体优于 WS_{iso} 样品。随着 SO_2 浓度的升高，生物焦样品的吸附能力均有不同程度的减弱，且 WS_{iso} 样品的下降幅度远大于 WS_{var} 样品。这是因为在 SO_2 吸附过程中，吸附剂样品的微孔、介孔以及表面含氮官能团是吸附反应的活性位[28-30]，同时相比单质汞，SO_2 与生物焦发生反应的能量壁垒更低，且反应活性更高，易于被吸附。因此，SO_2 吸附气氛条件下，在生物焦对单质汞的吸附过程中，SO_2 会与 Hg^0 发生竞争吸附，进而占据生物焦表面的吸附位点，导致样品对单质汞的吸附性能大幅下降。

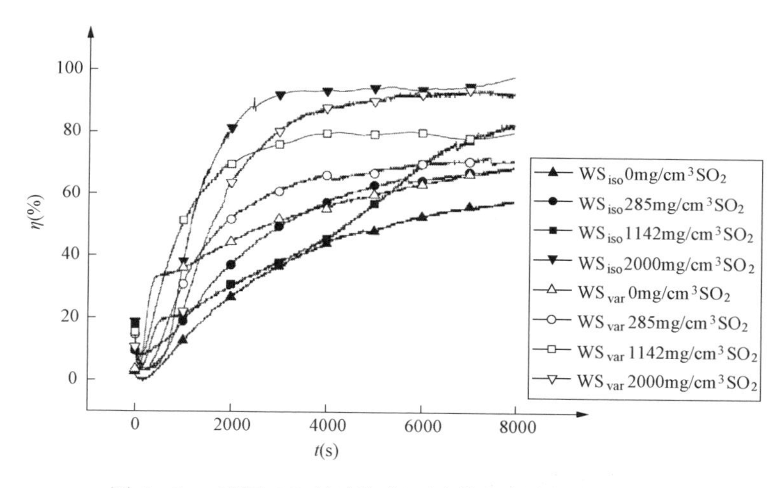

图 2 - 20　不同 SO_2 浓度气氛下生物焦的汞穿透率曲线

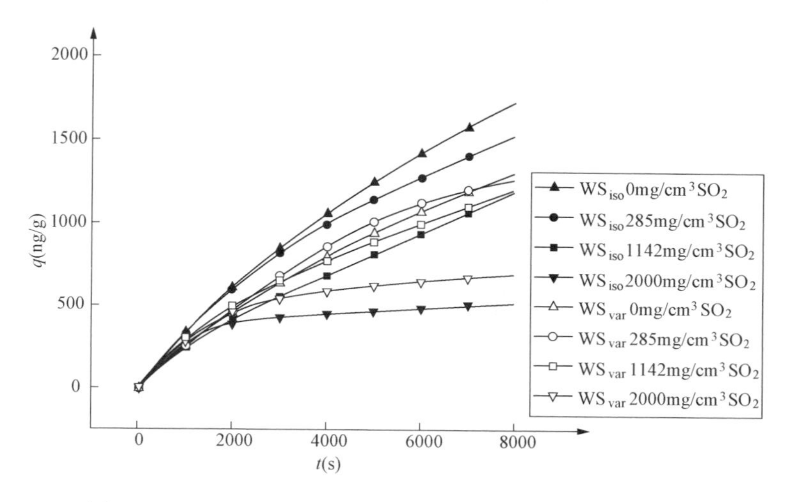

图 2 - 21　不同 SO_2 浓度气氛下生物焦的单位汞吸附量曲线

由于相比 WS_{iso} 样品，WS_{var} 样品的含氮官能团数量较多，且含有大量的微孔和介孔，当 SO_2 浓度较低时，可以减弱 SO_2 的竞争吸附作用，SO_2 对其汞吸附性能影响有限，所以吸附性能相比 WS_{iso} 样品下降较小。但是，随着 SO_2 浓度的不断增大，过量的 SO_2 会逐步与单质汞竞争活性吸附位点，Hg^0 吸附速率逐渐降低，进而导致生物焦对汞的吸附能力大幅下降。

2.9.3.2　O_2 对生物焦汞吸附特性的影响

O_2 对生物焦汞吸附特性的影响如图 2-22 和图 2-23 所示。相同制备条件下生成的生物焦样品随着 O_2 体积分数的升高，其吸附性能均有所提升。这是由于一方面 O_2 可以促进生物焦表面与 Hg^0 的异相反应[31-33]，如式（2-9）～式（2-12）所示；另一方面，O_2 可以补充生物焦表面的含氧官能团在吸附 Hg^0 过程中所消耗的氧原子，或者与不饱和碳原子发生反应，产生新的羧基、羰基或碳氧络合物[34]，形成丰富的活性吸附位点，进而促进对单质汞的吸附。同时，随着吸附反应过程的进行，生物焦表面所富集的 O_2 含量减小，导致与吸附气氛中 O_2 浓度之间的差值变大，促进了 O_2 在生物焦表面和内部孔隙结构中的扩散，利于 Hg^0 吸附速率的提高。

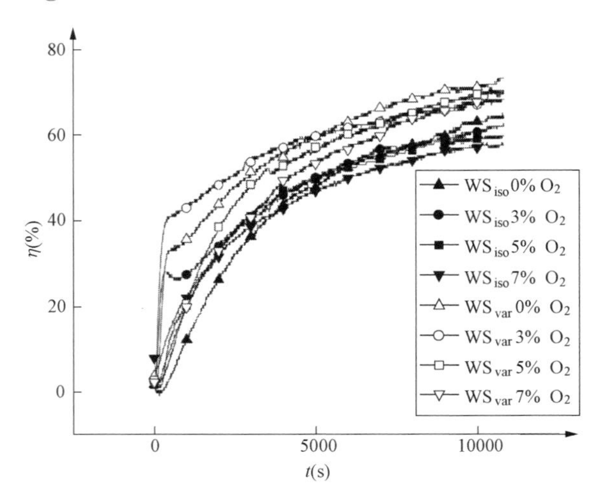

图 2-22　不同 O_2 浓度气氛下生物焦的汞穿透率曲线

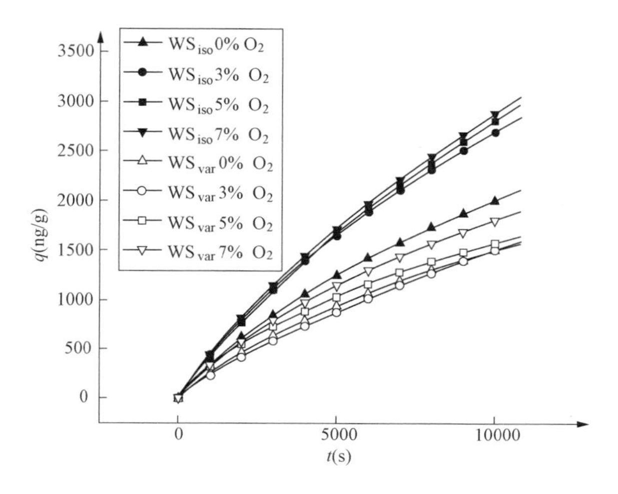

图 2 - 23　不同 O_2 浓度气氛下生物焦的单位汞吸附量曲线

由于 WS_{iso} 样品的含氧官能团数量和种类较多，因此 O_2 的促进作用更为显著，其 Hg^0 吸附性能整体优于 WS_{var} 样品，穿透时间较长。其中，当 O_2 体积分数为 7%时，生物焦样品的累积汞吸附量为 3064ng/g。

$$Hg(g) \rightleftharpoons Hg(ads) \quad (2-9)$$

$$O_2(g) \rightleftharpoons O_2(ads) \quad (2-10)$$

$$Hg(ads) + 0.5O_2(ads) \longrightarrow HgO(ads) \quad (2-11)$$

$$HgO(ads) \longrightarrow HgO(g) \quad (2-12)$$

2.9.3.3　CO_2 对生物焦汞吸附特性的影响

CO_2 对生物焦汞吸附特性的影响如图 2 - 24 和图 2 - 25 所示，相比其他吸附气氛条件，CO_2 对生物焦汞吸附性能的促进作用较强。

这是因为一方面吸附剂在对 CO_2 的吸附过程中，微孔是其所需的主要吸附活性位点[35]，生物焦表面利于 Hg^0 吸附的含氧官能团则对 CO_2 的吸附不产生作用，而 WS_{iso} 和 WS_{var} 样品的孔隙结构主要以 3～5nm 的介孔构成，导致单质汞与 CO_2 之间不会发生竞争吸附；另一方面，CO_2 作为非极性分子，在 Hg^0 吸附过程中可以通过色散力与生物焦表面的碳原子发生相互作用，使其转变为极性分子，进而促进生物

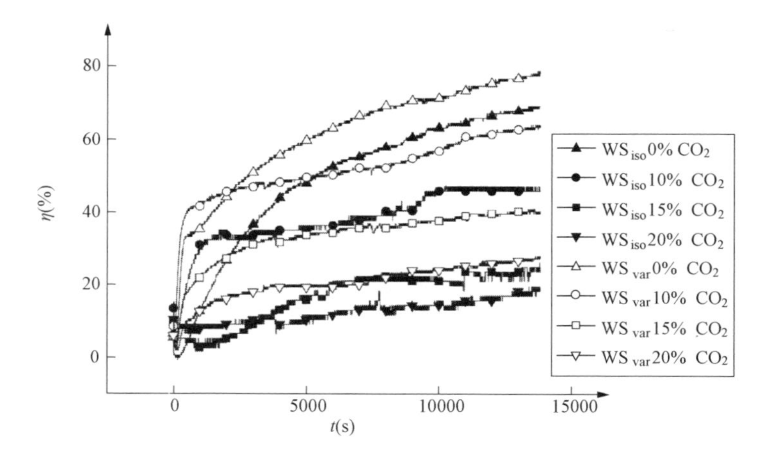

图 2-24　不同 CO_2 浓度气氛下生物焦的汞穿透率曲线

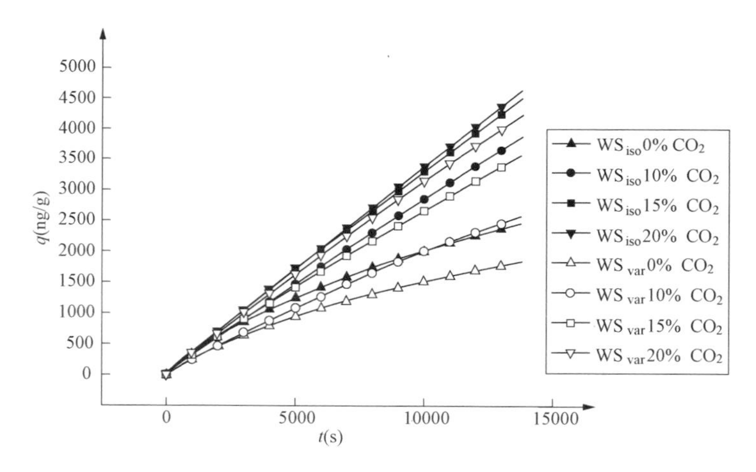

图 2-25　不同 CO_2 浓度气氛下生物焦的单位汞吸附量曲线

焦对单质汞的吸附。

由于 WS_{iso} 和 WS_{var} 样品表面均含有自由羟基，说明样品本身具有一定极性，而后者所含有的羟基官能团数量相对较少，可以促进极性分子的形成，从而导致随 CO_2 浓度提升，其单位累积汞吸附量的增长幅度较大。

2.10　小结

本章选取核桃壳作为原料，对等温、非等温两种热解方式和四个不同粒径范围条件下所生成生物焦的单质汞吸附特性进行了研究，利用热重分析仪、低温 N_2吸附脱附仪、傅里叶变换红外光谱仪和扫描电镜研究生物焦的热解特性及孔隙结构、表面形貌、官能团等微观特性，结合吸附动力学过程，探究了其影响机理；同时，获得了汞初始浓度、吸附温度以及气氛（O_2、CO_2、SO_2）等不同吸附条件下生物焦的单质汞吸附特性。所获得的主要结果如下：

（1）核桃壳生物质热解过程可分为三个阶段。随着粒径的减小，热解反应面积增大，传质传热对热解过程的影响减小，从而利于热解过程的进行，挥发分析出量逐渐增多。升温速率与粒径相比，对生物质热解过程的影响更大。

（2）不同热解条件所制备生物焦的汞吸附特性存在较大差异。随着定温制备条件中热解温度和变温制备条件中热解终温的升高，生物焦的汞吸附能力由强到弱依次为 600、800、1000℃和 400℃。其中，600℃作为热解温度和热解终温时，汞吸附能力远大于其他温度。随着颗粒粒径在 58～270μm 范围内减小，汞吸附能力呈整体逐渐增强的趋势。随着升温速率的增加，生物焦的汞吸附能力先增强后减弱，当升温速率为 10℃/min 时，生物焦样品的汞吸附性能较好。

（3）生物焦的汞吸附过程既受到物理吸附的影响，也受到化学吸附的影响。随着热解温度的增加，外部传质过程与表面化学吸附过程对其汞吸附过程的影响相当。随着制备粒径的减小，生物焦汞吸附过程中的控速步骤由物理吸附转为化学吸附，且准一级和准二级速率常数逐渐增大。

（4）吸附条件中，汞初始浓度的增加可以促进生物焦对汞的吸附。较高的吸附温度会抑制生物焦对汞的物理吸附，降低整体吸附效率。吸附气氛对生物焦汞吸附性能具有较大影响，O_2能在生物焦表面与汞发生非均相反应而提高生物焦的汞吸附性能；CO_2色散力的作用会促进单质汞的转化；SO_2会与单质汞发生竞争吸附而降低生物焦对单质汞的吸附能力。

参考文献

[1] Senneca O. Kinetics of pyrolysis，combustion and gasification of three biomass fuels [J] . Fuel Processing Technology，2007，88 (1)：87 - 97.

[2] Becidan M，Øyvind Skreiberg，Hustad J E. Products distribution and gas release in pyrolysis of thermally thick biomass residues samples [J] . Journal of Analytical & Applied Pyrolysis，2007，78 (1)：207 - 213.

[3] Fu P，Yi W，Bai X，et al. Effect of temperature on gas composition and char structural features of pyrolyzed agricultural residues [J] . Bioresource Technology，2011，102 (17)：8211 - 8219.

[4] 贾里，李犇，徐樑，等 . 不同制备条件对生物焦汞吸附特性及吸附动力学的影响 [J] . 环境工程学报，2018，12 (1)：134 - 144.

[5] Newalkar G，Iisa K，D' Amico A D，et al. Effect of Temperature，Pressure，and Residence Time on Pyrolysis of Pine in an Entrained Flow Reactor [J]. Energy & Fuels，2014，28 (8)：5144 - 5157.

[6] Sanchez - Silva L，López - González D，Villaseñor J，et a. Thermogravimetric - mass spectrometric analysis of lignocellulosic and marine biomass pyrolysis [J]. Bioresource Technology，2012，109 (4)：163 - 172.

[7] 段佳，罗永浩，陆方，等 . 生物质废弃物热解特性的热重分析研究 [J] . 工业加热，2006，35 (3)：10 - 13.

[8] Antal M J，Varhegyi G. Cellulose Pyrolysis Kinetics：The Current State of Knowledge [J] . Industrial & Engineering Chemistry Research，1995，34 (3)：703 - 717.

[9] Ma Z Q，Chen D Y，Gu J，et al. Determination of pyrolysis characteristics and kinetics of palm kernel shell using TGA - FTIR and model - free integral methods [J] . Energy Conversion & Management，2015，89：251 - 259.

[10] Pfeifer P. Fractals in Surface Science：Scattering and Thermodynamics of Adsorbed Films [M] . Berlin：Springer，1988：283 - 305.

[11] Andrzej B. Jarzebski，Jarosław Lorenc，Yuri I. Aristo，et al. Porous texture

characteristics of a homologous series of base - catalyzed silica aerogels [J]. Journal of Non - Crystalline Solids，1995，190（3）：198 - 205.

[12] 樊保国，贾里，李晓栋，等．电站燃煤锅炉飞灰特性对其吸附汞能力的影响 [J]．动力工程学报，2016，36（8）：621 - 628.

[13] Keown D M，Hayashi J I，Li C Z. Drastic changes in biomass char structure and reactivity upon contact with steam [J]．Fuel，2008，87（7）：1127 - 1132.

[14] Park H J，Park S H，Sohn J M，et al. Steam reforming of biomass gasification tar using benzene as a model compound over various Ni supported metal oxide catalysts [J]．Bioresource Technology，2010，101 Suppl 1（1）：S101 - S106.

[15] Babu B V，Sheth P N. Modeling and simulation of reduction zone of downdraft biomass gasifier：Effect of char reactivity factor [J]．Energy Conversion & Management，2006，47（15 - 16）：2602 - 2611.

[16] Koch A，Krzton A，Finqueneisel G，et al. A study of carbonaceous char oxidation in air by semi - quantitative FTIR spectroscopy [J]．Fuel，1998，77（6）：563 - 569.

[17] Ibarra J，Muñoz E，Moliner R. FTIR study of the evolution of coal structure during the coalification process [J]．Organic Geochemistry，1996，24（6）：725 - 735.

[18] 张璧，罗光前，徐萍，等．活性炭表面含氧官能团对汞吸附的作用 [J]．工程热物理学报，2015（7）：1611 - 1615.

[19] Daniel M. Keown，Xiaojiang Li，Junichiro Hayashi，et al. Characterization of the Structural Features of Char from the Pyrolysis of Cane Trash Using Fourier Transform - Raman Spectroscopy [J]，Energy Fuels，2007，21（3）：1816 - 1821.

[20] Laurendeau N M. Heterogeneous kinetics of coal char gasification and combustion [J]．Progress in Energy & Combustion Science. 1978，4（4）：221 - 270.

[21] Solomon P R，Hamblen D G，Carangelo R M，et al. Models of tar formation during coal devolatilization [J]．Combustion & Flame，1988，71（2）：137 - 146.

[22] Puente G D L，Iglesias M J，Fuente E，et al. Changes in the structure of coals of different rank due to oxidation—effects on pyrolysis behaviour [J]. Journal of Analytical & Applied Pyrolysis，1998，47（5）：33 - 42.

[23] Arenillas A, Pevida C, Rubiera F, et al. Characterisation of model compounds and a synthetic coal by TG/MS/FTIR to represent the pyrolysis behaviour of coal [J]. Journal of Analytical & Applied Pyrolysis, 2004, 71 (2): 747-763.

[24] Palaniandy S, Azizli K A M, Hussin H, et al. Mechanochemistry of silica on jet milling [J]. Journal of Materials Processing Technology, 2008, 205 (13): 119-127.

[25] 翟尚鹏，刘静，杨三可，等. 活性焦烟气净化技术及其在我国的应用前景 [J]. 化工环保，2006，26 (3)：204-208.

[26] Hu S, Xiang J, Sun L, et al. Characterization of char from rapid pyrolysis of rice husk [J]. Fuel Processing Technology, 2008, 89 (11): 1096-1105.

[27] Olson E S, Miller S J, Sharma R K, et al. Catalytic effects of carbon sorbents for mercury capture [J]. Journal of Hazardous Materials, 2000, 74 (1-2): 61-79.

[28] Diamantopoulou I, Skodras G, Sakellaropoulos G P. Sorption of mercury by activated carbon in the presence of flue gas components [J]. Fuel Processing Technology, 2010, 91 (2): 158-163.

[29] Joseph D B, Lizzio A A, Daley M A. Adsorption of SO_2 on Bituminous Coal Char and Activated Carbon Fiber [J]. Energy & Fuels, 1997, 11 (2): 230-236.

[30] Kisamori S, Kurod A K, Kawano S, et al. Oxidative Removal of SO_2 and Recovery of H_2SO_4 over Poly (acrylonitrile)-Based Active Carbon Fiber [J]. Energy & Fuels, 1994, 8 (6): 1337-1340.

[31] Hall B, Schager P, Weesmaa J. The homogeneous gas phase reaction of mercury with oxygen, and the corresponding heterogeneous reactions in the presence of activated carbon and fly ash [J]. Chemosphere, 1995, 30 (4): 611-627.

[32] Presto A A, Granite E J. Survey of catalysts for oxidation of mercury in flue gas [J]. Environmental Science & Technology, 2006, 40 (18): 5601-5609.

[33] LIU Y. Impact of sulfur oxides on mercury capture by activated carbon [J]. Environmental Science & Technology, 2008, 42 (3): 970-971.

[34] Li Y H, Lee C W, Gullett B K. The effect of activated carbon surface moisture on low temperature mercury adsorption [J]. Carbon, 2002, 40 (1): 65-72.

［35］ Yin G，Liu Z，Liu Q，et al. The role of different properties of activated carbon in CO_2 adsorption ［J］. Chemical Engineering Journal，2013，230（16）：133 - 140.

第3章

热解气氛对生物焦单质汞吸附特性的影响及机理研究

根据本书所提出的利用电厂锅炉烟气环境制备生物焦脱汞剂的思路，电厂锅炉煤燃烧后生成的烟气可以形成高温热解条件，从而为生物质的热解过程提供必需的能量。但是，烟气中主要含有的 O_2 和 CO_2 会对生物质的热解过程产生影响，因此研究不同热解气氛对生物焦单质汞吸附特性的影响是探索低费用脱汞工艺的必要前提。

现阶段已有的生物质热解研究主要针对无氧气氛，而生物质在不同气氛下的热解过程与无氧时存在较大差异。在高温热解条件下，热解气氛可以与热解过程中所形成的生物焦、释放的挥发分发生耦合反应，导致生物质热解过程变得复杂，进而影响热解产物生物焦的性质。但是，有关热解气氛对生物质热解过程的作用机理研究较少[1-4]。

生物焦对汞的吸附与其特性有关，目前虽然已有关于相应气氛对其他碳基材料热解特性影响的研究，但是由于相关影响会随热解物种类不同而存在较大差异，所获结论也不尽相同。另外，关于热解气氛对生物焦汞吸附特性影响的研究和生物焦吸附汞的动力学研究也相对较少，相关机理解释不充分。本章在综合研究热解气氛对生物焦汞吸附特性影响的基础上，结合生物焦的微观特性，利用程序升温脱附技术和吸附动力学探究相应反应机理，以期为今后的脱汞方法提供关键数据和理论依据。

3.1　样品的制备

为了研究 N_2、O_2 和 CO_2 热解气氛对生物焦汞吸附特性的影响，选取核桃壳（WS）作为原料，利用破碎机和振筛机进行粒径分级，获得 58～75μm 粒径范围内的核桃壳生物质，并利用生物焦固定床制备实验系统，在不同气氛制备条件下热解 10min 后放入干燥器中完成生物焦样品的制备，制备温度为 800℃。为了模拟电厂锅炉实际烟气环境，在 O_2 气氛热解过程中，气氛分别设定为 3%O_2＋97%N_2、5%O_2＋95%N_2 和 7%O_2＋93%N_2；在 CO_2 气氛热解过程中，气氛分别设定为 10%CO_2＋90%N_2、15%CO_2＋85%N_2 和 20%O_2＋80%N_2。另外，还将生物质在 N_2 气氛条件下进行 1h 的 900℃热处理，用于去除生物焦表面的大部分官能团[5]，记为 WS - 900N_2。生物焦样品的制备条件及相应编号如表 3 - 1 所示。

表 3 - 1　　生物焦样品制备条件及相应编号

序号	制备条件					样品编号
	热解温度（℃）	热解方式	颗粒粒径（μm）	制备气氛	热解时间（min）	
1	800	定温制备	58～75	N_2	10	WS - 800N_2
2	800	定温制备	58～75	3%O_2＋97%N_2	10	WS - 3%O_2
3	800	定温制备	58～75	5%O_2＋95%N_2	10	WS - 5%O_2
4	800	定温制备	58～75	7%O_2＋93%N_2	10	WS - 7%O_2
5	800	定温制备	58～75	10%CO_2＋90%N_2	10	WS - 10%CO_2
6	800	定温制备	58～75	15%CO_2＋85%N_2	10	WS - 15%CO_2
7	800	定温制备	58～75	20%O_2＋80%N_2	10	WS - 20%CO_2
8	900	定温制备	58～75	N_2	60	WS - 900N_2

3.2 汞吸附特性研究

不同热解气氛条件下生物焦的汞吸附特性如图 3-1～图 3-4 所示。在 180min 吸附时间内，WS-800N_2样品的穿透率为 64%，单位累积汞吸附量为 1715.4ng/g。如图 3-1 和图 3-2 所示，当 O_2 浓度分别为 3%、5%和 7%时，所制备样品在 180min 吸附时间内的汞穿透率分别为 93%、87%和 96%，对应的单位累积汞吸附量分别为 996.98、1262.87ng/g 和 1104.18ng/g，但三个样品对 Hg^0 的吸附能力均弱于 WS-800N_2样品。

如图 3-3 和图 3-4 所示，随着 CO_2浓度的增大，生物焦样品的汞吸附能力呈整体逐渐增强的趋势，当 CO_2浓度分别为 10%、15%和 20%时，所制备样品在 180min 吸附时间内穿透率分别为 75%、51%和 41%，对应的单位累积汞吸附量分别为 1614.74、2665.77ng/g 和 2842.89ng/g，且对 Hg^0 的吸附能力均强于 O_2气氛热解获得的生物焦，但其中 WS-10%CO_2样品对 Hg^0 的吸附能力弱于 WS-800N_2样品。

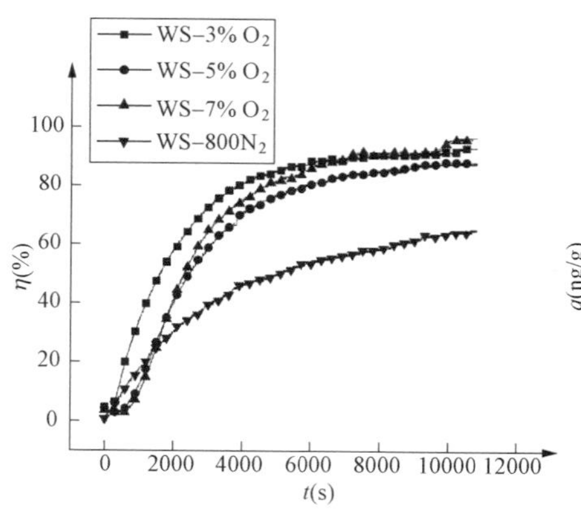

图 3-1 O_2热解气氛条件下的汞吸附穿透率

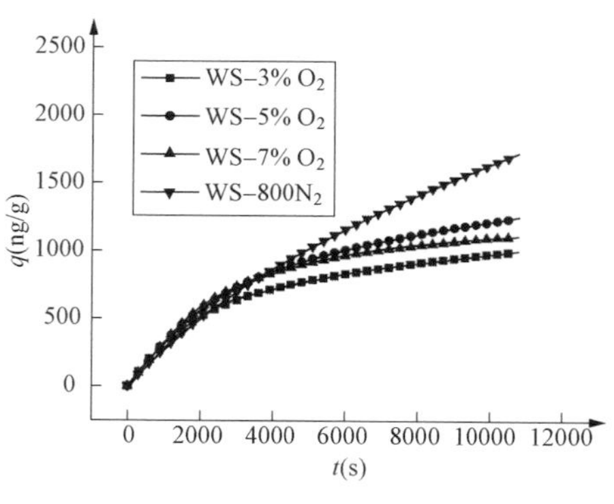

图 3-2 O_2热解气氛条件下的单位汞吸附量

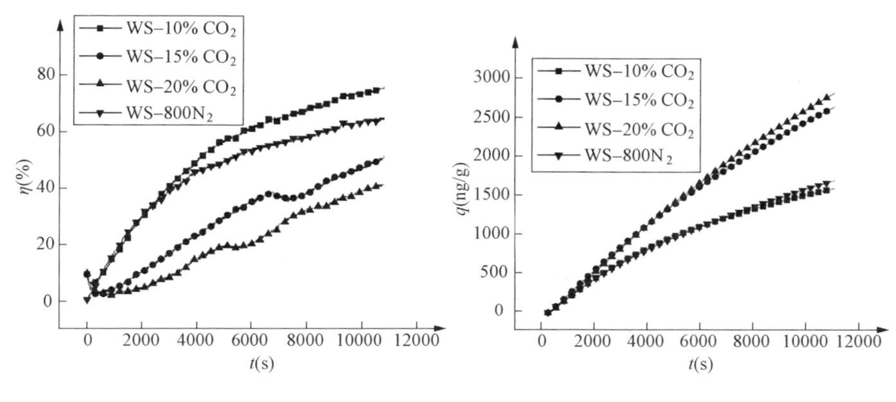

图3-3　CO_2热解气氛条件下的汞吸附穿透率

图3-4　CO_2热解气氛条件下的单位汞吸附量

3.3　热解特性研究

不同热解气氛条件下核桃壳生物质的热解曲线如图3-5和图3-6所示，相关热解特性参数如表3-2所示。

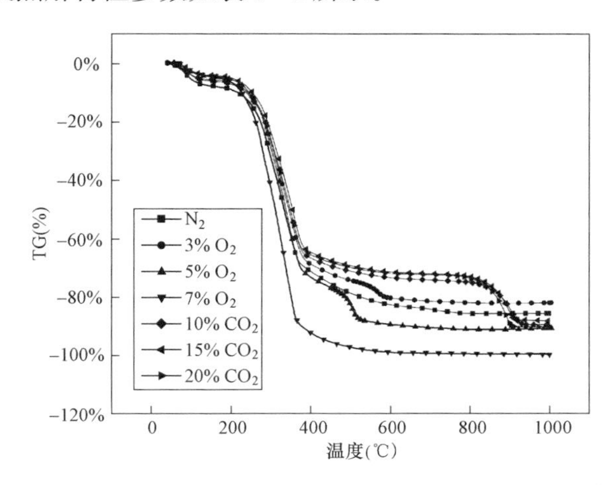

图3-5　生物质在不同热解气氛条件下的TG曲线

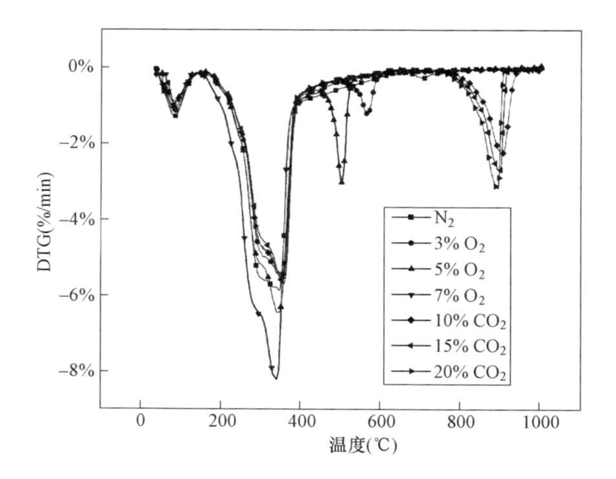

图 3-6　生物质在不同热解气氛条件下的 DTG 曲线

表 3-2　生物质的热解特性参数

热解气氛	T_1 (℃)	T_2 (℃)	T_3 (℃)	T_4 (℃)	$(dw/dt)_{1max}$ (%/min)	$(dw/dt)_{2max}$ (%/min)	V (%)
N_2	202	349	550	—	−5.84	—	85.47
N_2+3%O_2	235	352	546	567	−5.47	−1.21	81.97
N_2+5%O_2	243	342	451	504	−6.42	−3.01	90.91
N_2+7%O_2	224	339	580	—	−8.20	—	99.26
N_2+10%CO_2	240	356	534	905	−5.53	−2.25	89.25
N_2+15%CO_2	251	358	531	899	−5.67	−2.70	89.98
N_2+20%CO_2	240	355	533	894	−5.44	−3.16	89.99

表 3-2 中，T_2 为热解第二阶段中挥发分最大析出速率所对应温度，℃；$(dw/dt)_{1max}$ 为热解过程中第一个失重峰所对应的最大失重速率，即 DTG 峰值，%/min；$(dw/dt)_{2max}$ 为 O_2 和 CO_2 制备气氛下热解过程中第二个失重峰所对应的最大失重速率，%/min；V 为热解过程中的总失重率，%；T_4 为对应于 $(dw/dt)_{2max}$ 的温度，℃。

由第 2 章中关于热解特性的研究结果可知，核桃壳生物质在 N_2 气氛下的热解过程大致可分为三个阶段，而生物质在 O_2 气氛下的热解过程则较为复杂。现阶段研究发现，生物质中固定碳和挥发分的多相燃

烧只能发生在其纯热解过程几乎完成之后[6]，所以生物质在含氧气氛中可能存在两种极端反应路径，如图 3-7 所示。其中，路径 A+B 表示生物质先热解为挥发分和固定碳，然后进行挥发分和固定碳的燃烧；路径 C 表示生物质中的固定碳和挥发分同时发生多相氧化燃烧，产生相应的燃烧产物 CO_2、CO、H_2O 等。一般可燃物的有氧热解路径属于这两种情况中的一种或介于两者之间，主要取决于可燃物种类和诸如粒度、燃烧温度、氧分压等反应条件。由于生物质在 N_2 气氛下的热解曲线只出现一个峰，根据以上热解路径假设，生物质在不同氧气浓度气氛下的热解 DTG 曲线则有可能出现以下三种情况，如图 3-8 所示。

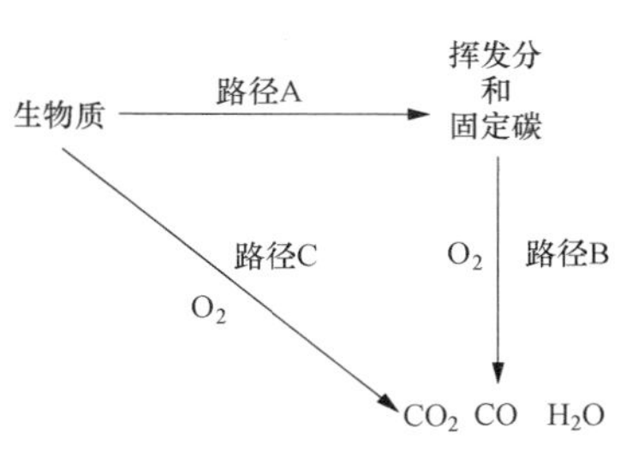

图 3-7　O_2 气氛条件下生物质的热解路径

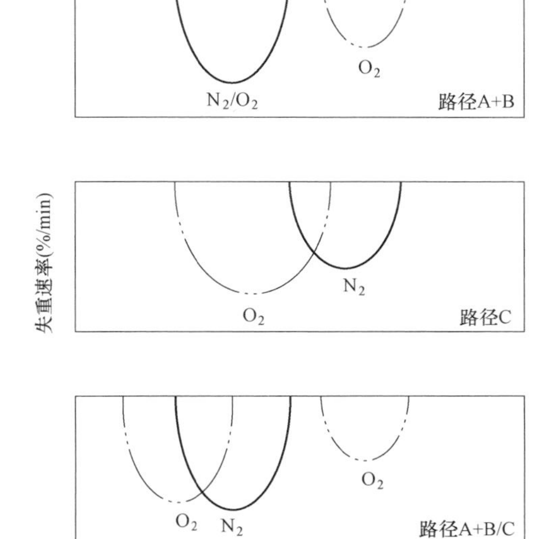

图 3-8　O_2 气氛条件下生物质不同热解路径对应的 DTG 曲线

（1）热解过程中DTG曲线出现两个热解峰，其中第一个峰完全与生物质在N_2热解气氛条件下所形成的热解峰重合，而第二个峰则为固定碳和挥发分的燃烧峰，即为典型的A+B热解路径。在该反应路径条件下，热解速度要比多相氧化速度快，且氧化气氛对热解过程的影响可以忽略。

（2）DTG曲线仅出现一个较大的单峰，而且先于对应的N_2热解失重峰出现，同时$(dw/dt)_{max}$较大，即为典型的C热解路径。在该反应路径条件下，燃烧速度比热解速度快。

（3）DTG曲线出现两个峰，第一个峰也是先于对应的N_2热解失重峰出现，只是形状不同，而第二个在高温区出现的峰是固定碳和挥发分的燃烧峰，该热解模式是介于A+B路径和C路径之间，为纯热解和多项氧化的综合结果。在该反应路径条件下，生物质的多项氧化有利于化学键的断开和挥发分的产生。

根据实验结果可知，生物质在3%O_2制备浓度下的热解路径为A+B，其中在500℃左右挥发分还未完全析出时就开始形成固定碳和挥发分被氧化的失重峰。随着O_2浓度增长到5%，T_2由之前的352℃减小至342℃，$(dw/dt)_{1max}$也增长了20%，同时第二个失重峰从450℃开始出现，所对应的$(dw/dt)_{2max}$增长至−3.01%/min，促进了该温度区域内挥发分的析出，说明其热解路径介于A+B和C之间。相比N_2气氛热解条件，3%O_2浓度条件下，$(dw/dt)_{1max}$较小，说明少量氧气会抑制挥发分的析出，主要是由于氧气参与了生物焦表面的交联反应，降低了颗粒的可塑性[7]，所以生物质在3%O_2浓度条件下的热解过程中所析出的挥发分含量小于N_2气氛。生物质在7%O_2浓度条件下进行热解时，提前在150℃左右开始形成一个较大的单峰，$(dw/dt)_{1max}$大幅增长为−8.20%/min，说明其热解路径为C，均相及非均相反应程度都得到明显加强[8,9]，燃烧所引起的质量损失比氧气对热解的抑制作用更显著。另外，在热解过程中，一方面，较高的O_2浓度利于挥发分与O_2发生反应，进而促使挥发分快速析出；另一方面，O_2浓度越高，生物质本身与O_2反应的速率越快。对于核桃壳生物质，在5%～

7%O_2浓度之间可能存在临界浓度，该浓度以下生物质的氧化异相反应是由氧的扩散过程控制；超出该浓度后，反应由动力学控制，且反应加速进行[10]，从而出现较大的氧化燃烧失重峰。

在 CO_2热解气氛条件下，生物质在 750℃之前具有与在 N_2气氛条件下相似的失重规律，但整体失重率比 N_2气氛高，且 T_2向高温区移动，主要是由于 CO_2可以和焦油分子发生反应[11]。同时，第一个热解峰所对应的（dw/dt）$_{1max}$较小，这是因为生物质热解所产生的挥发分在 CO_2中的扩散速率较慢，且 CO_2气氛下生物焦颗粒内部温度较低[12]，而且 CO_2会抑制酚类和芳香物质的生成，其中酚类主要来自木质素[13]，会抑制对汞的吸附[14]。所以在该温度范围内，CO_2作为热解气氛对挥发分的析出过程是不利的[15]。热解温度高于 750℃后，生物质会在 900℃附近出现在 N_2气氛下没有的失重峰，这是因为 CO_2还可通过 Boudouard 反应与生物焦直接发生气化反应（$CO_2+C\rightarrow 2CO$），而且随着 CO_2浓度的升高，第二个热解峰所对应的（dw/dt）$_{2max}$也随之增大，对应热解温度与反应温度区间也有减小的趋势，说明气化反应提前，且反应程度加剧。所以生物质在 CO_2气氛下的热解会极大改变生物质挥发分析出和生物焦形成的过程，进而影响生物焦的微观特性。

3.4　孔隙结构研究

本书对不同热解气氛条件下生成的生物焦进行低温 N_2吸附/脱附实验，对其孔隙结构进行了研究，如表 3-3 和表 3-4 所示。

表 3-3　　不同热解气氛条件下生物焦的孔隙结构参数（1）

样品	BET 比表面积 (m^2/g)	累积孔体积 (cm^3/g)	累积孔面积 (m^2/g)	分形维数 D_S
WS-800N_2	45.39	0.055	45.375	2.5101
WS-3%O_2	16.80	0.032	20.578	2.5562

续表

样品	BET 比表面积 (m^2/g)	累积孔体积 (cm^3/g)	累积孔面积 (m^2/g)	分形维数 D_S
WS-5% O_2	38.22	0.036	25.311	2.8683
WS-7% O_2	16.48	0.030	18.720	2.4843
WS-10% CO_2	174.11	0.075	56.390	2.8464
WS-15% CO_2	266.39	0.126	101.195	2.8849
WS-20% CO_2	301.21	0.283	247.676	2.8973
WS-900 N_2	13.54	0.029	16.885	2.4732

表 3-4　不同热解气氛条件下生物焦的孔隙结构参数（2）

样品	孔隙丰富度 Z ($10^6/m$)	相对比孔容积（%）		
		微孔	介孔	大孔
WS-800 N_2	825	9.87	40.66	49.47
WS-3% O_2	643	1.99	42.23	55.78
WS-5% O_2	702	4.65	41.84	53.51
WS-7% O_2	624	1.66	40.60	57.74
WS-10% CO_2	755	2.88	74.13	22.99
WS-15% CO_2	803	5.67	81.99	12.34
WS-20% CO_2	874	6.30	85.49	8.21
WS-900 N_2	582	1.89	46.98	51.13

随着 O_2 制备浓度的增加，生物焦的 BET 比表面积、累积孔体积、分形维数和孔隙丰富度均呈现先增高后减小的趋势，其中 WS-5% O_2 样品的孔结构参数最大。分析表明，一方面随着扩散到生物焦本身所形成的初始孔隙中的 O_2 增多，孔隙内部的反应增强，在促进挥发分进

一步析出的同时，又促进了新的孔隙生成，进而利于孔隙结构的发展；另一方面，在5%O_2条件下，生物质在热解过程中没有发生剧烈的燃烧反应，利于孔隙结构的保留，所以相比其他在不同O_2浓度下所制备的生物焦，其微孔和介孔大量生成，且分形维数较高，表面结构无序、紊乱，所形成的孔较深，孔隙丰富度较高，孔隙发达，利于对汞的吸附[16]。但随着O_2浓度进一步升高至7%时，扩散到孔隙内部和表面的O_2与生物质发生了剧烈的均相及非均相反应，导致孔壁和表面的烧蚀程度增加，孔隙结构坍塌，甚至发生了小孔互相贯通的现象，孔隙丰富度与比表面积大幅下降，分形维数降低，且孔结构有向大孔发展的趋势。由于当O_2浓度为3%时，会对生物质整个热解过程中挥发分的析出产生抑制作用，因此所形成生物焦的孔隙结构参数较小，不利于对汞的吸附。

生物质在N_2气氛条件下只发生热解碳化，该过程对生物焦孔隙结构影响有限，而在CO_2气氛条件下，由于CO_2本身作为一种活化剂[17]，在高温下可以与生物焦发生相应活化反应，热解过程中的挥发分析出量较大，所以随着CO_2浓度的增大，热解所生成生物焦的BET比表面积和累积孔体积也逐渐增大，其中WS-15%CO_2和WS-20%CO_2样品具有大量利于汞吸附的微孔和介孔，孔隙发达，对汞的吸附能力远大于其他热解气氛生成的生物焦样品。

另外，对于WS-900N_2样品，由于热解温度较高，不利于孔隙结构的形成，所以孔隙丰富度较低，同时大孔的相对比孔容积高达51.13%。

3.5 表面化学特性研究

不同热解气氛条件下所获得生物焦的红外光谱图可分为四个主要区域：羟基振动区（3600～3000cm^{-1}）、脂肪CH振动区（3000～2700cm^{-1}）、含氧官能团振动区（1800～1000cm^{-1}）和芳香CH的面外振动区（900～700cm^{-1}），分别记为a、b、c和d。生物焦红外光谱图如图3-9所示，拟合所得到的相关参数如表3-5所示。

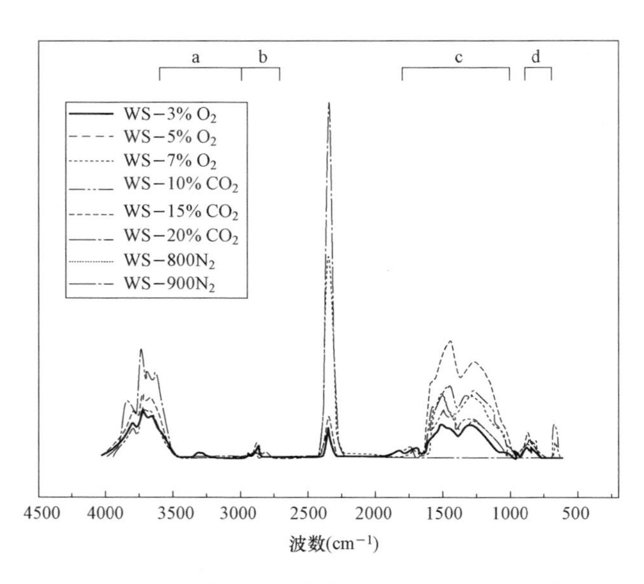

图 3-9 不同热解气氛条件下生物焦的红外光谱图

表 3-5 不同热解气氛条件下生物焦的官能团拟合结果

样品	a 区	b 区	c 区	d 区	COOH 和 C═O 官能团
WS-800N_2	10.81	4.19	139.13	12.61	31.94
WS-3%O_2	7.88	1.52	77.1	5.17	18.35
WS-5%O_2	5.24	2.1	191.16	2.83	28.4
WS-7%O_2	4.04	0.21	27	3.7	8.2
WS-10%CO_2	6.08	1.93	134.5	7.26	31.92
WS-15%CO_2	4.12	1.71	155.1	4.77	40.17
WS-20%CO_2	4.88	1.49	240.5	5.89	65.25
WS-900N_2	9	0	0.6	0	0

羟基振动区由于氢和氧形成的氢键键能较大，导致形成了宽波峰带，主要为生物焦的一些游离羟基，而在不同气氛的热解过程中，其

含量均有不同程度的减小，说明生物质在 CO_2 和 O_2 气氛条件下的热解过程中有—OH 官能团脱落，反应析出了水分，并且对酚类和醇类物质的产生有抑制作用[18]。

脂肪 CH 振动区主要为属于脂肪族化合物—CH_2 和—CH_3 的伸缩振动，相比 N_2 气氛，随着 O_2 和 CO_2 浓度的增大，促进了脂肪类结构和芳香甲基侧链的断裂，其含量逐渐减少。

含氧官能团作为生物焦主要的表面官能团，是生物质热解进行的活性基团[19]，主要分布在两个振动频率段。1150～1350cm^{-1} 频率段主要为 C—O 官能团的伸缩振动区，生物质在热解过程中 C—O 官能团主要以 CO 气体的形式析出[20]，由于 CO_2 的气化作用，CO 气体析出量增大，所以相应含量减小，同时也说明生物焦分子中的醚、酯类结构相对含量减小；1600cm^{-1} 频率段附近的伸缩振动属于芳香族中芳核的 C═C 官能团，芳烃碳骨架是生物质分子中的主要结构[21]，在热解过程中会发生相应聚合反应[22]，而 CO_2 在气化过程中，会使生物焦的相应结构被破坏[23]，所以其含量会随着 CO_2 浓度的升高而逐渐降低。另外，由于生物焦表面可以在高温条件下通过芳环裂解的方式和 CO_2 反应，从而促进含氧官能团的生成，尤其是羰基和羧基，进而利于对汞的吸附，同时也说明 CO_2 会促进酮类和杂环成分的生成，这也导致了在 CO_2 气氛条件下生物质挥发分析出量的增加；但是 10%CO_2 气氛条件对生物焦样品相关官能团的促进作用不明显，主要是由于 CO_2 会抑制生物质在低温区热解过程的进行。

相比其他热解气氛，由于在 7%O_2 浓度条件下，生物质会发生剧烈的热解反应，所以 WS-7%O_2 样品的表面官能团含量大幅下降；WS-5%O_2 样品的相应含氧官能团保留情况较好，这是由于生物焦在热解过程中，其原始活性位可以提供 O_2 在表面的吸附位点，O_2 又能促进生物焦表面含氧官能团的形成或是补充含氧官能团所消耗的氧原子；对于 WS-3%O_2 样品，由于热解过程受到抑制，不利于其表面官能团的形成，因此相应含量小于 WS-800N_2 样品；WS-900N_2 样品由于在 N_2 气氛条件下进行了 900℃的 1h 热处理，所以表面大部分含氧官能团含量大幅下降，且脂肪 CH 振动区的相应官能团消失。

3.6 吸附动力学研究

生物焦对单质汞的吸附主要包括外部传质、表面吸附和颗粒内扩散这三个基本过程[24]，本章采用准一级动力学模型、准二级动力学模型、颗粒内扩散模型和 Elovich 模型，研究反应机理并确定吸附过程中的控速步骤。利用四种吸附动力学模型对生物焦汞吸附实验数据进行拟合计算，结果如表 3-6 和表 3-7 所示。研究发现，不同热解气氛条件下所制备的生物焦样品对汞的吸附过程均符合这四种动力学模型，其吸附过程既受到物理吸附的影响，也受到化学吸附的影响，且汞吸附过程与生物焦的吸附位点有关，而不是单一的单层吸附。同时通过准一级和准二级动力学模型中的预测平衡吸附量 q_e，可以得出在 180min 吸附时间内，7 种生物焦对汞的吸附过程均未达到饱和状态，并且与实际吸附量呈正相关关系，验证了拟合结果的正确性。

表 3-6　生物焦的吸附动力学拟合参数（准一级动力学方程和准二级动力学方程）

样品	准一级动力学方程			准二级动力学方程		
	R_2	k_1	q_e	R_2	k_2	q_e
WS-800N_2	0.9997	8.54×10^{-5}	3944	0.9992	1.48×10^{-7}	6266
WS-3%O_2	0.9919	2.17×10^{-4}	1007	0.9989	2.49×10^{-9}	1277
WS-5%O_2	0.9931	2.38×10^{-4}	1379	0.9985	2.25×10^{-9}	1793
WS-7%O_2	0.9975	3.31×10^{-5}	1138	0.9956	1.75×10^{-9}	1367
WS-10%CO_2	0.9994	6.28×10^{-4}	2429	0.9999	2.59×10^{-7}	3605
WS-15%CO_2	0.9998	7.09×10^{-4}	5524	0.9999	5.12×10^{-7}	8386
WS-20%CO_2	0.9999	7.39×10^{-4}	6404	0.9995	6.46×10^{-7}	10199

表 3-7 生物焦的吸附动力学拟合参数（颗粒内扩散方程和 Elovich 方程）

样品	颗粒内扩散方程			Elovich 方程		
	R_2	k_{id}	c	R_2	α	β
WS-800N_2	0.9989	12.74	−535	0.9956	0.4138	4.21×10^{-4}
WS-3%O_2	0.9628	9.3382	−67	0.9969	0.3713	2.97×10^{-3}
WS-5%O_2	0.9728	12.0765	−26	0.9973	0.3901	2.01×10^{-3}
WS-7%O_2	0.8789	8.4099	−208	0.9712	0.3784	3.15×10^{-3}
WS-10%CO_2	0.9969	20.1509	−294	0.9995	0.5409	3.31×10^{-4}
WS-15%CO_2	0.9962	32.3145	−727	0.9993	0.5851	7.92×10^{-4}
WS-20%CO_2	0.9948	36.4391	−957	0.9991	0.8879	2.54×10^{-4}

当 O_2 作为热解气氛时，随着浓度的增加，生物焦汞吸附过程的准一级动力学模型与准二级动力学模型的拟合相关系数逐渐接近，说明外部传质过程与表面化学吸附过程对其汞吸附过程的影响相当。其中，WS-7%O_2 样品的准一级动力学拟合系数较高，说明其控速步骤主要为物理吸附过程，但是准一级和准二级速率常数较低，这主要由于其表面孔隙结构较差和官能团含量较少所导致。

而在 CO_2 热解气氛条件下，随着浓度的增加，生物焦汞吸附过程中的控速步骤由化学吸附转为物理吸附，且准一级和准二级速率常数逐渐增大，这是因为在 CO_2 热解气氛条件下生物焦的相关孔隙结构参数和表面官能团含量均得到提高，且前者的提高程度大于后者。其中，WS-10%CO_2 样品对 Hg^0 则主要为化学吸附，但相关官能团含量小于 WS-800N_2 样品，所以脱汞性能较弱。

利用颗粒内扩散模型对不同热解气氛条件下生物焦每时刻的单位累积汞吸附量进行拟合，如图 3-10 所示。随着吸附时间的增加，k_{id} 值呈现整体不断增加的趋势，而汞实际吸附速率则随着吸附时间的增加而不断降低，汞吸附速率与内扩散速率之间的矛盾说明汞吸附过程中存在着表面吸附阶段。因此，汞吸附过程又可分为两个阶段：表面吸附阶段和内扩散吸附阶段，在初始吸附阶段，表面吸附是主要吸附形式，因为有大量的吸附活性位点存在于生物焦表面，使得表面吸附速率较快，而内扩散速率较小，说明在这个汞吸附阶段中，颗粒内扩散并未起到主导作用；当表面的活性位点被占据后，进行吸附的第二个阶段，即孔内扩散吸附，此时微孔和介孔提供汞的吸附活性位[25]，所以吸附速率不断减小，而内扩散速率增大。其中，随着 CO_2 浓度的增加，k_{id} 值不断提高，且远大于 O_2 气氛下制备的生物焦样品，这主要是由于前者比表面积和孔体积较大，孔隙较为丰富，利于汞在颗粒内扩散过程的进行，而后者较低的 k_{id} 值则会影响汞的吸附效率。

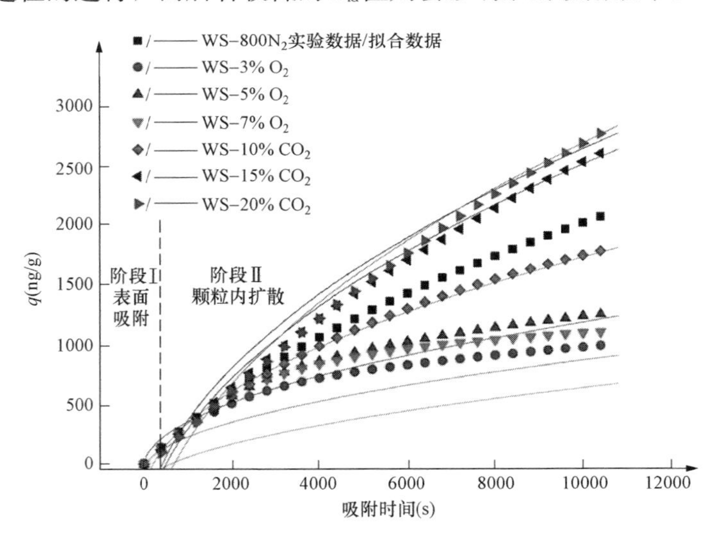

图 3-10 颗粒内扩散模型拟合结果

同时，所有颗粒内扩散模型的拟合曲线均没有过原点，与实验结果差别较大，说明内扩散模型并不能较好描述汞在生物焦表面的吸附过程，即内扩散过程不是吸附速率控制步骤。另外，利用内扩散模型拟合所获得的相关系数均较小，且明显低于利用准一级动力学模型拟合获得的相关系数，说明相对于内扩散过程，外部传质过程是汞在生物焦表面吸附的速率控制步，同时活性位点在汞吸附过程中也起到更为重要的作用。

Elovich 动力学模型的拟合曲线与实验结果也能较好吻合，进而验证了活性位点化学吸附过程的存在。由于该模型基于 Temkin 吸附等温方程，所以可以认为汞在这些生物焦样品表面的吸附过程也较好地遵循 Temkin 吸附等温方程。

现阶段在综合评价吸附剂的脱汞性能时，初始汞吸附速率是需要考虑的一个重要参数，因为当吸附剂被喷射到锅炉烟道内后，在烟道内的停留时间仅为 3～5s，在这较短的停留时间内，初始汞吸附速率则决定了吸附剂的喷射脱汞效率。通过 Elovich 方程所获得的初始汞吸附速率 α 随着生物焦样品表面官能团含量的增加而不断增加。另外，初始汞吸附速率也可由准二级动力学方程获得，如式（3-1）所示，所获结果如表 3-8 所示。

$$a = \frac{\mathrm{d}q_{\mathrm{t}}}{\mathrm{d}t} = k_2 q_{\mathrm{e}}^2 \tag{3-1}$$

表 3-8　　初始汞吸附速率计算结果

样品	初始汞吸附速率［$ng^3/(g^3 \cdot min)$］
WS-800N_2	5.8109
WS-3%O_2	0.0041
WS-5%O_2	0.0072
WS-7%O_2	0.0033
WS-10%CO_2	3.3660
WS-15%CO_2	36.0064
WS-20%CO_2	67.1967

随着 O_2浓度的增大，生物焦的初始汞吸附速率先增强再减弱，但均低于 WS-800N_2样品；随着 CO_2浓度的增大，生物焦的初始汞吸附速率呈现整体逐渐增强的趋势，且均远大于 O_2气氛下所获得的生物焦，但其中 WS-10%CO_2样品的初始汞吸附速率低于 WS-800N_2样品；初始汞吸附速率与吸附剂的汞吸附容量呈整体正相关关系。以上结果验证了本书所获得的结论。

3.7 吸附条件对汞吸附特性的影响研究

由于电厂实际吸附剂喷射点所对应烟气温度为150℃左右[26]，且现场烟气环境中含有HCl气体，会对生物焦的汞吸附特性产生影响，为了模拟烟气环境，获得相应吸附条件对不同热解气氛下所制备生物焦单质汞吸附特性的影响，在研究吸附温度和HCl浓度对生物焦汞吸附性能影响的过程中，除研究变量外，其余实验条件分别设定为42μg/m^{3}初始汞浓度、50℃吸附温度、N_2气氛；研究不同吸附条件影响时，吸附温度分别选取50、100、150℃；HCl浓度分别为0、80、160μg/L。

3.7.1 吸附温度对生物焦汞吸附特性的影响

吸附温度对生物焦汞吸附特性的影响如图3-11～图3-16所示。随着吸附温度的升高，WS-3%O_2样品和WS-7%O_2样品的汞吸附性能均有不同程度的下降，后者相比其他样品，汞吸附性能的下降幅度较大，这是因为对于WS-7%O_2样品，官能团含量较低，其对汞的吸附主要以物理吸附为主，所以提高烟气温度则会较大程度减弱WS-7%O_2样品的汞吸附性能；而随着烟气温度的升高，WS-5%O_2样品的汞吸附性能呈现增强的趋势，这是由于WS-5%O_2样品对Hg^0主要通过化学反应进行吸附，而吸附温度越高，不仅可以增加活化分子数目，同时可以降低生物焦样品与单质汞反应的能量壁垒，为化学吸附的发生提供足够的活化能[27,28]，进而促进了WS-5%O_2样品对汞的整体吸附效果。

同理，随着吸附温度的升高，CO_2气氛条件下所制备生物焦样品的汞吸附性能均有不同程度的提高，这是由于WS-10%CO_2样品和WS-15%CO_2样品对Hg^0的吸附以化学吸附为主；而对于WS-20%CO_2样品，虽然其孔隙结构参数和表面官能团含量均得到较大提升，但是前者改善的程度大于后者，导致WS-20%CO_2样品对Hg^0的吸附过程主要为物理吸附，然而同时相比其他样品，其官能团含量最大，所以由于温度升高所导致的对物理吸附的抑制作用远小于对化学吸附过程的促进作用，进而整体表现为汞吸附性能随着烟气温度的升高逐渐增强。

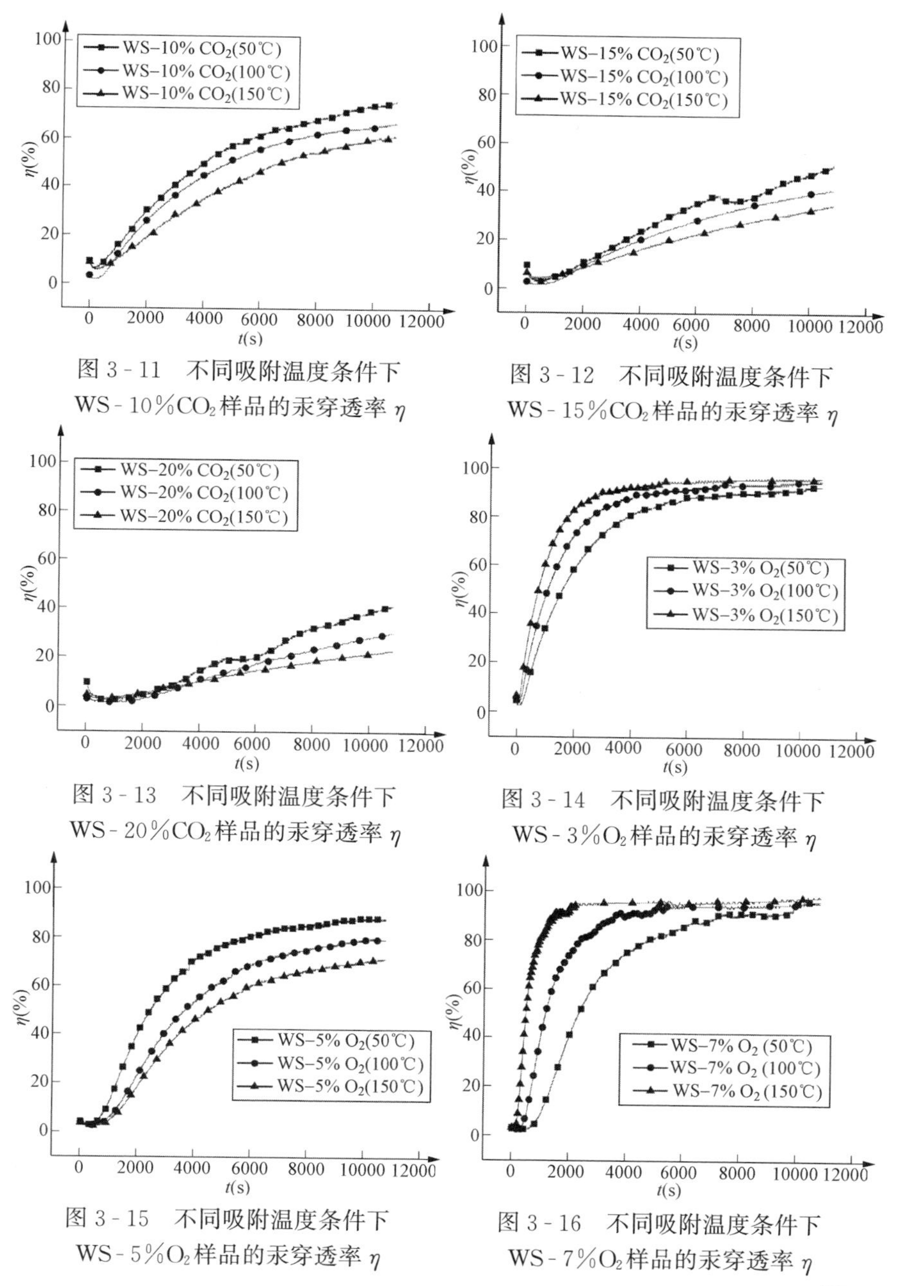

图 3 - 11　不同吸附温度条件下 WS - 10%CO_2 样品的汞穿透率 η

图 3 - 12　不同吸附温度条件下 WS - 15%CO_2 样品的汞穿透率 η

图 3 - 13　不同吸附温度条件下 WS - 20%CO_2 样品的汞穿透率 η

图 3 - 14　不同吸附温度条件下 WS - 3%O_2 样品的汞穿透率 η

图 3 - 15　不同吸附温度条件下 WS - 5%O_2 样品的汞穿透率 η

图 3 - 16　不同吸附温度条件下 WS - 7%O_2 样品的汞穿透率 η

3.7.2 HCl吸附气氛对生物焦汞吸附特性的影响

HCl吸附气氛对生物焦汞吸附特性的影响如图3-17～图3-22所示。结果表明，HCl对所有样品的汞吸附性能均起促进作用，这是因为部分Hg^0会被HCl氧化，进而被吸附到生物焦的表面和内部[29]；同时，被吸附在生物焦表面的HCl，可以增加样品表面的活性位点数量，进一步增强生物焦对Hg^0的吸附作用。其中，HCl对WS-20%CO_2样品的促进效果最显著，主要由于其官能团含量较高，且孔隙结构发达，可以为HCl的氧化作用提供更多的活性位点；同理，HCl对WS-7%O_2样品的促进效果有限，这是因为样品的孔隙结构较差且官能团数量较少。

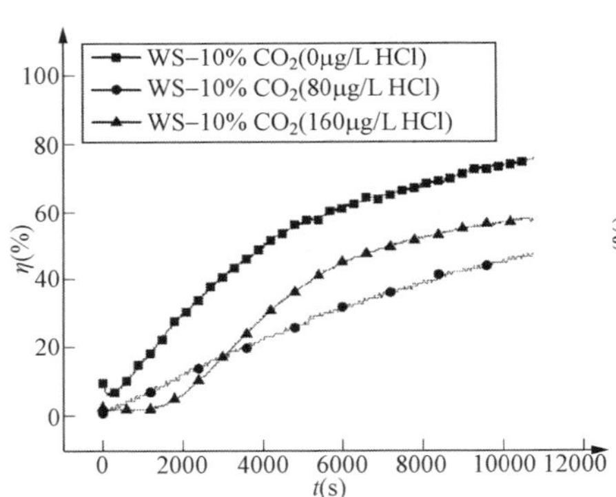

图3-17　不同HCl吸附浓度条件下WS-10%CO_2样品的汞穿透率η

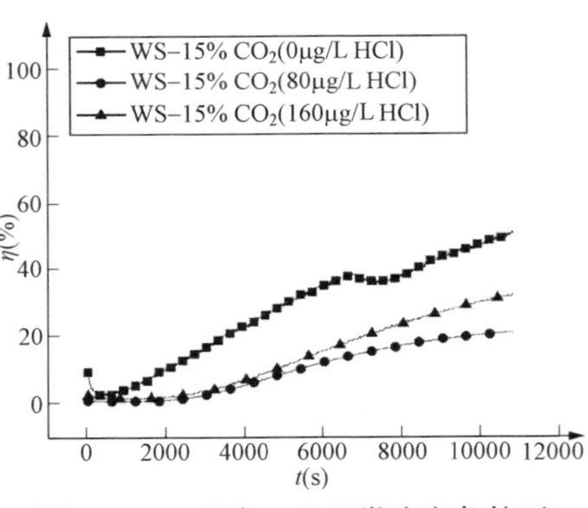

图3-18　不同HCl吸附浓度条件下WS-15%CO_2样品的汞穿透率η

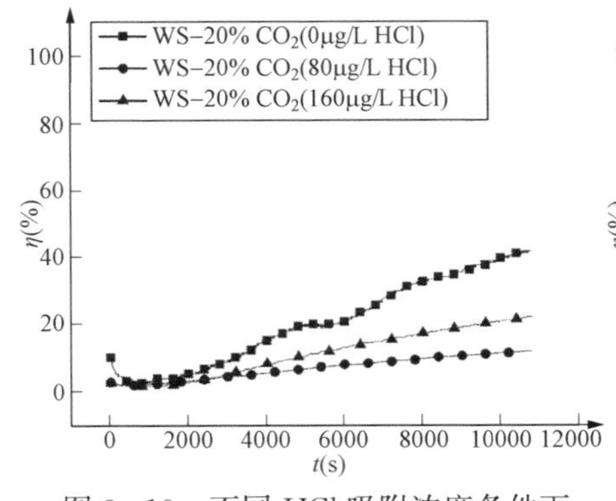

图3-19　不同HCl吸附浓度条件下WS-20%CO_2样品的汞穿透率η

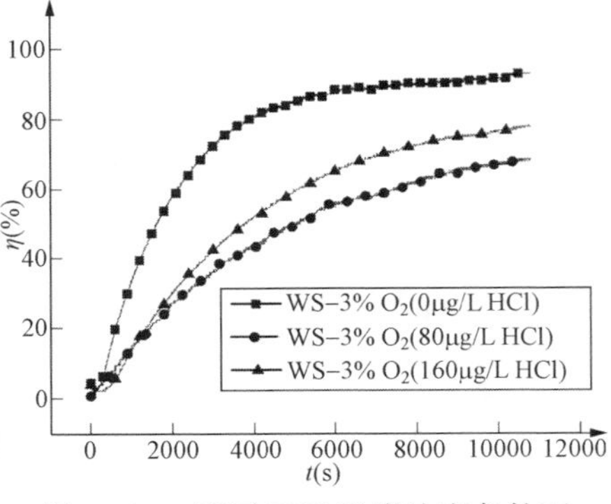

图3-20　不同HCl吸附浓度条件下WS-3%O_2样品的汞穿透率η

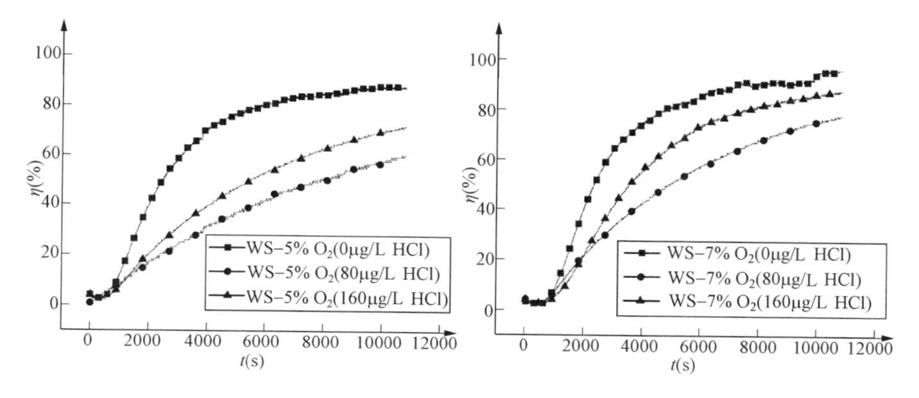

图 3 - 21　不同 HCl 吸附浓度条件下 WS - 5%O_2样品的汞穿透率 η

图 3 - 22　不同 HCl 吸附浓度条件下 WS - 7%O_2样品的汞穿透率 η

相比 HCl 浓度为 160μg/L 条件下样品的汞吸附特性，当浓度为 80μg/L 时，HCl 对生物焦汞吸附的促进作用较强，这是因为随着 HCl 浓度的增加，化学反应速率加快，生成和被吸附的汞的氯化物增多，同时汞的吸附效率增加；然而，随着反应的进行，生物焦表面会被逐渐覆盖包裹，导致有效吸附空间急剧减少，吸附能力降低，进而影响样品对 Hg^0 的吸附效率及性能。

3.8　吸附机理研究

3.8.1　程序升温脱附研究

根据 Mars - Maessen 反应机理[30] 和关于生物焦微观特性及吸附动力学的研究结果可知，单质汞在生物焦表面吸附的过程中，一部分发生物理吸附，另一部分则经由表面官能团反应生成不同种类的氧化汞和有机汞 Hg - OM，所以这些通过不同方式所吸附的汞是以一种混合形式赋存在生物焦表面。不同吸附方式中生物焦对汞的吸附结合能不同，物理吸附的汞一般可在较低温度脱附，化学吸附的汞则需要较高温度。这是因为物理吸附是由汞和生物焦分子间作用力所引起，因而结合力较弱，吸附热较小，脱附速度较快；化学吸附时，汞与生物焦表面官能团发生电子转移、交换或共有，通过相关化学键进行吸附，所涉及的力也远强于范德华力，因而脱附速率较慢，同时也需要更多能量。

在程序升温脱附过程中，根据生物焦表面不同赋存形态汞的键能不同，对应会有不同的分解曲线，所以在相同升温条件下，通过热解曲线即可获得所吸附汞开始释放的温度及峰值温度，从而确定生物焦中汞的吸附方式和相应赋存形式。研究表明，在程序升温脱附过程中生物焦通过物理作用所吸附的单质汞从 160℃开始脱除[31]，但是因为不同物质的孔隙结构具有差异，所以无相应固定脱附峰值温度；化学吸附中，羧基和羰基与 Hg^0 进行异相反应生成的有机汞 Hg - OM 所对应脱附峰温度为 210℃左右，而 HgO 所对应脱附峰的温度为 300℃左右，其主要为生物焦表面其他含氧官能团对 Hg^0 的氧化。

不同热解气氛条件下所制备生物焦吸附汞后的程序升温汞脱附结果如图 3 - 23 所示，由于在汞吸附脱附的平衡计算过程中会受到诸如流速波动和测量误差的影响，所以汞平衡率在 70％～130％范围内即表明实验结果具有准确性，而本章的脱附结果满足相关要求。

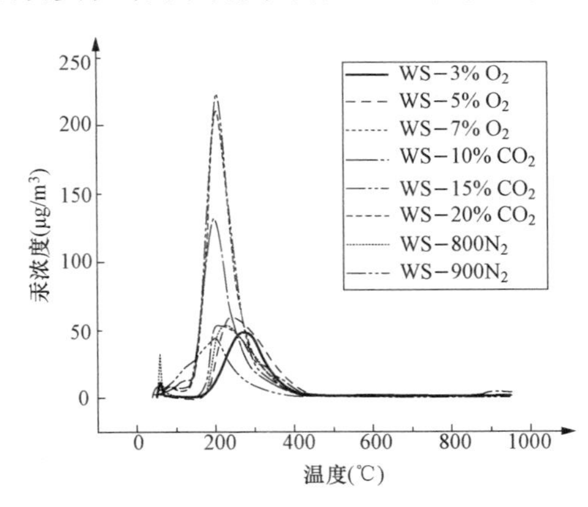

图 3 - 23　吸附汞后生物焦的 TPD 曲线

由于 WS - 900N_2 样品没有相关化学吸附所需的官能团，所以可以得到 180℃左右即为核桃壳生物焦物理吸附 Hg^0 的脱附峰对应温度，且脱附起始温度为 140℃左右。CO_2 气氛条件下所制备生物焦的脱附峰温度为 200℃左右，且脱附起始温度和终止温度均相应降低。这主要是一方面由于 CO_2 气氛条件下所制备生物焦的孔隙结构良好，利于所吸附的汞由生物焦颗粒内向外的扩散传质过程，进而导致物理吸附的单质汞脱附起始温度降低；另一方面由于该样品具有的含氧官能团较多，所生成的有机汞 Hg - OM 含量较大，与物理吸附单质汞的脱附出现部

分重叠。同时，由于在 350℃之前脱附过程仍在进行，说明也有 HgO 的脱附，但含量较少，未出现明显的脱除峰。对于 WS-800N_2样品，在吸附过程中，除了通过物理吸附的 Hg^0外，也生成了部分 Hg-OM 和 HgO。

WS-7%O_2样品对 Hg^0主要进行的是物理吸附，由于孔隙结构较差，所以脱附峰值温度为 205℃左右，且没有出现明显的有机汞 Hg-OM 脱附峰重叠现象；相比之下，WS-3%O_2样品主要通过吸附位点对 Hg^0进行化学吸附，但所含有能够生成 Hg-OM 的羧基和羰基含量较小，所以也未在 210℃出现明显的有机汞 Hg-OM 脱附峰，同时样品脱附峰温度为 290℃左右，说明其在吸附过程中生成了 HgO，这主要是由于 Hg^0在生物焦表面发生均相氧化，其机理[32]如式（3-2）和式（3-3）所示；而 WS-5%O_2样品的脱附峰温度为 239℃，这是由于表面官能团含量较多，对 Hg^0主要进行的是化学吸附，所对应的主要脱附产物为 Hg-OM。

$$O_2 + O_2 \longrightarrow O_3 + O \tag{3-2}$$

$$Hg + O_3 \longrightarrow HgO + O_2 \tag{3-3}$$

3.8.2　生物焦对单质汞的吸附机理研究

在程序升温脱附过程中，生物焦所吸附的汞经历了解吸脱附过程，即为吸附的逆过程，因此结合前文研究结果，并基于活性位点吸附机理和 Mars-Maessen 反应机理，可以获得不同热解气氛条件下所制备生物焦的汞吸附机理，如图 3-24 所示，吸附过程主要通过“活性位点”发生。

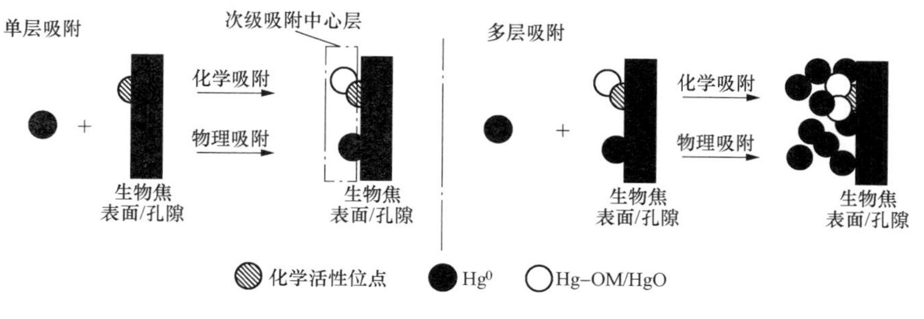

图 3-24　生物焦对单质汞的吸附机理

在生物焦对汞的吸附过程中，小部分单质汞以化学吸附的方式直接被以羰基和羧基为主的官能团吸附在化学活性位点上，同时形成单层或多层的“次级吸附中心层”，其他单质汞可以进一步吸附在“次级吸附中心层”外，每一层之间都具有一定的能量差，生物焦孔隙结构越发达，孔体积越大，越利于多层吸附的发生。而大部分单质汞与生物焦表面接触，发生碰撞，通过范德华力（包括色散力、静电力等）吸附在生物焦表面和孔隙结构中，当脱附温度较低时，还不足以破坏范德华力，只能使得吸附在生物焦最外层表面的小部分汞脱离；当温度继续升高，这种物理吸附被完全破坏，并伴随着化学吸附中相关吸附键的断裂，导致生物焦中大部分汞脱附，因此生物焦中汞的脱附过程是在一个温度区间内持续进行。同时随着化学活性位点在相应温度的破坏，“次级吸附中心层”也随之消失，由于没有了多层吸附作用，其他通过物理吸附的汞随之脱附。另外，也可以推断单质汞在与生物焦表面接触后，先与官能团结合，形成化学吸附，当化学吸附饱和后再进行物理吸附。

3.9 小结

本章对 N_2、O_2 和 CO_2 三种热解气氛条件下制备的生物焦单质汞吸附特性进行研究，利用热重分析仪、低温 N_2 吸附脱附仪、傅里叶变换红外光谱仪研究生物焦的热解特性及孔隙结构、表面化学特性等微观特性，在获得热解气氛对生物焦单质汞吸附特性影响的基础上，研究生物质在 N_2、O_2 和 CO_2 条件下的热解路径和机制，同时结合其吸附动力学过程，并利用程序升温脱附技术，进一步探究吸附机理。所获得的主要结果如下：

（1）不同热解气氛条件下所制备的生物焦对单质汞的吸附特性存在差异，相比 N_2 气氛热解条件，O_2 会降低生物焦对 Hg^0 的吸附能力，同时随着 O_2 浓度的增大，其汞吸附能力先增强再减弱；CO_2 则会提高生物焦对 Hg^0 的吸附能力，且随着浓度的增大，其汞吸附能力逐渐增强，20％CO_2 作为热解气氛时，热解形成的生物焦汞吸附能力最强。

（2）不同热解气氛会影响生物质的热解过程，造成生物焦微观特性的差异，进而影响其汞吸附特性，主要是由于热解气氛可以与热解过程中形成的生物焦、挥发分发生反应，其中生物质在O_2气氛下的热解过程较为复杂，主要有三种热解路径，而且对于核桃壳生物质，在5%～7%O_2浓度之间可能存在临界浓度，该浓度以下生物质的氧化异相反应是由氧的扩散过程控制，而超出该浓度后，反应由动力学控制，且反应加速进行。CO_2可通过Boudouard反应在750℃以后与生物焦直接发生气化反应，从而改变生物质的挥发分析出和生物焦形成过程，影响生物焦的微观特性。

（3）随着O_2制备浓度的增加，生物焦的BET比表面积、累积孔体积、分形维数和孔隙丰富度均呈现先增高后减小的趋势，WS-5% O_2样品的孔隙结构参数最大。随着CO_2浓度的增大，热解所生成生物焦的BET比表面积和累积孔体积也逐渐增大，其中WS-15%CO_2和WS-20%CO_2样品的相关孔隙结构参数远大于其他热解气氛条件下所生成的生物焦样品，同时具有大量利于汞吸附的微孔和介孔，孔隙发达，对汞的吸附能力较强。

（4）随着O_2浓度的增加，外部传质过程与表面化学吸附过程对生物焦汞吸附过程的影响相当。随着CO_2浓度的增加，生物焦汞吸附过程中的控速步骤由化学吸附转为物理吸附，且准一级和准二级速率常数逐渐增大。另外，汞吸附过程与生物焦的吸附位点有关，而不是单一的单层吸附。

（5）单质汞在生物焦表面吸附的过程中，通过不同方式所吸附的汞是以一种混合形式赋存在生物焦表面，其中生物焦通过化学吸附的主要产物为Hg-OM和HgO。

（6）在生物焦对汞的吸附过程中，小部分单质汞以化学吸附的方式直接被以羰基和羧基为主的官能团吸附在化学活性位点上，同时形成单层或多层的“次级吸附中心层”，其他单质汞可以进一步吸附在“次级吸附中心层”外。

参考文献

［1］ Senneca O, Riccardo C A, Salatino P. A Thermogravimetric Study of Nonfossil Solid Fuels. Oxidative Pyrolysis and Char Combustion ［J］. Energy & Fuels, 2002, 16: 661 - 668.

［2］ Lee L. Mechanisms of thermal degradation of phenolic condensation polymers. I. Studies on the thermal stability of polycarbonate ［J］. Journal of Polymer Science Part A General Papers, 1964, 2: 2859 - 2873.

［3］ Jang B N, Wilkie C A. The thermal degradation of bisphenol A polycarbonate in air ［J］. Thermochimica Acta, 2005, 426: 73 - 84.

［4］ Duan L, Zhao C, Zhou W, et al. Investigation on Coal Pyrolysis in CO_2 Atmosphere ［J］. Energy & Fuels, 2009, 23: 3826 - 3830.

［5］ Shin S, Jang J, Yoon S H, et al. A study on the effect of heat treatment on functional groups of pitch based activated carbon fiber using FTIR ［J］. Carbon, 1997, 35 (12): 1739 - 1743.

［6］ Gong Z, Wang Z, Wang Z, et al. Study on pyrolysis characteristics of tank oil sludge and pyrolysis char combustion ［J］. Chemical Engineering Research & Design, 2018, 135: 30 - 36.

［7］ Borrego A G, Alvarez D. Comparison of Chars Obtained under Oxy - Fuel and Conventional Pulverized Coal Combustion Atmospheres ［J］. Energy & Fuels, 2007, 21 (6): 3171 - 3179.

［8］ Senneca O, Chirone R,, Salatino P, et al. Patterns and kinetics of pyrolysis of tobacco under inert and oxidative conditions ［J］. Journal of Analytical & Applied Pyrolysis, 2007, 79 (1): 227 - 233.

［9］ Ohlemiller T J, Kashiwagi T, Werner K. Wood gasification at fire level heat fluxes ［J］. Combustion & Flame, 1987, 69 (2): 155 - 170.

［10］ Fang M X, Shen D K, Li Y X, et al. Kinetic study on pyrolysis and combustion of wood under different oxygen concentrations by using TG - FTIR analysis ［J］. Journal of Analytical & Applied Pyrolysis, 2006, 77 (1): 22 - 27.

［11］ Guizani C, Sanz F J E, Salvador S. Effects of CO_2 on biomass fast pyrolysis: Reaction rate, gas yields and char reactive properties ［J］. Fuel, 2014, 116:

310 - 320.

[12] Molina A，Shaddix C R. Ignition and devolatilization of pulverized bituminous coal particles during oxygen/carbon dioxide coal combustion [J] . Proceedings of the Combustion Institute. 2007，31 (2)：1905 - 1912.

[13] Carlson T R，Jae J，Lin Y C，et al. Catalytic fast pyrolysis of glucose with HZSM - 5：The combined homogeneous and heterogeneous reactions [J]. Journal of Catalysis，2010，270 (1)：110 - 124.

[14] Li Y H，Lee C W，Gullett B K. Importance of activated carbon's oxygen surface functional groups on elemental mercury adsorption [J] . Fuel，2003，82 (4)：451 - 457.

[15] Bai Y，Wang Y，Zhu S，et al. Structural features and gasification reactivity of coal chars formed in Ar and CO_2 atmospheres at elevated pressures [J]. Energy，2014，74 (5)：464 - 470.

[16] 樊保国，贾里，李晓栋，等. 电站燃煤锅炉飞灰特性对其吸附汞能力的影响 [J]，动力工程学报，2016，36 (8)：621 - 628.

[17] Borrego A G，Garavaglia L，Kalkreuth W D. Characteristics of high heating rate biomass chars prepared under N_2 and CO_2 atmospheres [J] . International Journal of Coal Geology，2009，77 (3)：409 - 415.

[18] Daniel M K，Li X J，Hayashi J，et al. Characterization of the structural features of char from the pyrolysis of cane trash using fourier transform - raman spectroscopy [J] . Energy&Fuels，2007，21：1816 - 1821.

[19] Laurendeau N M. Heterogeneous kinetics of coal char gasification and combustion [J] . Progress in Energy & Combustion Science，1978，4 (4)：221 - 270.

[20] Solomon P R，Hamblen D G，Carangelo R M，et al. Models of tar formation during coal devolatilization [J] . Combustion & Flame，1988，71 (2)：137 - 146.

[21] Puente G D L，Iglesias M J，Fuente E，et al. Changes in the structure of coals of different rank due to oxidation - effects on pyrolysis behaviour [J]. Journal of Analytical & Applied Pyrolysis，1998，47 (47)：33 - 42.

[22] Arenillas A，Pevida C，Rubiera F，et al. Characterisation of model compounds and a synthetic coal by TG/MS/FTIR to represent the pyrolysis behaviour of coal [J] . Journal of Analytical & Applied Pyrolysis，2004，71 (2)：747 - 763.

[23] Renu K R, Liza K E, Terry F W, et al. Differences in reactivity of pulverised coal in air (O/N) and oxy - fuel (O/CO) conditions [J] . Fuel Processing Technology, 2009, 90 (6): 797 - 802.

[24] Serre S D, Gullett B K, Ghorishi S B. Entrained - flow adsorption of mercury using activated carbon [J] . Journal of the Air & Waste Management Association, 2001, 51 (5): 733 - 741.

[25] Hu Z, Guo H, Srinivasan M P, et al. A simple method for developing mesoporosity in activated carbon [J] . Separation & Purification Technology, 2014, 31 (1): 47 - 52.

[26] Pavlish J H, Sondreal E A, Mann M D, et al. Status review of mercury control options for coal - fired power plants [J] . Fuel Processing Technology, 2003, 82 (2): 89 - 165.

[27] Olson E S, Miller S J, Sharma R K, et al. Catalytic effects of carbon sorbents for mercury capture [J] . Journal of Hazardous Materials, 2000, 74 (1 - 2): 61 - 79.

[28] Zeng H, Feng J, Guo J. Removal of elemental mercury from coal combustion flue gas by chloride - impregnated activated carbon [J] . Fuel, 2004, 83 (1): 143 - 146.

[29] Jensen P A, Frandsen F J, DamJohansen K, et al. Experimental investigation of the transformation and release to gas phase of potassium and chlorine during straw pyrolysis [J] . Energy & Fuels, 2017, 14 (6): 1280 - 1285.

[30] Granite E J, Pennline H W, Hargis R A. Novel Sorbents for Mercury Removal from Flue Gas [J] . Industrial & Engineering Chemistry Research, 1998, 39 (4): 1020 - 1029.

[31] Sierra M J, Millán R, López F A, et al. Sustainable remediation of mercury contaminated soils by thermal desorption [J] . Environmental Science & Pollution Research, 2016, 23 (5): 4898 - 4903.

[32] Hall B, Schager P, Weesmaa J. The homogeneous gas phase reaction of mercury with oxygen, and the corresponding heterogeneous reactions in the presence of activated carbon and fly ash [J] . Chemosphere, 1995, 30 (4): 611 - 627.

第4章

铁基改性生物焦的单质汞吸附特性及机理研究

由于通过热解直接获得的生物焦，其汞吸附效率较低，需要进行改性处理。现阶段常用的改性方法分为物理法和化学法，物理法主要旨在改善吸附剂的孔隙结构，而采用化学改性方法则可以同时改善吸附剂的孔隙结构和表面化学特性，进而增强对特定对象的吸附能力。现阶段主要通过卤化盐浸渍的方式，对汞吸附剂进行化学改性研究[1,2]，利用卤族元素对 Hg^0 的氧化作用，改善吸附剂的吸附性能，然而卤化盐易于 150～200℃温度范围内发生分解，进而影响改性效果。化学沉淀法则是先在溶液状态下将不同化学成分的物质混合，并加入沉淀剂制成前驱体，再进行过滤、洗涤、干燥和煅烧，从而制得纳米级改性物质，该方法多用于金属氧化物纳米颗粒的制备，方法成熟、经济高效。通过该方法所制备的铁基纳米复合材料具有高反应活性、尺寸效应（size effect）和独特结构等特性，被广泛用于环境污染治理的基础研究中[3]。同时研究发现，铁的化合物具有一定的脱汞能力，能促进汞的氧化和吸附[4]，并可以通过沉淀法同时负载多种其他金属及其氧化物。

现阶段关于热解的研究主要针对未改性的生物质，但是生物质在不同改性条件下的热解过程与未改性时存在较大差异。在高温热解条件下，前驱体会发生分解，且负载物可以与热解过程中所形成的生物焦、挥发分发生作用，从而导致生物质热解过程变得复杂，进而影响热解产物生物焦的结构和性质。目前关于改性生物质的热解特性及所对应获得的改性生物焦的微观特性和 Hg^0 吸附特性的研究较少。

电厂锅炉煤燃烧后烟气所形成的高温条件，可以对利用化学沉淀法所制得的前驱体物质进行煅烧，在实现生物质热解的同时，获得改性生物焦吸附剂，之后在温度较低的适宜区间对 Hg^0 进行高效吸附。这种以生物质为原料，将常规化学沉淀法与生物质热解制焦过程进行整合，利用锅炉燃烧后的高温条件进行吸附剂的改性制备，并随烟气流动实现连续脱汞的工艺，具有较大的发展潜力，国内外尚未见广泛报道。

改性生物焦对汞的吸附特性与其改性方式和条件有关。虽然已有关于改性生物焦对 Hg^0 吸附的研究，但是主要采用化学浸渍法进行改性，通过化学沉淀法获得以生物焦为载体的铁基纳米复合材料的研究较少，而且基于生物焦铁基吸附剂负载第二金属用于脱除 Hg^0 的研究也相对较少；同时对改性过程中的最佳负载量，以及吸附过程中生物焦与负载物、不同金属自身之间相互作用的研究较少，相关机理解释不充分。本章在综合研究不同改性条件对生物焦汞吸附特性影响的基础上，结合生物焦的微观特性，利用程序升温脱附技术和吸附动力学探究相应反应机理，以期为今后的脱汞方法提供关键数据和理论依据。

4.1 样品的制备

结合前文关于颗粒粒径的研究结果，选取核桃壳（WS）作为原料，利用破碎机和振筛机进行粒径分级，获得 58～75μm 粒径范围内的核桃壳生物质。

在利用沉淀法进行单铁基负载改性的过程中，分别按照 1%、6%、10%、15%和 20%负载量，称取 $FeCl_3 \cdot 6H_2O$ 试剂，溶于配制的 HCl 溶液（pH≈1.5）中，并放入 15g 洗净干燥后的生物质，同时迅速加入质量分数为 25%的氨水溶液，形成黑色沉淀后，将溶液的

pH值调至9，之后利用磁力搅拌器（300r/min）搅拌8h，整个过程在水浴加热条件下（90℃）完成；混合溶液抽滤后，用去离子水冲洗3次至中性后，利用烘箱于80℃干燥12h，即得前驱体；将所获得的前驱体置于生物焦等温固定床制备实验系统中，在N_2气氛条件下热解10min后放入干燥器中完成单铁基负载改性生物焦样品的制备，且制备温度为600℃。上述所获得的不同负载量的单铁基改性生物焦样品记为X%Fe/BC，其中X表示负载量，BC表示载体（生物焦）。同时为了研究不同热解温度对改性生物焦汞吸附特性的影响，对10%负载量的前驱体分别在400℃和800℃条件下进行热解，记为10%Fe/BC（400℃）和10%Fe/BC（800℃）。

铁基负载不同金属的改性过程与10%Fe/BC样品类似。其中，在加入$FeCl_3 \cdot 6H_2O$试剂的同时，分别按照不同负载量，添加$CuSO_4 \cdot 5H_2O$或$Mn(CH_3COO)_2 \cdot 4H_2O$或$KMnO_4$，所获得的改性生物焦样品分别记为Fe-$X$%Cu/BC，Fe-$X$%Mn/BC和Fe-$X$%$KMnO_4$/BC，其中$X$表示负载量。所有改性过程中所用的试剂均为分析纯。另外，未改性生物焦样品记为Biochar。

生物焦样品的改性制备条件及相应编号如表4-1所示。

表4-1　　生物焦样品的改性制备条件及相应编号

序号	改性条件					样品编号
	热解温度（℃）	热解方式	颗粒粒径（μm）	制备气氛	改性试剂及负载量	
1	600	定温制备	58～75	N_2	未改性	Biochar
2	600	定温制备	58～75	N_2	1% $FeCl_3 \cdot 6H_2O$	1%Fe/BC
3	600	定温制备	58～75	N_2	6% $FeCl_3 \cdot 6H_2O$	6%Fe/BC
4	600	定温制备	58～75	N_2	10% $FeCl_3 \cdot 6H_2O$	10%Fe/BC
5	600	定温制备	58～75	N_2	15% $FeCl_3 \cdot 6H_2O$	15%Fe/BC
6	600	定温制备	58～75	N_2	20% $FeCl_3 \cdot 6H_2O$	20%Fe/BC
7	400	定温制备	58～75	N_2	10% $FeCl_3 \cdot 6H_2O$	10%Fe/BC（400℃）

续表

序号	改性条件					样品编号
	热解温度（℃）	热解方式	颗粒粒径（μm）	制备气氛	改性试剂及负载量	
8	800	定温制备	58～75	N_2	10%$FeCl_3 \cdot 6H_2O$	10%Fe/BC（800℃）
9	600	定温制备	58～75	N_2	10% $FeCl_3 \cdot 6H_2O$ +1% $CuSO_4 \cdot 5H_2O$	Fe-1%Cu/BC
10	600	定温制备	58～75	N_2	10% $FeCl_3 \cdot 6H_2O$ +2% $CuSO_4 \cdot 5H_2O$	Fe-2%Cu/BC
11	600	定温制备	58～75	N_2	10% $FeCl_3 \cdot 6H_2O$ +4% $CuSO_4 \cdot 5H_2O$	Fe-4%Cu/BC
12	600	定温制备	58～75	N_2	10% $FeCl_3 \cdot 6H_2O$ +6% $CuSO_4 \cdot 5H_2O$	Fe-6%Cu/BC
13	600	定温制备	58～75	N_2	10% $FeCl_3 \cdot 6H_2O$ +1% Mn（$CH_3COO)_2 \cdot 4H_2O$	Fe-1%Mn/BC
14	600	定温制备	58～75	N_2	10% $FeCl_3 \cdot 6H_2O$ +2% Mn（$CH_3COO)_2 \cdot 4H_2O$	Fe-2%Mn/BC
15	600	定温制备	58～75	N_2	10%$FeCl_3 \cdot 6H_2O$ +4% Mn（$CH_3COO)_2 \cdot 4H_2O$	Fe-4%Mn/BC
16	600	定温制备	58～75	N_2	10% $FeCl_3 \cdot 6H_2O$ +6% Mn（$CH_3COO)_2 \cdot 4H_2O$	Fe-6%Mn/BC
17	600	定温制备	58～75	N_2	10% $FeCl_3 \cdot 6H_2O$ +2% $KMnO_4$	Fe-2% $KMnO_4$/BC
18	600	定温制备	58～75	N_2	10% $FeCl_3 \cdot 6H_2O$ +4% $KMnO_4$	Fe-4% $KMnO_4$/BC

续表

序号	改性条件					样品编号
	热解温度（℃）	热解方式	颗粒粒径（μm）	制备气氛	改性试剂及负载量	
19	600	定温制备	58～75	N_2	10% $FeCl_3 \cdot 6H_2O$ +6% $KMnO_4$	Fe-6% $KMnO_4$/BC

4.2　汞吸附特性研究

不同改性条件下生物焦的汞吸附特性如图 4-1～图 4-4 所示。在 180min 吸附时间内，未改性生物焦样品的单位累积汞吸附量为 1912ng/g。仅通过 $FeCl_3$ 溶液改性后所形成的负载单铁基生物焦样品的汞吸附性能得到提升，且随着负载量的增大，改性样品的汞吸附能力先增强再减弱，其单位累积汞吸附量分别为 2476ng/g（1%Fe/BC）、2524ng/g（6% Fe/BC）、2779ng/g（10% Fe/BC）、2211ng/g（15% Fe/BC）和 1726ng/g（20%Fe/BC），其中 20%Fe/BC 样品的汞吸附性能弱于未改性生物焦样品。另外，相比于 400℃和 800℃，当 600℃作为热解温度时，改性生物焦样品的汞吸附能力较强，而 10%Fe/BC（400℃）样品的汞吸附能力最差，单位累积汞吸附量仅为 1886ng/g。

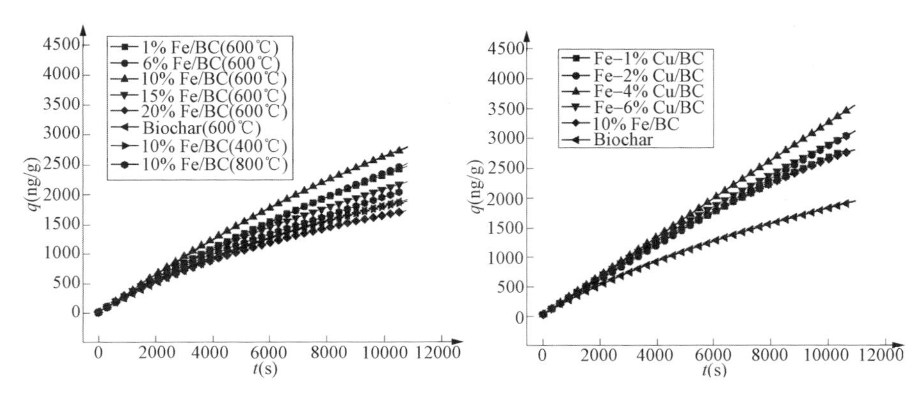

图 4-1　不同热解温度与负载量条件下 Fe/BC 样品的单位汞吸附量

图 4-2　不同负载量条件下 Fe-Cu/BC 样品的单位汞吸附量

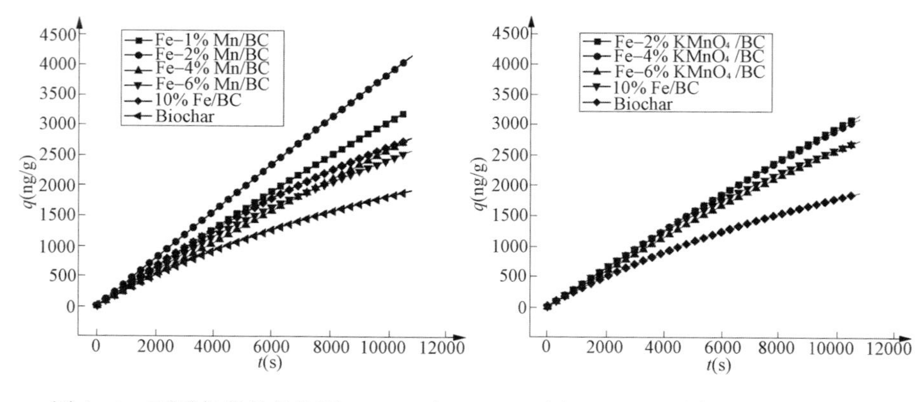

图 4-3　不同负载量条件下 Fe-Mn/BC 样品的单位汞吸附量

图 4-4　不同负载量条件下 Fe-$KMnO_4$/BC 样品的单位汞吸附量

基于单铁基负载改性条件，掺杂不同金属所获得的改性生物焦样品的汞吸附能力均获得了不同程度的增强。其中，Fe-2%Mn/BC 样品在 180min 吸附时间内的单位累积汞吸附量最大，为 4141ng/g。同时，对于通过 Mn（CH_3COO）$_2$ 和 $CuSO_4$ 改性方式所获得的改性生物焦样品，随着负载量的增大，样品的汞吸附性能也呈现先增强再减弱的趋势，其中，Fe-4%Cu/BC 和 Fe-2%Mn/BC 样品的汞吸附性能分别高于其所对应改性方式中的其他负载量制备条件。随着 $KMnO_4$ 负载量的增加，所获得的改性生物焦样品的汞吸附性能逐渐减弱，其中，当 $KMnO_4$ 负载量为 2%时，改性后样品的汞吸附性能提升效果不明显，仅提升了 15%；Fe-6%$KMnO_4$/BC 样品相比 10%Fe/BC 样品，其单位累积汞吸附量甚至略低，仅为 2753ng/g。

4.3　晶相结构研究

本书利用 XRD 对样品的晶相结构进行分析，如图 4-5 所示。未改性生物焦样品与煤类似，是一种短程有序的非晶态物质，结构中存在一定数量的石墨微晶结构。XRD 谱图中存在两个明显的衍射峰，分别位于 25°和 43°附近，对应于石墨晶体结构的（002）和（100）峰。这种现象的发生与生物焦的热塑特性有关，同时热解生成的未挥发的

残留焦油类物质在芳香片层间起润滑作用，使其沿片层方向发生相对滑动，加速芳香片层的纵向堆叠和横向缩聚，而芳香结构单元的扩张生长是石墨化开始的标志[5]。(002) 峰可以反映芳香层片的堆砌高度，其越高越窄，表示层片定向程度越好；(100) 峰可以反映芳香环层片的缩合程度，其越高越窄，表示层片直径越大[6]。生物焦样品改性后，这两个衍射峰均变得较为宽缓，表明芳香环层片排列有序度降低，改性导致样品的微观结构向无序方向演变，即石墨化程度降低，其中 Fe-2%$KMnO_4$/BC 样品结构的改变最为明显。同时，由于未改性生物焦中矿物质的干扰，在 XRD 谱图中位于 29°附近出现了一些尖锐且强度较大的峰[7]，改性过程中由于进行了 HCl 的酸洗，去除了相应矿物质，所以改性后样品的 XRD 谱图中并未出现这些峰。另外，所有样品的 (002) 峰左右不对称，这是因为该峰是由两种具有不同特点的微晶峰带 [(002) 峰和 γ 带] 叠加而成，其中 γ 带 ($2\theta=19°$) 是连接微晶边缘的脂肪侧链[8]。

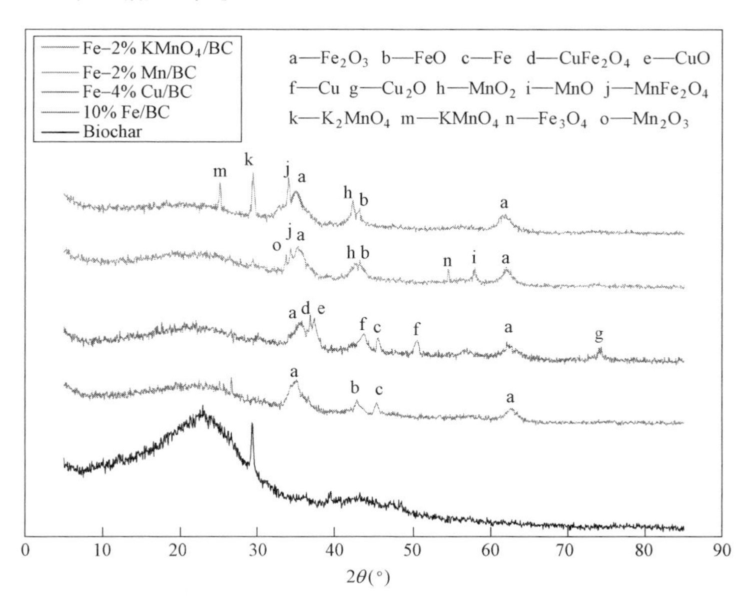

图 4-5　XRD 衍射谱图

通过 XRD 进行物相分析可得，改性后生物焦中存在金属单质和相应的多种形式的金属氧化物，这是由于改性过程中，部分金属盐类物质水解生成相应的金属氢氧化物［如 $Fe(OH)_3$］，并在热解过程中原位形成金属氧化物（如 Fe_3O_4、Fe_2O_3等）纳米颗粒[9]。生物质热解过程中会产生还原性气体（如 CO），进而又会把部分金属氧化物还原，形成相应的金属单质和 CO_2。但是热解过程中，由于 N_2 连续不断通入，导致所生成的还原性物质不会大量聚集，所以样品的还原程度不大，只是在表面生成了少量的金属单质。

相比未改性生物焦，单独负载 Fe 的改性生物焦样品（10%Fe/BC）的 XRD 谱图中，在 2θ=35.2°、43.8°和 45.9°处出现特征衍射峰，分别归属于 Fe_2O_3、FeO 和 Fe^0，且 Fe_2O_3的衍射峰强度大于 FeO。

掺杂 Cu 后，在 Fe-4%Cu/BC 样品的 XRD 谱图中，不仅出现了上述衍射峰，还出现了明显的属于 CuO、Cu_2O 和 Cu^0的特征峰，表明在样品表面存在一层 Cu 和 Fe 的氧化物，且 CuO 的衍射峰强度大于 Cu_2O。相比 10%Fe/BC 样品，Fe_2O_3的衍射峰强度降低，而 FeO 的衍射峰强度增大，这是由于在改性过程中，Fe^{3+} 的氧化性大于 Cu^{2+}，进而发生了氧化还原反应。同时样品在 35°左右的衍射峰的半高宽变宽，这是由于 Cu^{2+} 半径与 Fe^{3+} 半径相近，可将 Fe^{3+} 替换，进而进入 Fe_2O_3 晶格中。

通过 Mn（$CH_3COO)_2$ 改性后所获得的 Fe-2%Mn/BC 样品的 XRD 结果表明，共沉淀过程中前驱体溶液可以较好分散在生物质表面，并经过高温热解后，生成了多种锰的氧化物，其中有大量 MnO_2 结晶生成，同时 Mn 还以 MnO 和 Mn_2O_3的形式负载于样品的表面上。由于 Mn^{4+} 的氧化性大于 Fe^{3+}，相比 10%Fe/BC 样品，Fe_2O_3 的衍射峰强度增大，而 FeO 的衍射峰强度减小，同时出现了归属于 Fe_3O_4 的衍射峰。

Fe-2%$KMnO_4$/BC 样品的 XRD 谱图中，原本属于生物焦的衍射峰消失，说明 $KMnO_4$ 与生物焦之间发生了强烈的反应，出现了属于 K_2MnO_4、$KMnO_4$ 和 MnO_2的特征峰，其中 K_2MnO_4 的衍射峰强度大

于 $KMnO_4$，这是因为热处理造成了 $KMnO_4$ 和 K_2MnO_4 的部分分解，生成了较多的 MnO_2。相比其他样品，Fe_2O_3 的衍射峰强度最大，而 FeO 的衍射峰强度最小，这主要是由于 $KMnO_4$ 的强氧化性所致。

Fe-4%Cu/BC 和 Fe-2%Mn/BC 样品的结晶尺寸相比未改性生物焦明显减小，分别在 $2\theta=37.6°$ 和 34.3°处出现明显的衍射峰，归属于 $CuFe_2O_4$（铜铁氧化物）和 $MnFe_2O_4$（锰尖晶石）的特征峰，且其立方晶胞参数分别为 0.8370nm 和 0.8511nm，证明这两种物质均为 AB_2O_4 型的尖晶石结构。尖晶石结构属于 Fd3m 空间群，$\alpha=\beta=\gamma=90°$，属于高级晶族中的立方晶系，其中氧离子（O^{2-}）按立方紧密堆积排列，二价阳离子（A^{2+}）充填于八分之一的四面体空隙中，呈四配位；三价阳离子（B^{3+}）充填于二分之一的八面体空隙中，呈六配位。所形成的尖晶石结构会对吸附剂活性有明显提升作用，这是因为在通过过渡金属离子掺杂改性，并进而形成尖晶石结构的过程中，其中 Mn 与 Cu 离子会与 Fe 离子发生交换。由于离子半径的不同，不同金属离子之间会相互作用，进而在生物焦表面形成大量阳离子空位。阳离子空位（≡·）是典型的路易斯酸位，而 Hg^0 是典型的路易斯碱，导致 Hg^0 极容易吸附在阳离子空位上。

利用 XRD 谱图中衍射峰的衍射角和半峰宽，并通过 Bragg 和 Scherrer 公式［式（4-1）～式（4-5）］[10]计算可得生物焦的芳香层间距离 d_{002}、芳香环层片堆砌厚度 L_c、芳香环层片直径 L_a、平均芳香片层数 N 和晶格畸变 ε 等微晶结构参数，如表 4-2 所示。

$$d_{002}=\lambda/2\sin\theta_{002} \tag{4-1}$$

$$L_c=0.9\lambda/(\beta_{002}\cos\theta_{002}) \tag{4-2}$$

$$L_a=1.84\lambda/(\beta_{100}\cos\theta_{100}) \tag{4-3}$$

$$N=L_c/d_{002} \tag{4-4}$$

$$\beta_{002}\cos\theta=\frac{K\lambda}{d_{002}}+4\varepsilon\sin\theta \tag{4-5}$$

式中　λ——X 射线波长（0.1541nm）；

θ_{002}——（002）峰对应的衍射角；

θ_{100}——（100）峰对应的衍射角；

β_{002}——（002）峰对应的半高宽值；

β_{100}——（100）峰对应的半高宽值；

ε——晶格畸变，%；

K——常数（约等于 0.89）。

表 4-2　　样品的微晶结构参数

参数	样品				
	Biochar	10%Fe/BC	Fe-4%Cu/BC	Fe-2%Mn/BC	Fe-2%$KMnO_4$/BC
L_a（10^{-10}m）	1.5614	1.5586	1.5632	1.5649	1.5812
L_c（10^{-10}m）	2.0519	2.0502	2.0465	2.0481	2.0361
d_{002}（10^{-10}m）	0.3615	0.3668	0.3694	0.3713	0.3843
N	5.6761	5.5894	5.5401	5.5160	5.2982
ε	0.012	0.154	0.353	0.576	0.114

相比于未改性生物焦样品，10%Fe/BC 样品的 L_a、L_c和 N 均减小，且 d_{002}增加，这是由于不同 Fe 原子或离子深入生物焦结构中，造成片层间距增大，并在热解后期阻碍了芳香片层的堆叠和缩聚；掺杂 Mn、Cu 金属后，改性样品的参数 L_c和 N 减小，L_a和 d_{002}增加，其中，Fe-2%$KMnO_4$/BC 样品的 XRD 参数变化趋势更为明显，进一步验证了该样品的微晶结构朝无序方向快速转变。含氧官能团在热解过程中对微晶结构的影响也较为重要[11-14]，在热解初期，一些热稳定性低的官能团（如羧基）会发生低温交联反应，使片层间产生较多的交联键，同时脂肪结构的脱除会使热解过程中所生成的液相焦油物质大量减少，阻碍了芳香片层的定向移动；热稳定性高的含氧官能团（如羰基、醚键和杂化氧等）的存在，会在热解后期阻碍芳香片层的堆叠和缩聚，并通过交联键的形式使片层尺寸 L_a增大（而不是片层的缩聚所致），进一步增强了改性生物焦的空间交联程度。另外，Fe-4%Cu/BC 和 Fe-2%Mn/BC 样品的晶格缺陷远大于其他样品，这是由于样品表面所形成的阳离子空位所致。

4.4　热解特性研究

根据 DTG 曲线及相关热解参数，采用第 2 章所提出的综合热解特性指数 D，用以表征生物质挥发分释放的难易程度，如式（4-6）所示，其值越大，说明热解行为越容易发生，获得相应的热解特性如表 4-3 和表 4-4 所示。

$$D=\frac{(\mathrm{d}w/\mathrm{d}t)_{1\max}\cdot(\mathrm{d}w/\mathrm{d}t)_{\text{mean}}\cdot V}{T_1\cdot T_2\cdot \Delta T_{1/2}} \tag{4-6}$$

式中　T_2——热解第二阶段中挥发分最大析出速率所对应温度，℃；

$(\mathrm{d}w/\mathrm{d}t)_{1\max}$——热解过程中第一个失重峰所对应的最大失重速率，即 DTG 峰值，%/min；

$\Delta T_{(1/2)}$——对应于 $(\mathrm{d}w/\mathrm{d}t)/(\mathrm{d}w/\mathrm{d}t)_{1\max}=1/2$ 的温度，℃；

$(\mathrm{d}w/\mathrm{d}t)_{\text{mean}}$——第二和第三阶段中挥发分平均失重速率，%/min；

V——热解过程中第二和第三阶段中的总失重率，%。

表 4-3　　未改性和改性生物质的热解特性参数（1）

样品	T_1（℃）	T_2（℃）	T_3（℃）	T_4（℃）	$(\mathrm{d}w/\mathrm{d}t)_{1\max}$（%/min）
Biomass（未改性生物质）	242	353	532	—	−5.91
10%Fe/Bio	240	360	541	—	−6.31
Fe-4%Cu/Bio	166	370	544	851	−6.43
Fe-2%Mn/Bio	124	371	574	688	−6.47
Fe-2%$KMnO_4$/Bio	217	365	566	697	−6.52

注　T_4 为对应于 $(\mathrm{d}w/\mathrm{d}t)_{2\max}$ 的温度，℃；$(\mathrm{d}w/\mathrm{d}t)_{2\max}$ 为热解过程中第二个失重峰所对应的最大失重速率，%/min。

表 4-4　　未改性和改性生物质的热解特性参数（2）

样品	$(\mathrm{d}w/\mathrm{d}t)_{2\max}$（%/min）	V（%）	$(\mathrm{d}w/\mathrm{d}t)_{\text{mean}}$（%/min）	$\Delta T_{(1/2)}$（℃）	D
Biomass	—	69.08	−0.87	372	1.12×10^{-5}
10%Fe/Bio	—	75.51	−0.91	281	1.79×10^{-5}

续表

样品	$(dw/dt)_{2max}$ (%/min)	V (%)	$(dw/dt)_{mean}$ (%/min)	$\Delta T_{(1/2)}$ (℃)	D
Fe-4%Cu/Bio	−1.05	79.26	−0.94	280	2.79×10^{-5}
Fe-2%Mn/Bio	−2.56	84.47	−1.22	290	4.99×10^{-5}
Fe-2%$KMnO_4$/Bio	−2.63	79.54	−1	286	2.29×10^{-5}

如图 4-6 和图 4-7 所示为未改性和不同改性条件下核桃壳生物质的热解曲线。相比于未改性生物质的热解过程，改性后的生物质样品在热解过程中，T_1降低，而 T_2、T_3、$(dw/dt)_{1max}$与综合热解特性指数 D 增高，并且 TG 曲线向高温侧移动，DTG 曲线峰值区间变窄，同时挥发分析出量均有不同程度的升高，表明改性后样品的热解过程更加剧烈和充分。一方面生物质在改性过程中利用 HCl 进行了酸洗，其中的部分矿物质（如 Ca、Na、K 等）被去除，而这些矿物质会在热解过程中对挥发分的析出产生抑制作用；另一方面所负载的金属离子对挥发分裂解的影响较大，在热解过程中，Fe、Mn 和 Cu 离子会促进生物质芳香结构的脱氢反应（如 C-H 键断裂），改变了自由基的反应路径，在低温下生成更多的小自由基，并以挥发分的形式从生物质颗粒中释放[15]，进而促进了挥发分的析出。这些金属离子还可以促进热解反应过程中所形成的大分子半挥发性产物的二次催化裂解和重整，进而促进生物质的聚合反应而形成生物焦[16-18]。相比于未改性生物质样品，经过 $FeCl_3$改性的 10%Fe/Bio 样品，$(dw/dt)_{1max}$增长了近 10%，由于相比 $FeCl_3$，Fe_2O_3和 FeO 热稳定性较好，只有在极高温度条件下发生热分解反应，所以产生该现象的原因是样品表面所残留的 $FeCl_3$会在 330℃开始发生如式（4-7）所示的分解反应。

相比上述样品，掺杂 Cu 和 Mn 后的改性生物质会在热解第三阶段中额外出现一个较为明显的失重峰。对于 Fe-4%Cu/Bio 样品，由于 CuO 在 1100℃以上时才会发生分解反应，所以该失重峰出现的原因是 $CuSO_4$于 600℃开始发生如式（4-8）所示的分解反应，且该反应温度

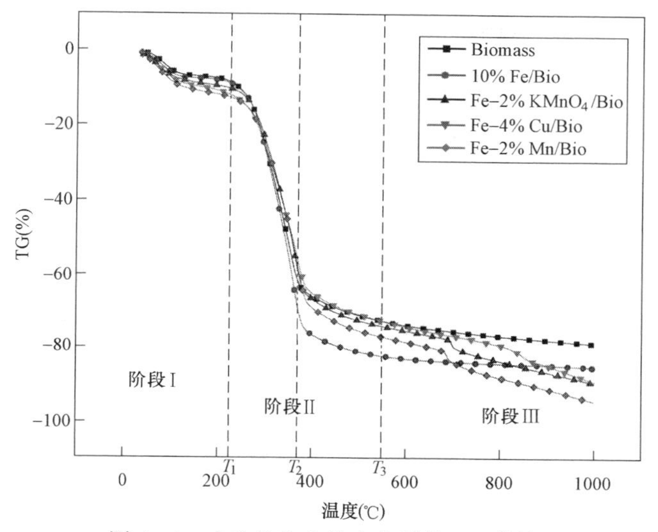

图 4-6　未改性和改性生物质的 TG 曲线

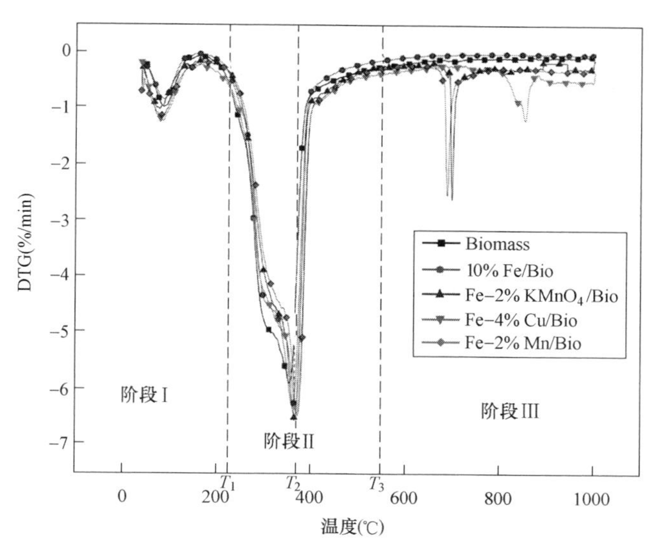

图 4-7　未改性和改性生物质的 DTG 曲线

区间跨度较大，所以热解过程中的 T_4 高达 851℃。Fe-2%Mn/Bio 样品表面存在 Mn（$CH_3COO)_2$，而乙酸根的热稳定性较差，所以当热解温度达到 130℃以上时，样品开始发生相应的分解反应，进而生成

CO、CH_4 等轻质气体，且 T_1 大幅下降至 124℃；同时，V、$(dw/dt)_{mean}$和 D 的值也相比其他样品较大，分别为 84.47%、−1.22%/min 和 4.99×10^{-5}，说明生物质经过 Mn$(CH_3COO)_2$改性后，其热解过程的发生和进行受到了较大促进，反应程度加剧。Fe-2%Mn/Bio 样品热解过程中所出现的第二个失重峰的产生原因是 MnO_2的高温分解。相比其他样品，Fe-2%$KMnO_4$/Bio 样品的 $(dw/dt)_{1max}$较高，其值为−6.52%/min，这是由于 $KMnO_4$发生了如式（4-9）所示的分解反应，同时又由于所生成的 K_2MnO_4还会于 650～700℃温度范围内发生如式（4-10）所示的进一步的热解反应，产生 MnO_2，并伴随着 MnO_2的热分解，所以 Fe-2%$KMnO_4$/Bio 样品的 $(dw/dt)_{2max}$也较高，其值为−2.63%/min。

$$2FeCl_3 \xrightarrow{330℃} 2FeCl_2 + Cl_2 \tag{4-7}$$

$$2CuSO_4 \xrightarrow{600℃} 2CuO + 2SO_2 + O_2 \tag{4-8}$$

$$4KMnO_4 \xrightarrow{290℃} K_2MnO_4 + K_2O \cdot 3MnO_2 + \frac{5}{2}O_2 \tag{4-9}$$

$$3K_2MnO_4 \xrightarrow{650℃-700℃} 2K_3MnO_4 + MnO_2 + O_2 \tag{4-10}$$

4.5 孔隙结构研究

影响生物焦对汞吸附特性的孔隙结构参数主要包括比表面积、累积孔体积以及相对比孔容积等，本书对不同改性条件下生成的生物焦进行低温 N_2吸附/脱附实验，对其孔隙结构进行了研究，如表 4-5 和表 4-6 所示。

表 4-5　　样品的孔隙结构参数（1）

样品	BET 比表面积 (m^2/g)	累积孔体积 (cm^3/g)	累积孔面积 (m^2/g)	微孔面积 (m^2/g)
Biochar	150.26	0.081	35.72	0.79
1%Fe/BC	164.30	0.092	42.96	3.44
6%Fe/BC	224.12	0.110	98.89	9.40

续表

样品	BET 比表面积 (m^2/g)	累积孔体积 (cm^3/g)	累积孔面积 (m^2/g)	微孔面积 (m^2/g)
10%Fe/BC	305.44	0.121	116.89	15.59
15%Fe/BC	305.14	0.120	113.16	13.26
20%Fe/BC	264.62	0.098	67.72	4.72
10%Fe/BC（400℃）	120.32	0.072	29.09	1.44
10%Fe/BC（800℃）	253.41	0.097	63.05	5.38
Fe-1%Cu/BC	343.19	0.129	108.75	8.32
Fe-2%Cu/BC	359.47	0.131	110.96	10.35
Fe-4%Cu/BC	389.69	0.132	121.31	12.62
Fe-6%Cu/BC	318.52	0.118	86.85	5.22
Fe-1%Mn/BC	383.00	0.125	112.50	11.51
Fe-2%Mn/BC	399.81	0.135	126.09	13.62
Fe-4%Mn/BC	379.10	0.124	103.17	10.82
Fe-6%Mn/BC	362.19	0.119	82.71	7.75
Fe-2%$KMnO_4$/BC	269.50	0.084	60.82	4.57
Fe-4%$KMnO_4$/BC	240.41	0.082	51.41	3.56
Fe-6%$KMnO_4$/BC	189.06	0.077	47.28	3.27

表 4-6　　　　样品的孔隙结构参数（2）

样品	平均孔径 (nm)	相对比孔容积（%）			分形维数 D_S	孔隙丰富度 Z (10^6/m)
		微孔	介孔	大孔		
Biochar	3.21	4.22	73.22	22.56	2.7219	441
1%Fe/BC	4.25	8.00	68.56	23.44	2.7515	467
6%Fe/BC	4.43	9.51	76.99	13.50	2.7673	899
10%Fe/BC	4.43	13.34	72.69	13.97	2.8153	966
15%Fe/BC	4.42	11.72	76.55	11.73	2.8102	943
20%Fe/BC	5.84	6.97	65.03	28.00	2.7620	691
10%Fe/BC(400℃)	7.79	4.95	58.56	36.49	2.5410	404

续表

样品	平均孔径 (nm)	相对比孔容积（%）			分形维数 D_S	孔隙丰富度 Z (10^6/m)
		微孔	介孔	大孔		
10%Fe/BC(800℃)	5.67	8.53	53.26	38.21	2.6469	650
Fe-1%Cu/BC	6.04	7.65	78.79	13.56	2.7627	843
Fe-2%Cu/BC	6.05	9.33	76.31	14.36	2.7888	847
Fe-4%Cu/BC	6.15	10.40	76.66	12.94	2.7892	919
Fe-6%Cu/BC	6.82	6.01	68.87	25.12	2.7545	736
Fe-1%Mn/BC	5.08	10.23	79.39	10.38	2.7743	900
Fe-2%Mn/BC	5.31	10.80	80.40	8.80	2.7792	934
Fe-4%Mn/BC	5.62	10.49	79.45	10.06	2.7495	832
Fe-6%Mn/BC	5.99	9.37	76.05	14.58	2.7455	695
Fe-2%$KMnO_4$/BC	6.37	7.51	64.95	27.54	2.7157	724
Fe-4%$KMnO_4$/BC	6.83	6.92	64.11	28.97	2.6984	627
Fe-6%$KMnO_4$/BC	6.86	6.91	61.74	31.35	2.6940	614

600℃制备温度条件下，改性后生物焦样品的BET比表面积、累积孔体积和孔隙丰富度均获得了不同程度的提升。这是因为改性过程中HCl的添加会导致样品的孔壁表面受到灼烧作用进而产生新孔，同时所负载的Fe、Cu和Mn金属氧化物或离子会促进挥发分的析出，其氧化作用也会促使新的孔隙生成，利于孔隙结构的发展，进而增大样品的比表面积、累积孔体积等。在生物质的热解过程中，孔隙结构的发展与其石墨化的演变相互依存，较高的石墨化程度会导致孔隙结构的衰减，未改性生物焦的石墨化程度最高，不利于孔隙结构的发育。

除了Fe-$KMnO_4$/BC样品，其他改性样品随着负载量的增加，孔隙结构参数均呈现先增高后减小的趋势，其中，对于单铁基改性方式，10%Fe/BC样品的孔隙参数较大；对于在此基础上掺杂Cu和Mn的改性样品中，Fe-4%Cu/BC、Fe-2%Mn/BC和Fe-2%$KMnO_4$/BC样品的孔隙结构参数也优于其他负载量制备条件。这是由于随着负载量的增加，所负载的金属氧化物或离子的氧化性极大增强，从而会破坏生物焦表面及内部本身较为薄的孔壁，使孔壁和表面烧蚀程度增加，导致孔隙结构坍塌，甚至发生了小孔互相贯通的现象，微孔数量、孔隙丰富度与比表面积大幅下降，分形维数降低，且孔结构有向大孔发展的趋势，而且随着负载量的增加，还会发生聚集结晶等现象，从而堵塞了生物焦中原有的部分孔隙；同时，掺杂不同金属改性后，样品的平均孔径逐渐增大，这是由于 Mn^{2+}、Mn^{4+} 和 Cu^{2+} 的离子半径均大于 Fe^{3+}，且平均孔径与负载量呈正比关系。

相比 10%Fe/BC 样品，掺杂不同金属改性后的生物焦样品的微孔相对比孔容积、孔隙丰富度和分形维数均呈现减小的趋势，这是由于金属的氧化性所导致，部分微孔被腐蚀，超过 2nm 的介孔有所发展；但是样品的比表面积、累积孔体积和累积孔面积均获得了提升，而吸附剂的比表面积和累积孔体积越大，越利于吸附，特别是促进物理吸附，所以可以说明所掺杂的不同金属对样品物理吸附性能的提升主要表现在对比表面积和累积孔体积的改善方面。通过 $Mn(CH_3COO)_2$ 改性所获得样品的孔隙结构改善程度较大，其中 Fe-2%Mn/BC 样品的 BET 比表面积、累积孔体积和孔面积最大，这是由于 $Mn(CH_3COO)_2$ 在分解过程中会与生物焦表面发生反应，利于孔隙的发育，孔隙发达，同时具有大量利于汞吸附的微孔和介孔，对汞的吸附能力较强。经 $KMnO_4$ 改性后所获得的样品，孔隙结构较差，这是由于样品热解过程中所产生的 K_2MnO_4 在 600℃制备温度条件下不易分解，孔道堵塞程度较大，会对生物质整个热解过程中挥发分的析出产生抑制作用，不利于孔隙结构的形成，比表面积、孔体积和孔隙丰富度等参数均远小于 10%Fe/BC 样品，且样品的分形维数较低，说明表面结构平整，所形成的孔较浅。同时 $KMnO_4$ 所具有的极强氧化性会对孔隙结构造成较大破坏，且平均孔径较大。其中，Fe-6%$KMnO_4$/BC 样品中大孔的相对比孔容积高达 31.35%。

随着热解温度的升高，样品的 BET 比表面积、累积孔体积、分形维数和孔隙丰富度均呈现先增高后减小的趋势，其中 600℃制备温度条件下所获得样品的孔隙最为发达，10%Fe/BC（400℃）样品对应的孔结构参数最小。由前文可知，400℃热解条件下生物质热解不够充分，挥发分析出不完全，孔隙结构还未完整形成，主要为大孔结构，微孔的相对比孔容积最小，且平均孔径最大，同时，分形维数和孔隙丰富度最小，表面较为规则。当热解温度升高至800℃时，一方面较高的温度会造成孔隙结构的坍塌以及硅酸盐结构变化所引起的生物焦表面变平；另一方面当热解温度在600～850℃时，部分挥发分发生二次裂解形成焦油，由于这部分挥发分主要来自生物质颗粒内部深处，处于半析出状态的焦油会堵塞部分孔隙结构，所以相比10%Fe/BC（600℃）样品，800℃制备条件下，样品的孔体积和比表面积均大幅下降，且分形维数降低。

4.6 表面形貌研究

本书通过SEM获得样品的表面形貌和微观结构特征，如图4-8～图4-12所示。未改性生物焦表面有明显的大块片层结构，表面较为干净，且大部分区域的片层结构互相交错、紧密相连，利于负载；改性后的样品表面则由平整规则变得较为粗糙，在生成和发展了更多新的孔隙结构的同时，出现了大量片状凸起结构，且孔洞明显扩大。在不同活性组分负载条件下，样品的表面形貌发生了较大变化，其中，10%Fe/BC样品相比未改性生物焦样品，孔隙结构较为发达，且孔洞较深。在此基础上，Fe-4%Cu/BC和Fe-2%Mn/BC样品的孔隙结构得到进一步的充分发展；相比于其他改性样品，Fe-2%$KMnO_4$/BC样品表面整体比较致密平整，部分区域的片层有一定的团聚现象，甚至出现堆积现象，且所形成的孔较浅，同时还可以发现表面比较均匀地附着了很多大小相似的细小颗粒，主要为热解后生成的MnO_2结晶颗粒。

根据所对应样品表面的色散谱（energy dispersive spectroscopy，EDS）能谱图可以得出，改性前由于生物质自身含有矿物质，导致所形成的生物焦表面元素种类较多，但改性后由于酸洗作用，相关的矿

图 4-8　10%Fe/BC 样品的 SEM 和 EDS 结果

（a）SEM；（b）EDS

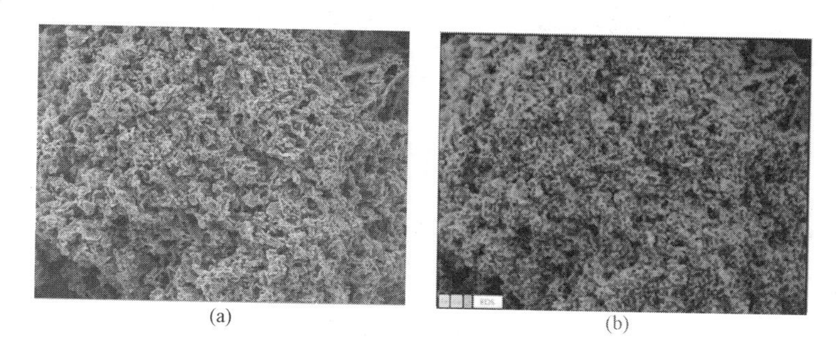

图 4-9　Fe-4%Cu/BC 样品的 SEM 和 EDS 结果

（a）SEM；（b）EDS

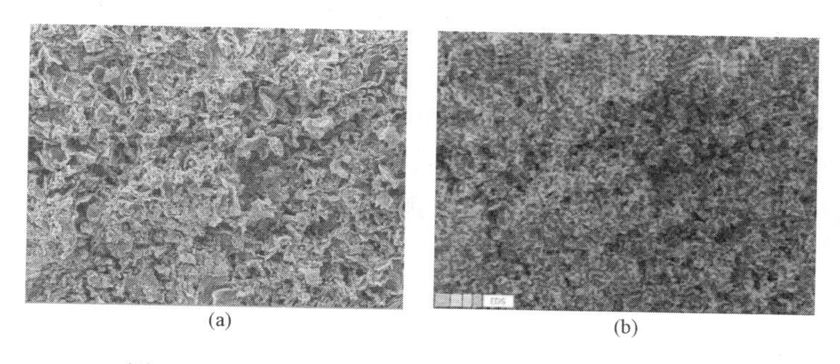

图 4-10　Fe-2%Mn/BC 样品的 SEM 和 EDS 结果

（a）SEM；（b）EDS

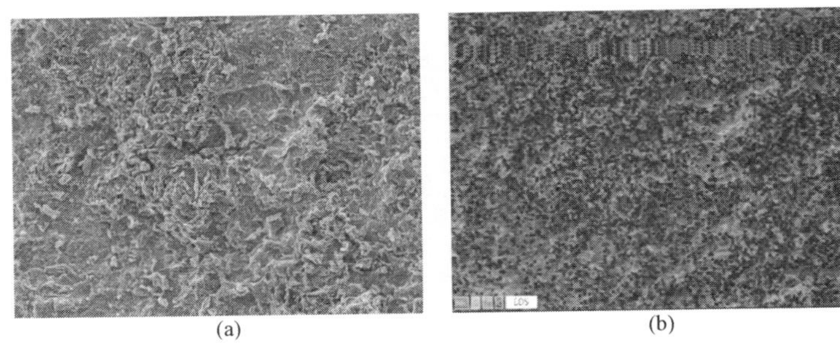

图 4-11　Fe-2%$KMnO_4$/BC 样品的 SEM 和 EDS 结果

（a）SEM；（b）EDS

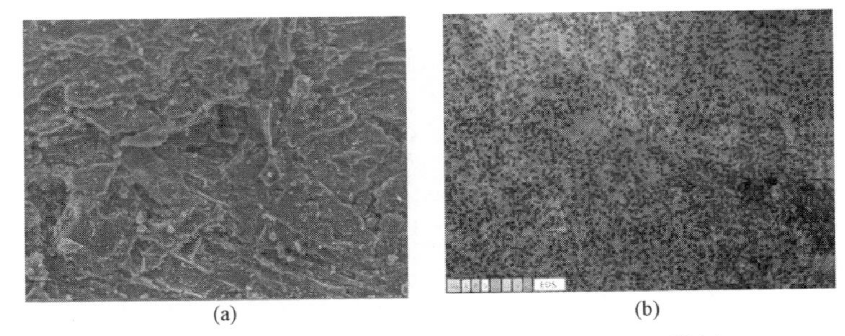

图 4-12　未改性生物焦样品的 SEM 和 EDS 结果

（a）SEM；（b）EDS

物质消失，样品表面原本存在的 Na、K、P 和 S 等元素含量大幅下降。同时还发现，改性生物焦表面的负载效果较好，所掺杂的不同金属颗粒可以均匀分散在 Fe 相中，有利于表面电子的传递，从而提高生物焦的表面反应活性。尤其是 Fe-4%Cu/BC 和 Fe-2%Mn/BC 样品，由于所负载的 Fe、Cu、Mn 氧化物之间的协同作用，增加了其在生物焦表面的分散性，而且基本没有团聚现象出现，从而提供了足够的氧化能力，进一步提高了 Hg^0 脱除效率。

通过分析 SEM 和 EDS 的表征结果，并结合样品的吸附特性，可得出当活性组分的负载量在最单层分散容量（即阈值）附近时，负载物能高度均匀地分散在载体生物焦表面，即为最佳负载量，进而改性生物焦可以表现出高活性和高选择性的阈值效应。

4.7　元素价态研究

通过 XPS 确定吸附前后样品表面的元素形态变化，可以进一步获得改性生物焦对 Hg^0 的吸附机理。在研究过程中主要考察元素的能级与总角动量量子数，以“Fe $2p_{1/2}$”为例：“2p”为所研究元素 Fe 的能级，其中“2”代表轨道主量子数，表示粒子所处的壳层；“p”代表轨道角动量的量子数，表示粒子所处的支壳层，现阶段用字母指代量子数，由小到大依次为 s、p、d、f、g（s 指代量子数为 0，p 指代量子数为 1，以此类推）。同时电子轨道运动所产生的轨道磁矩会与其自旋运动所产生的自旋磁矩之间产生电磁作用，导致轨道能级发生分裂，因此“$_{1/2}$”为 Fe 的总角动量的本征量子数，其中总角动量为自旋角动量与轨道角动量的矢量和。

10%Fe/BC 样品吸附反应前的 Fe 2p 谱图如图 4-13 所示，其中，在 BE=711.4eV 和 725.3eV 处出现明显的特征峰，归属于 Fe^{3+}；在 BE=706.9eV（Fe $2p_{3/2}$）和 719.8eV（Fe $2p_{1/2}$）处所出现的特征峰则归属于 Fe^0；同时也在 BE=709.4eV（Fe $2p_{3/2}$）处发现 Fe^{2+} 的存在。可以说明 10%Fe/BC 样品表面存在 Fe_2O_3、FeO 和 Fe^0。其中，反应前 $Fe^{3+}/Fe^{2+}=1.76$，表明金属铁主要以 Fe_2O_3 的形式存在，与 XRD 分析结果一致。同时，O 1s 谱图（如图 4-14 所示）中，在 BE=530.6、532.2、533.7eV 处均出现明显的特征峰，分别归属于金属氧化物中的晶格氧（O_β）以及羰基、羟基等官能团中的化学吸附氧（O_α），且 $O_\alpha/O_\beta=2.90$。在汞的吸附过程中，O_α 和 O_β 都比较活跃，两者均有助于 Hg^0 的氧化。Fe^{3+} 与 Fe^{2+} 的衍射峰强度在吸附 Hg^0 后发生了变化，所对应的结合能也发生了部分移动，说明在反应中存在电子的相关转移和得失，并伴随着氧化和还原过程。Fe^{3+} 的衍射峰强度在吸附 Hg^0 后减弱，而 Fe^{2+} 的衍射峰强度增大，且 $Fe^{3+}/Fe^{2+}=1.31$。反应后 $O_\alpha/O_\beta=3.20$，说明化学吸附氧所占比例升高，金属氧化物中晶格氧所占比例降低，金属氧化物中晶格氧的消耗速率大于化学吸附氧。因此，在吸附过程中，吸附剂表面的 Fe_2O_3 和 FeO 提供晶格氧，形成了氧空位，同时 Fe^{3+} 也在反应的过程中参与了 Hg^0 的氧化，共同作用将 Hg^0 氧化为 HgO，而且反应后吸附剂表面的金属铁主要以 Fe^{3+} 和 Fe^{2+} 的形式存在。

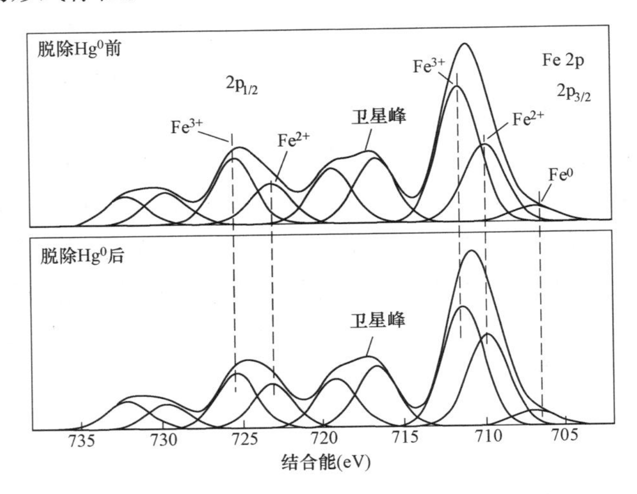

图 4-13　10%Fe/BC 样品 Hg^0 吸附反应前后的 XPS 谱图（Fe 2p）

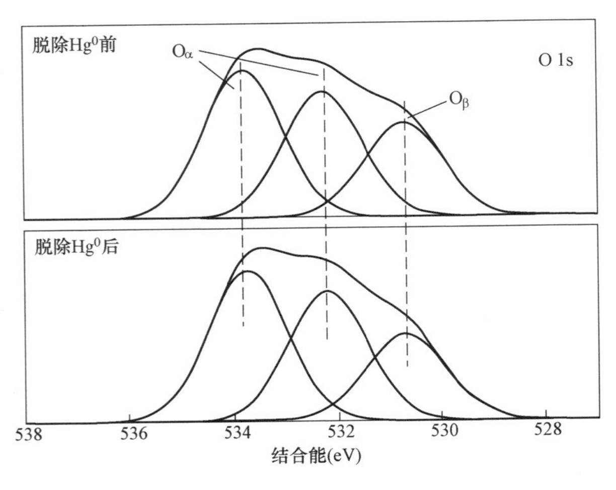

图 4-14　10%Fe/BC 样品 Hg^0 吸附反应前后的 XPS 谱图（O 1s）

Fe-4%Cu/BC样品反应前后的Cu 2p、Cu LMM、Fe 2p和O 1s的谱图如图4-15～图4-18所示。对于发生Hg^0吸附反应前的样品：

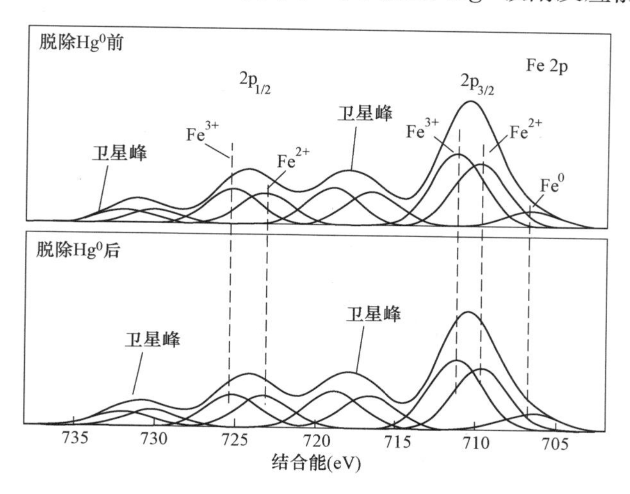

图4-15　Fe-4%Cu/BC样品Hg^0吸附反应前后的XPS谱图（Fe 2p）

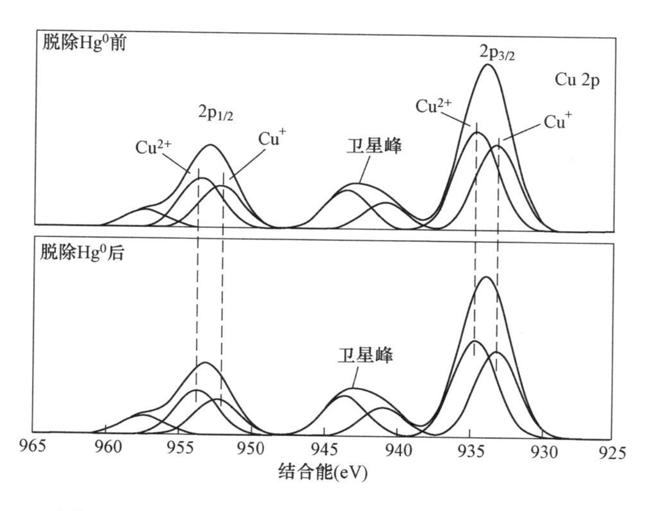

图4-16　Fe-4%Cu/BC样品Hg^0吸附反应前后的XPS谱图（Cu 2p）

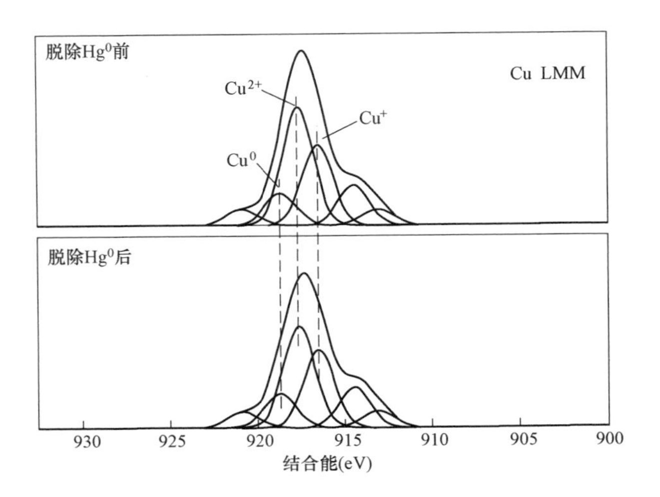

图 4-17　Fe-4%Cu/BC 样品 Hg^0 吸附反应前后的 XPS 谱图（Cu LMM）

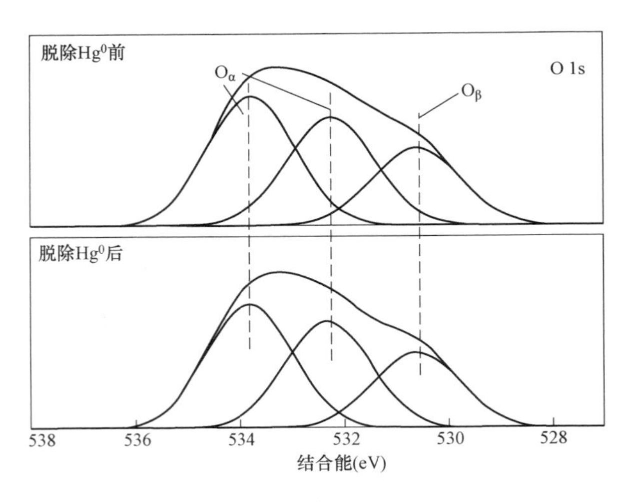

图 4-18　Fe-4%Cu/BC 样品 Hg^0 吸附反应前后的 XPS 谱图（O 1s）

（1）在 Cu 2p 的 XPS 谱图中，分别于两个位置出现了特征峰，其中结合能在 933.1eV 处为 Cu^+ 或 Cu^0 的特征峰，934.4eV 处为 Cu^{2+} 的特征峰，并伴随有卫星峰；而在 Cu LMM 谱图中，KE = 916.8、917.3eV 和 918.6eV 处均出现明显的特征峰，分别归属于 Cu^{+}、Cu^{2+} 和 Cu^{0}，从而验证了样品表面存在 Cu^{0}。同时 Cu^{2+}/Cu^{+} = 1.89，说明样品表面的金属铜主要以 CuO 的形式存在。

（2）通过 Fe 2p 的谱图可以发现，相比 10%Fe/BC 样品，Fe^{3+} 的衍射峰强度减弱，Fe^{2+} 的衍射峰强度增强，这是由于引入 Cu 后，导致 Fe_2O_3 晶格发生畸变，使得部分 Fe^{3+} 转变为 Fe^{2+}，造成 Fe 2p 的结合能降低。

而对于反应后的样品：

（1）表面 Cu^{2+}/Cu^{+} = 1.79，Cu^{2+} 相对比例减小，同时 O_α/O_β 比例升高，这与 10%Fe/BC 样品的 Hg^{0} 反应机理类似，说明 Fe-4%Cu/BC 样品在脱汞过程中发生了 CuO 的还原过程。

（2）通过综合对比反应前后 Cu 和 Fe 的化合价变化，可以发现 Fe 的化合价降低更为明显。这是因为一方面 Fe_2O_3 可以通过表面的配位不饱和金属离子[19]将部分 Cu_2O 氧化为 CuO，自身生成 FeO，导致 Cu 化合价的降低相对较少；另一方面，Fe^{3+} 也在反应的过程中参与了 Hg^{0} 的氧化。

因此可以说明，作为主要的活性物质，所负载的 Fe 和 Cu 双金属氧化物在脱除 Hg^{0} 方面可以起到协同作用：吸附剂表面的 CuO 首先氧化吸附在表面的 Hg^{0}，得到 HgO，本身被还原为 Cu_2O，而 Fe_2O_3 中的晶格氧可以补充 CuO 中丢失的氧，在转化为 FeO 的同时，形成氧空位。虽然 Cu^{0} 与 Hg^{0} 会发生汞齐反应，但 Cu^{0} 的衍射峰基本没有发生变化，这可能是由于 Cu^{0} 含量较少所致。

Fe-2%Mn/BC 样品反应前后的 Mn 2p、Fe 2p 和 O 1s 的谱图如图 4-19～图 4-21 所示：

（1）反应前，对于 Mn 2p 谱图，在结合能为 640.9、641.8eV 和 642.5eV 处出现特征峰，分别对应 Mn_2O_3、MnO 和 MnO_2，其中 Mn^{4+} 的衍射峰强度最大，可得 Mn 元素在样品表面的主要存在形式为 MnO_2，而 Mn_2O_3 衍射峰强度较小；对于 Fe 2p 谱图，相比 10%Fe/

BC 样品，Fe^{3+} 的衍射峰强度增强，Fe^{2+} 的衍射峰强度减弱，主要是由于改性过程中 Mn^{4+} 的氧化性所致。

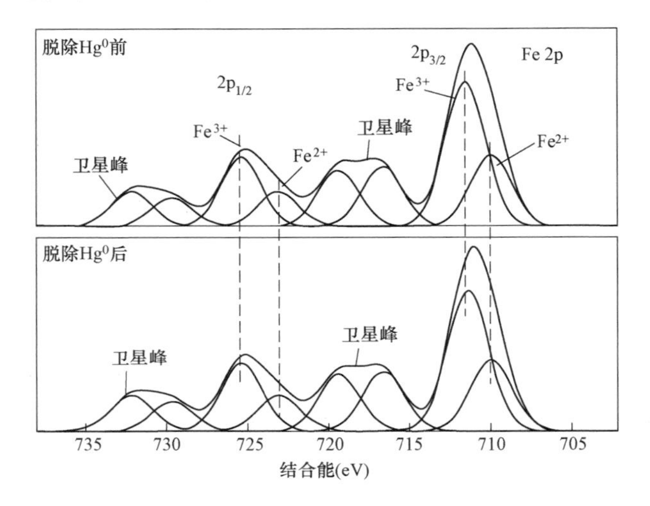

图 4-19　Fe-2%Mn/BC 样品 Hg^0 吸附反应前后的 XPS 谱图（Fe 2p）

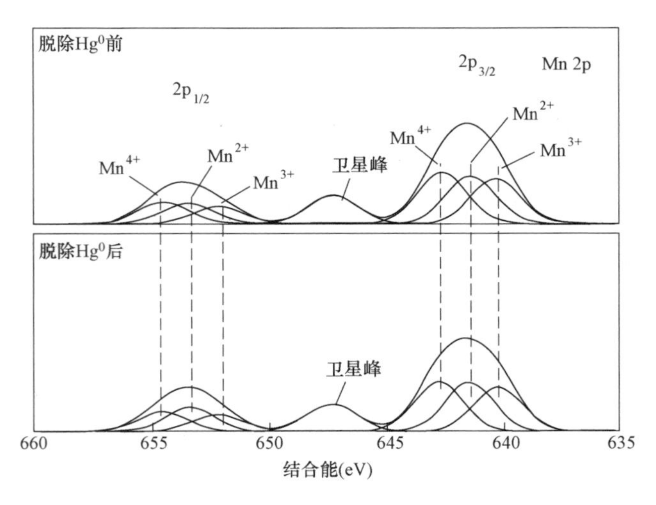

图 4-20　Fe-2%Mn/BC 样品 Hg^0 吸附反应前后的 XPS 谱图（Mn 2p）

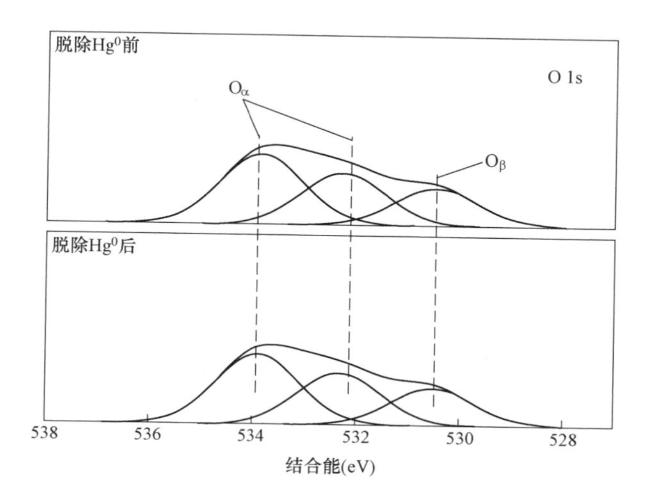

图 4-21　Fe-2%Mn/BC 样品 Hg^0 吸附反应前后的 XPS 谱图（O 1s）

（2）反应后样品表面 Mn^{4+} 和 Mn^{3+} 衍射峰强度减弱，而 Mn^{2+} 衍射峰强度增强；同时，（$Mn^{4+}+Mn^{3+}$）/Mn^{2+}=1.92，而反应前该值为 2.01，比例下降；而且 O_α/O_β 比例升高。

因此可以说明 Fe-2%Mn/BC 样品对 Hg^0 的氧化机理同 Fe-4%Cu/BC 样品类似，其中 MnO_2 中的晶格氧补充 Fe_2O_3 中丢失的氧，在转化为 MnO 和 Mn_2O_3 的同时，形成氧空位。在此期间所负载的 Fe 和 Mn 双金属氧化物在脱除 Hg^0 方面同样起到协同作用，而且 Mn^{4+} 的氧化性强于 Cu^{2+}，可以进一步增强这种协同作用，进而大幅提高样品对 Hg^0 的吸附性能。

Fe-2%$KMnO_4$/BC 样品反应前后的 Mn 2p、Fe 2p 和 O 1s 的谱图如图 4-22～图 4-24 所示。

（1）吸附 Hg^0 前，生物焦表面存在 Mn^{4+}、Mn^{6+} 和 Mn^{7+}，其中 Mn 元素在样品表面的主要存在形式为 K_2MnO_4。同时，MnO_2 和 Fe_2O_3 的衍射峰强度相比其他样品较大，且 FeO 的衍射峰强度不明显，主要原因是 $KMnO_4$ 本身的强氧化性所致。

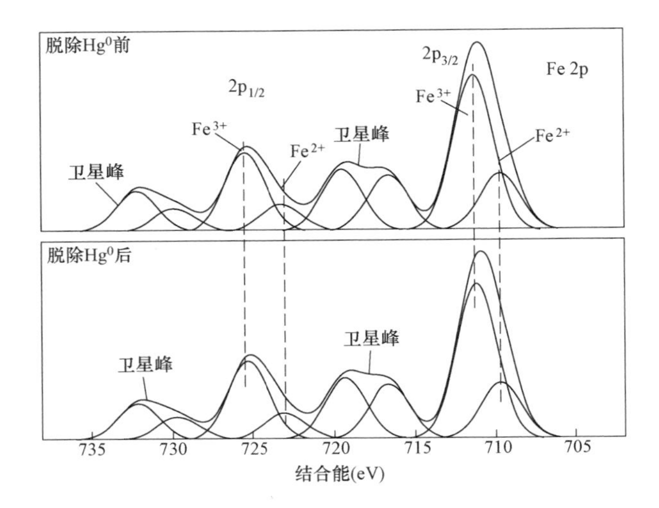

图 4-22　Fe-2%$KMnO_4$/BC 样品 Hg^0 吸附反应前后的 XPS 谱图（Fe 2p）

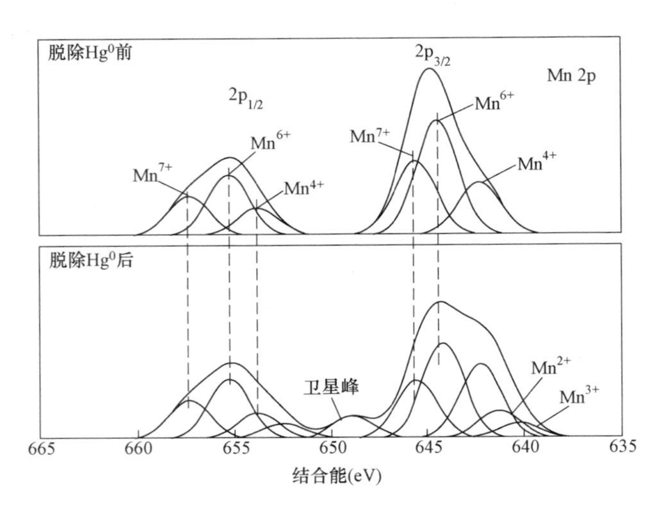

图 4-23　Fe-2%$KMnO_4$/BC 样品 Hg^0 吸附反应前后的 XPS 谱图（Mn 2p）

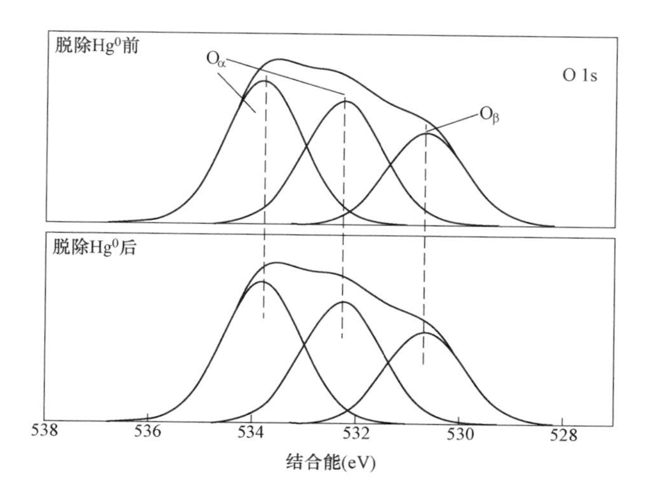

图 4 - 24　Fe - 2%$KMnO_4$/BC 样品 Hg^0 吸附反应前后的 XPS 谱图（O 1s）

（2）吸附 Hg^0 后，Mn^{7+} 和 Mn^{6+} 的衍射峰强度明显减弱，Mn^{4+} 的衍射峰强度增加幅度较大，同时出现了归属于 Mn^{2+} 和 Mn^{3+} 的特征衍射峰，说明在吸附过程中，改性样品表面的 $KMnO_4$ 和 K_2MnO_4 将气态 Hg^0 氧化，而自身被还原为低价的锰化合物。另外，样品表面 Fe^{3+}/Fe^{2+} 和 O_α/O_β 的比例基本没有变化，这是因为 Fe - 4%Cu/BC 样品和 Fe - 2%Mn/BC 样品的表面存在利于 Hg^0 吸附的具有尖晶石结构的物质（$CuFe_2O_4$ 和 $MnFe_2O_4$），然而 Fe - 2%$KMnO_4$/BC 样品在改性过程中，由于 $KMnO_4$ 与生物焦发生了强烈的反应，没有形成具有尖晶石结构的物质，从而阳离子空位较少，不利于相应氧化反应的发生。

因此可以说明，该改性方式下所负载的 Fe 和 Mn 双金属氧化物在脱除 Hg^0 方面没有发挥相应的协同作用。同时由于 Mn^{7+} 和 Mn^{6+} 的氧化性过强，甚至与 Fe^{3+} 发生了对 Hg^0 的“竞争氧化”。相比其他的改性生物焦样品，对 Fe - 2%$KMnO_4$/BC 样品的 Hg^0 吸附性能起促进作用的主要活性物质是 $KMnO_4$ 和 K_2MnO_4，但是整体提升效果较差。

4.8 表面化学特性研究

本章在对改性生物焦表面官能团的研究过程中，通过对红外光谱图拟合分峰面积表征官能团的含量。红外光谱图可分为五个主要区域：羟基振动区（3600～3000cm^{-1}）、脂肪 CH 振动区（3000～2700cm^{-1}）、含氧官能团振动区（1800～1000cm^{-1}）、金属羟基弯曲振动区（1000～900cm^{-1}）和芳香 CH 的面外振动区（900～700cm^{-1}），分别记为 a、b、c、d 和 e。生物焦红外光谱图如图 4-25 所示。

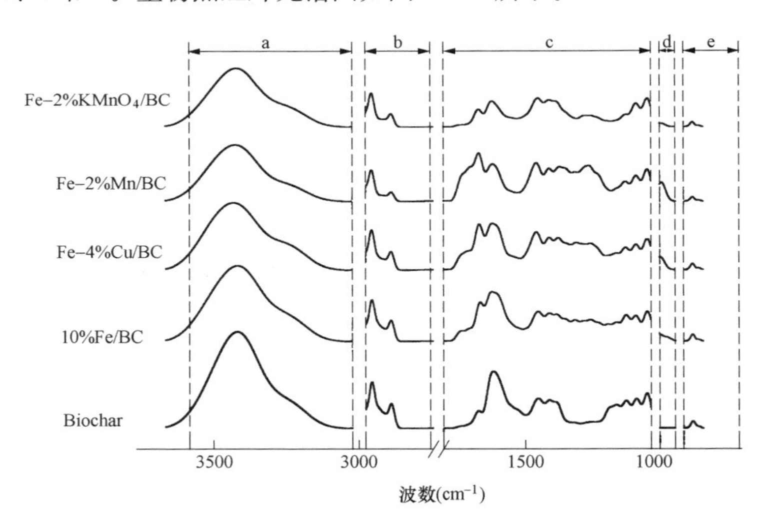

图 4-25 生物焦红外光谱图

羟基振动区由于氢和氧形成的氢键键能较大，导致形成了宽波峰带，主要为生物焦中的一些游离羟基，在改性生物焦中，其含量均有不同程度的减小，说明生物质在不同改性条件下的热解过程中有—OH官能团脱落，反应析出了水分，并且对酚类和醇类物质的产生有抑制作用。

脂肪 CH 振动区主要为属于脂肪族化合物—CH_2 和—CH_3 的伸缩振动，在热解过程中生物质分子的烷基侧链会发生断裂。相比未改性生物焦，改性生物焦中的相关含量较小，这是由于在热解过程中，反应析出了大量轻质气体，进而促进了脂肪类结构的断裂。

含氧官能团作为生物焦的表面官能团，是生物质热解进行的活性基团，主要分布在四个振动频率段：

（1）1200～1350cm^{-1}频率段主要为 C—O 官能团的伸缩振动区，生物质在热解过程中 C—O 官能团主要以 CO 气体的形式析出。由于所负载金属的促进作用，CO 气体析出量增大，其相应含量减小，同时说明生物焦分子中的醚、酯类结构相对含量减小。

（2）1600cm^{-1}频率段附近的伸缩振动属于芳香族中芳核的 C═C 官能团，芳烃碳骨架是生物质分子中的主要结构，在热解过程中会发生相应聚合反应，而改性后的生物质会阻碍相关缩聚反应，从而使生物焦的相应结构被破坏，所以其含量相应降低。

（3）1100～1200cm^{-1}频率段是生物焦中一些矿物质的振动吸收峰（如 Si - O），由于酸洗作用，改性生物焦中，相应官能团含量大幅减少，验证了前文研究结果。

（4）改性生物焦表面的羰基、羧基含量增加，这是因为生物质作为碳材料被氧化后，石墨微晶边缘会形成含氧官能团，而改性后生物焦中的石墨微晶含量降低，其边缘位置对氧的容纳有限，氧就会以置换的形式存在于无序芳环结构中，进而部分 C—O、C═C 基团被氧化，形成羰基、羧基及相应衍生基团。其中，Fe - 2%Mn/BC 样品表面的羧基含量较高，这是因为 Mn（CH_3COO）$_2$在分解过程中会在表面生成或残留大量的羧基，进而利于对 Hg^0 的吸附；而 Fe - 2%$KMnO_4$/BC 样品中羰基、羧基和内脂基等基团的相对含量均有较大程度的下降，这是由于 $KMnO_4$的强氧化性所致。

芳香 CH 的面外振动区中，由于 Fe、Mn 和 Cu 离子会促进生物质芳香结构的脱氢反应（如 C—H 键断裂），进而加剧芳香甲基侧链的断裂，所以改性生物焦中的相关含量有所降低。

改性后生物焦表面出现了金属配位羟基官能团（M—OH），这是因为改性制备过程中，金属离子水解形成羟基配合物并缩合，大部分会在热解过程中发生分解反应，而残留的 M—OH 则通过离子键和共价键的形式与金属离子连接。其中，由于 Fe-2%Mn/BC 和 Fe-4%Cu/BC 样品中分别形成了 $MnFe_2O_4$ 和 $CuFe_2O_4$ 的尖晶石结构类固溶体，而固溶体的 M—OH 含量比所对应的单独金属氧化物高，所以这两种样品的 M—OH 含量高于其他改性样品。

4.9 吸附动力学及活化能研究

4.9.1 单质汞在生物焦表面吸附的动力学研究

生物焦对单质汞的吸附主要包括外部传质、表面吸附和颗粒内扩散三个基本过程[20]，本章采用准一级动力学模型、准二级动力学模型、颗粒内扩散模型和 Elovich 模型，研究反应机理并确定吸附过程中的控速步骤。利用这四种吸附动力学模型对改性生物焦汞吸附实验数据进行拟合计算，结果如表 4-7 和表 4-8 所示，可得不同改性条件下所制备的生物焦样品对汞的吸附过程均符合这四种动力学模型，其吸附过程既受到物理吸附的影响，也受到化学吸附的影响，且汞吸附过程与生物焦的吸附位点有关，而不是单一的单层吸附。同时通过准一级和准二级动力学模型中的预测平衡吸附量 q_e，可以得出在 180min 吸附时间内，未改性和改性生物焦对汞的吸附过程均未达到饱和状态，并且与实际吸附量呈正相关关系，验证了拟合结果的正确性。

表 4-7 不同改性条件下生物焦的吸附动力学拟合参数（准一级动力学方程和准二级动力学方程）

样品	准一级动力学方程			准二级动力学方程		
	R_2	k_1	q_e	R_2	k_2	q_e
Biochar	0.9956	4.46×10^{-4}	5325	0.9993	1.95×10^{-7}	8019
10%Fe/BC	0.9995	5.13×10^{-4}	8823	0.9997	2.78×10^{-7}	17345
Fe-4%Cu/BC	0.9996	7.15×10^{-4}	28413	0.9997	3.23×10^{-7}	56396
Fe-2%Mn/BC	0.9996	9.72×10^{-4}	59629	0.9999	3.53×10^{-7}	118765
Fe-2%$KMnO_4$/BC	0.9995	5.98×10^{-4}	18612	0.9998	3.21×10^{-7}	36713

表 4-8　　不同改性条件下生物焦的吸附动力学拟合参数

（颗粒内扩散方程和 Elovich 方程）

样品	颗粒内扩散方程			Elovich 方程		
	R_2	k_{id}	c	R_2	α	β
Biochar	0.9907	26.2	−683	0.9999	0.4387	3.49×10^{-4}
10%Fe/BC	0.9777	31.8	−677	0.9999	0.4633	1.72×10^{-4}
Fe-4%Cu/BC	0.9657	38.4	−907	0.9999	0.4758	3.96×10^{-5}
Fe-2%Mn/BC	0.9630	42.7	−1029	0.9999	0.5017	1.77×10^{-5}
Fe-2%$KMnO_4$/BC	0.9694	35.1	−927	0.9999	0.4731	6.51×10^{-5}

未改性生物焦样品的准一级和准二级速率常数较低，主要由于其表面孔隙结构较差和官能团含量较少所导致；改性后生物焦样品对单质汞的吸附过程中，控速步骤为化学吸附，且准一级速率常数 k_1、准二级速率常数 k_2 以及颗粒内扩散速率常数 k_{id}均得到显著提升。这是因为生物焦经过改性后，相关孔隙结构参数和表面活性物质含量均得到显著改善，且后者的提高程度大于前者。

利用颗粒内扩散模型对不同改性条件下生物焦每时刻的单位累积汞吸附量进行拟合，如图 4-26 所示。随着吸附时间的增加，k_{id}值呈现整体不断增加的趋势，而汞实际吸附速率则随着吸附时间的增加而不断降低，汞吸附速率与内扩散速率之间的矛盾说明汞吸附过程中存在着表面吸附阶段。因此，改性生物焦对单质汞的吸附过程又可分为两个阶段：表面吸附阶段和内扩散吸附阶段，在初始吸附阶段，表面吸附是主要吸附形式，因为有大量的吸附活性位点存在于改性生物焦表面，使得表面吸附速率较快，但内扩散速率较小，说明在这个汞吸附阶段中，颗粒内扩散并未起到主导作用；当表面的活性位点被占据后，进行吸附的第二个阶段，即孔内扩散吸附，此时微孔和介孔提供汞的吸附活性位，所以吸附速率不断减小，而内扩散速率增大。Fe-2%Mn/BC 样品的 k_{id}值远大于其他样品，主要是由于前者比表面积和孔体积较大，孔隙较为丰富，利于汞在颗粒内扩散过程的进行，而其

他样品较低的 k_{id} 值则会影响汞的整体吸附效率。如图 4-26 所示，所有颗粒内扩散模型的拟合曲线均没有过原点，与实验结果差别较大，尤其改性生物焦的截距更大，说明内扩散模型并不能较好描述汞在改性生物焦表面的吸附过程，即内扩散过程不是吸附速率控制步；利用内扩散模型拟合所获得的相关系数均较小，且明显低于利用准一级动力学模型拟合获得的相关系数，说明相对于内扩散过程，外部传质过程是汞在改性生物焦表面吸附的速率控制步，而活性位点在改性生物焦汞吸附过程中也起到更为重要的作用。

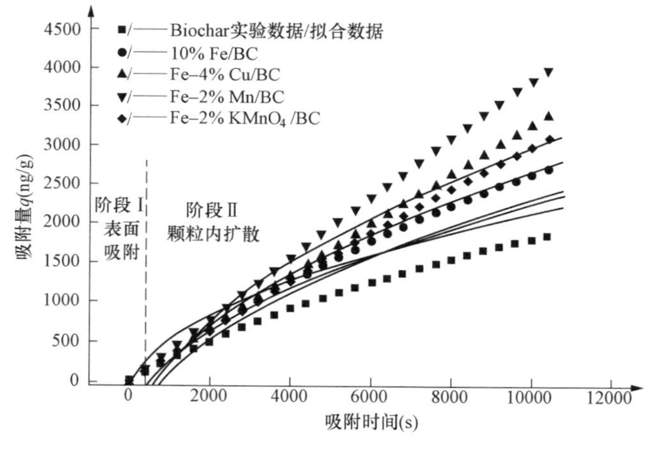

图 4-26 颗粒内扩散模型拟合结果

Elovich 动力学模型的拟合曲线与实验结果也能较好吻合，进而验证了活性位点化学吸附过程的存在，同时通过 Elovich 方程所获得的初始汞吸附速率 α 随着样品表面官能团含量的增加而不断增加。另外，通过准二级动力学方程所获得的初始汞吸附速率如表 4-9 所示，与实验所获得的结果一致。

表 4-9 初始汞吸附速率计算结果

样品	初始汞吸附速率 [$ng^3/(g^3 \cdot min)$]
Biochar	12.54
10%Fe/BC	83.64

续表

样品	初始汞吸附速率 [$ng^3/(g^3 \cdot min)$]
Fe-4%Cu/BC	1027.31
Fe-2%Mn/BC	4979.11
Fe-2%$KMnO_4$/BC	432.66

4.9.2　单质汞在生物焦表面吸附的活化能研究

通过 Arrhenius 方程对吸附活化能进行了计算，如图 4-27 所示为利用 Arrhenius 方程对汞在改性生物焦表面吸附过程的线性拟合结果，如表 4-10 所示为拟合获得的参数。E_a 值均处于−40～−4kJ/mol 范围内，表明汞在改性生物焦表面的吸附过程是物理吸附和化学吸附的结合，其中，单质汞在 Fe-2%Mn/BC 样品表面吸附所需要的活化能最大，主要是由于化学吸附的加强所导致。

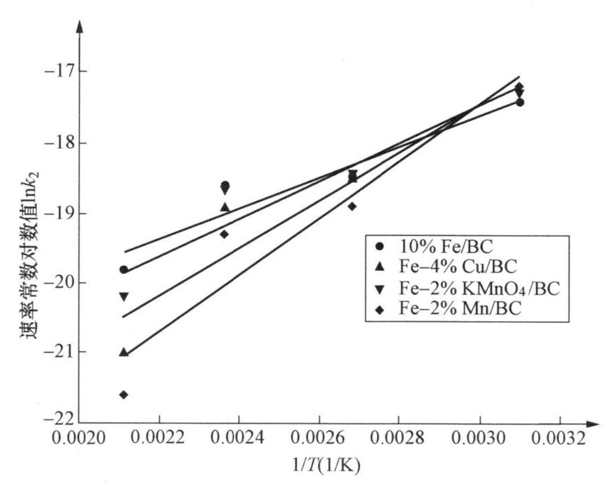

图 4-27　Arrhenius 方程对汞在生物焦样品表面吸附的线性拟合结果

表 4-10　Arrhenius 方程拟合参数

项目	10%Fe/BC	Fe-4%Cu/BC	Fe-2%Mn/BC	Fe-2%$KMnO_4$/BC
E_a (kJ/mol)	−18.42	−29.08	−34.27	−22.49
R^2	0.8685	0.8356	0.8671	0.8649

4.10 吸附条件对汞吸附特性的影响研究

为了获得吸附温度以及气氛条件（O_2、CO_2、SO_2、HCl）等不同吸附条件对改性生物焦单质汞吸附特性的影响，基于前文所获得的研究结果，选取不同改性条件下对应汞吸附性能最强的生物焦样品进行研究。

为了模拟实际烟气环境，在研究吸附温度、O_2浓度、CO_2浓度、SO_2浓度和HCl浓度对生物焦汞吸附性能影响的过程中，除研究变量外，其余实验条件分别设定为42μg/m^3初始汞浓度、50℃吸附温度、N_2气氛；研究不同吸附条件影响时，吸附温度分别选取50、100、150℃；O_2浓度分别为3%、5%、7%；CO_2浓度分别为10%、15%、20%；SO_2浓度分别为285、1142、2000mg/m^3；HCl浓度分别为0、80、160μg/L。

4.10.1 吸附温度对生物焦汞吸附特性的影响

吸附温度对生物焦汞吸附特性的影响如图4-28～图4-32所示。随着吸附温度的升高，未改性生物焦样品的汞吸附性能大幅下降，这主要是由于升温导致对物理吸附过程所产生的抑制作用。

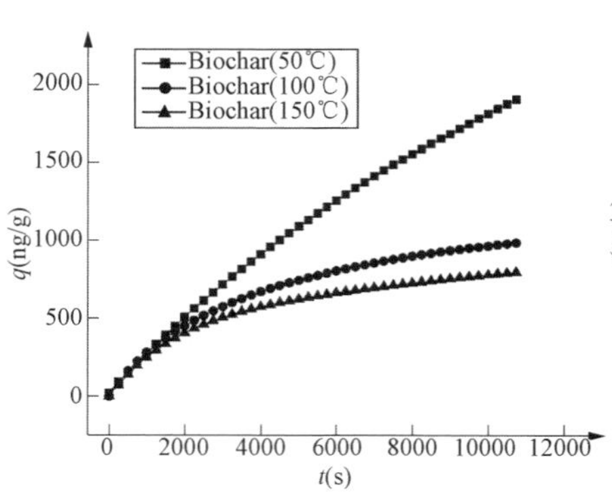

图4-28 不同吸附温度条件下未改性生物焦样品的累积汞吸附量

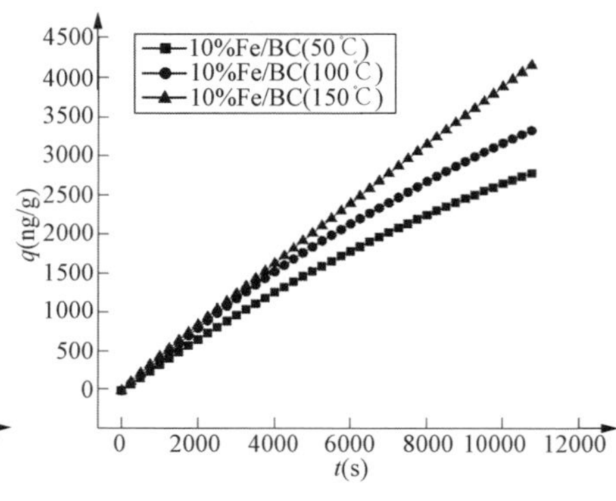

图4-29 不同吸附温度条件下10%Fe/BC样品的累积汞吸附量

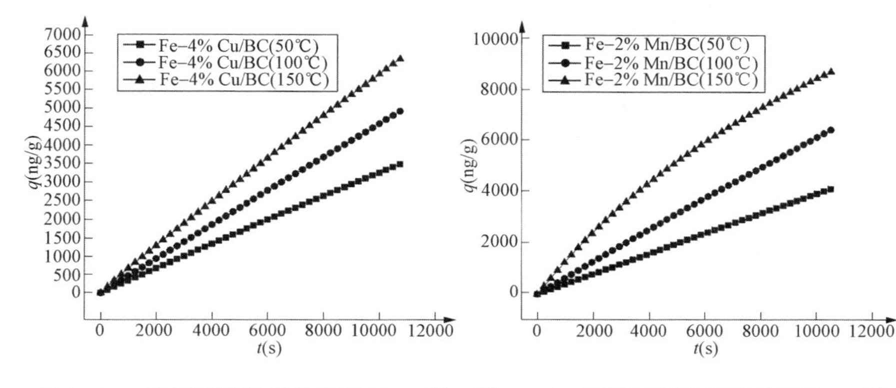

图 4-30　不同吸附温度条件下 Fe-4% Cu/BC 样品的累积汞吸附量　　图 4-31　不同吸附温度条件下 Fe-2% Mn/BC 样品的累积汞吸附量

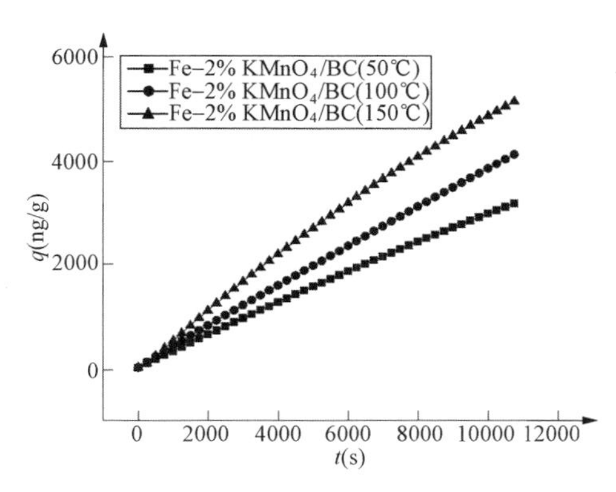

图 4-32　不同吸附温度条件下 Fe-2% $KMnO_4$/BC 样品的累积汞吸附量

改性后生物焦样品的累积汞吸附量随着烟气温度的升高而不断增长，说明升高烟气温度有利于提高改性生物焦样品的汞吸附性能，通过吸附动力学研究可得，改性后生物焦样品对 Hg^0 的吸附以化学吸附为主，而吸附温度越高，不仅可以增加活化分子数目，同时可以降低改性生物焦样品与单质汞反应的能量壁垒，为化学吸附的发生提供足够的活化能，进而促进了样品对汞的化学吸附效果；同时，对于改性生物焦样品，由于温度升高所导致的对物理吸附过程的抑制作用远小于对化学吸附过程的促进作用，进而整体表现为汞吸附性能随着烟气温度的升高逐渐增强。

以上结果表明，改性过程不仅可以大幅提高生物焦的脱汞效率，还可扩宽生物焦的脱汞温度窗口，改性后生物焦能够在更宽的温度范围内保持较高的汞吸附特性，有利于其工业实际应用。

4.10.2 吸附气氛对生物焦汞吸附特性的影响

4.10.2.1 O_2对生物焦汞吸附特性的影响

O_2对生物焦汞吸附特性的影响如图 4-33～图 4-37 所示。所有样品的汞吸附性能均随着 O_2 浓度的升高而得到提升，这是由于一方面 O_2 可以促进生物焦表面与 Hg^0的异相反应；另一方面，O_2可以补充生物焦表面的含氧官能团在吸附 Hg^0 过程中所消耗的氧原子，或者与不饱和碳原子发生反应，产生新的羧基、羰基或碳氧络合物，形成丰富的活性吸附位点，进而促进对单质汞的吸附。另外，对于改性生物焦样品，氧气还可以补充汞吸附过程中所消耗的晶格氧，并且样品表面的活性晶格会在 O_2作用下发生再氧化，从而生成更稳定的汞的化合物。

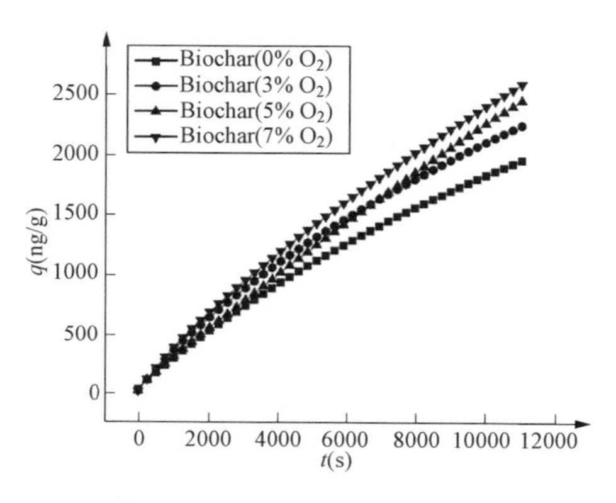

图 4-33 不同 O_2浓度条件下未改性生物焦样品的累积汞吸附量

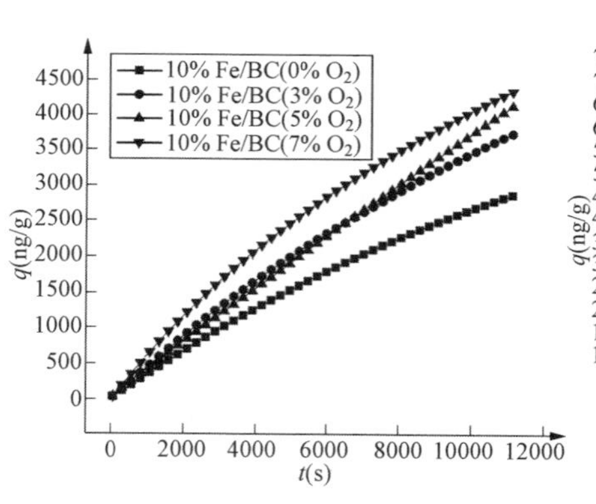

图 4-34 不同 O_2浓度条件下 10% Fe/BC 样品的累积汞吸附量

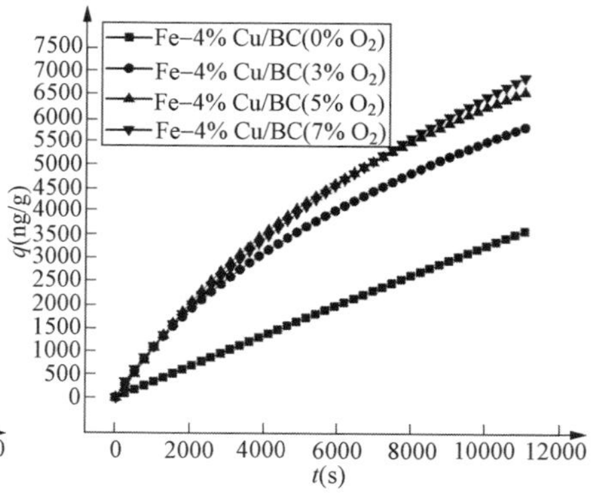

图 4-35 不同 O_2浓度条件下 Fe-4% Cu/BC 样品的累积汞吸附量

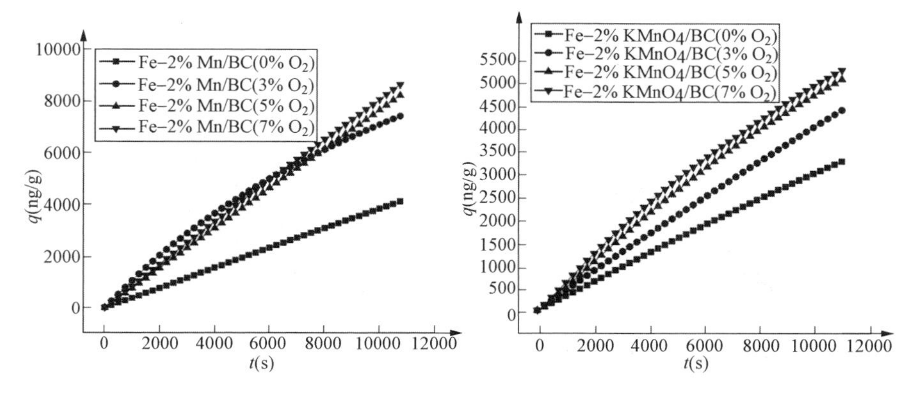

图 4-36　不同 O_2 浓度条件下 Fe-2% Mn/BC 样品的累积汞吸附量

图 4-37　不同 O_2 浓度条件下 Fe-2% $KMnO_4$/BC 样品的累积汞吸附量

4.10.2.2　CO_2 对生物焦汞吸附特性的影响

CO_2 对生物焦汞吸附特性的影响如图 4-38～图 4-42 所示。结果表明，CO_2 对生物焦汞吸附性能的促进作用较强。这是因为 Hg^0 与 CO_2 之间不会发生竞争吸附；同时，CO_2 作为非极性分子，在 Hg^0 吸附过程中可以通过色散力与生物焦表面的碳原子发生相互作用，使其转变为极性分子，进而促进生物焦对单质汞的吸附。

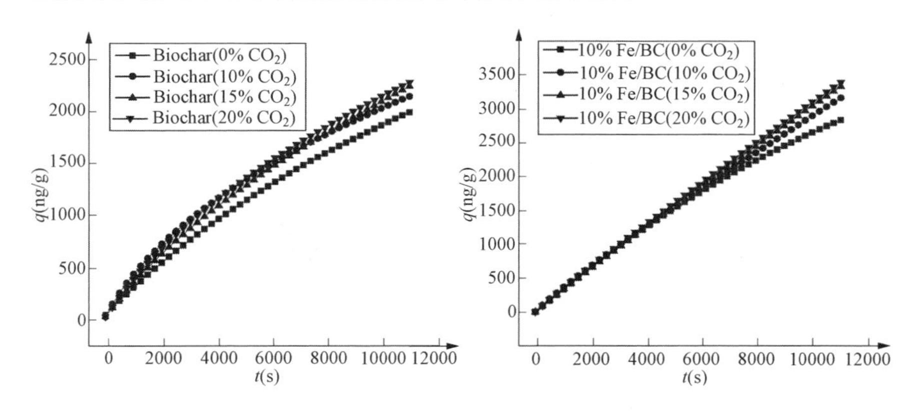

图 4-38　不同 CO_2 浓度条件下未改性生物焦样品的累积汞吸附量

图 4-39　不同 CO_2 浓度条件下 10% Fe/BC 样品的累积汞吸附量

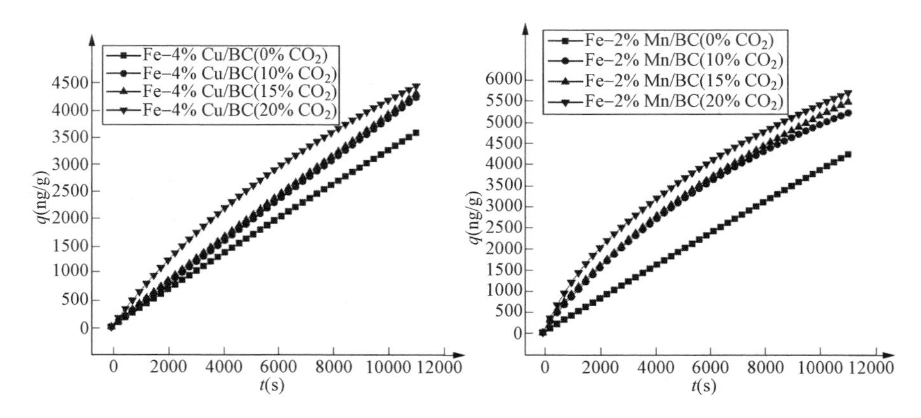

图 4-40 不同 CO_2 浓度条件下 Fe-4% Cu/BC 样品的累积汞吸附量

图 4-41 不同 CO_2 浓度条件下 Fe-2% Mn/BC 样品的累积汞吸附量

4.10.2.3 SO_2 对生物焦汞吸附特性的影响

SO_2 对生物焦汞吸附特性的影响如图 4-43～图 4-47 所示。随着 SO_2 浓度的升高，生物焦样品的汞吸附性能均有所下降。这是因为 SO_2 吸附气氛条件下，在生物焦对单质汞的吸附过程中，SO_2 会与 Hg^0 发生竞争吸附，进而导致样品对单质汞的吸附性能大幅下降。

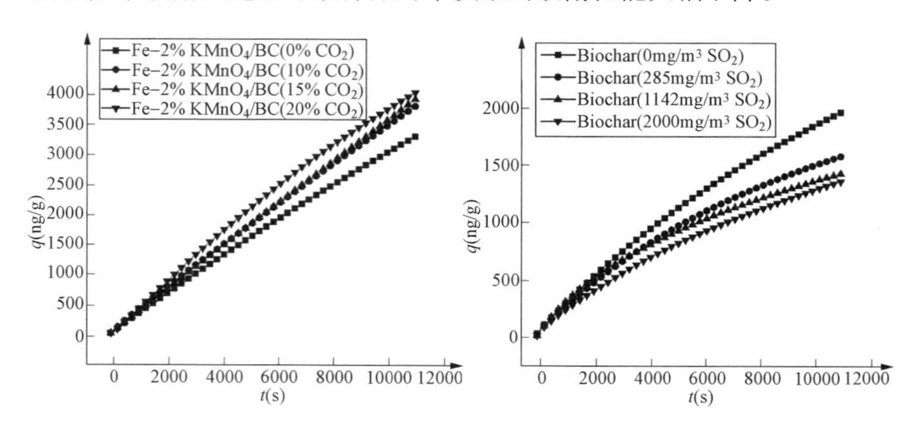

图 4-42 不同 CO_2 浓度条件下 Fe-2% $KMnO_4$/BC 样品的累积汞吸附量

图 4-43 不同 SO_2 浓度条件下未改性生物焦样品的累积汞吸附量

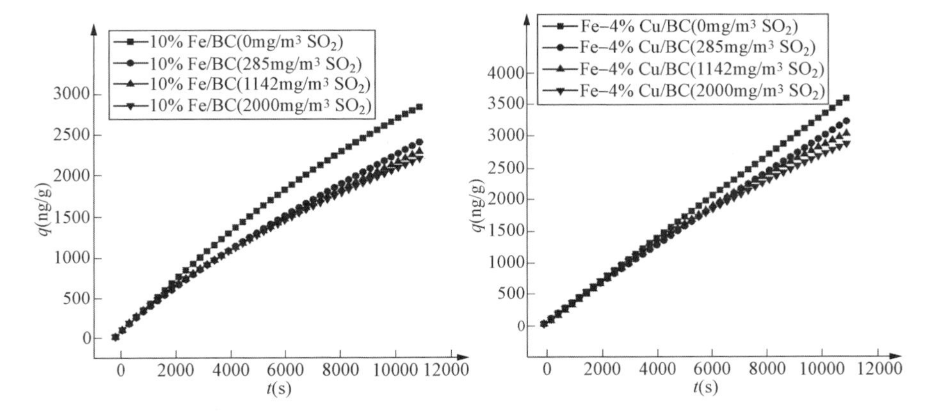

图 4-44 不同 SO_2 浓度条件下 10% Fe/BC 样品的累积汞吸附量

图 4-45 不同 SO_2 浓度条件下 Fe-4% Cu/BC 样品的累积汞吸附量

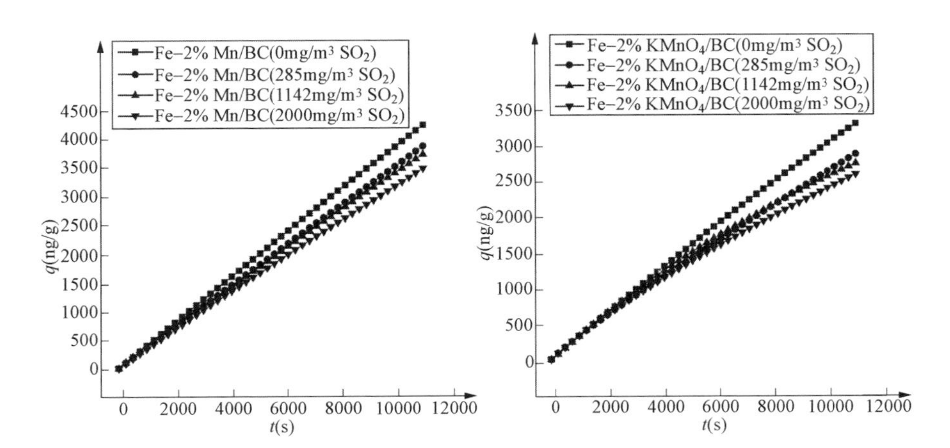

图 4-46 不同 SO_2 浓度条件下 Fe-2% Mn/BC 样品的累积汞吸附量

图 4-47 不同 SO_2 浓度条件下 Fe-2% $KMnO_4$/BC 样品的累积汞吸附量

4.10.2.4 HCl 对生物焦汞吸附特性的影响

HCl 吸附气氛对生物焦汞吸附特性的影响如图 4-48～图 4-52 所示。HCl 对所有样品的汞吸附性能均起促进作用，这是因为一方面部分 Hg^0 会被 HCl 氧化，进而被吸附到生物焦的表面和内部；另一方面被吸附在生物焦表面的 HCl，可以增加样品表面的活性位点数量，进一步增强生物焦对 Hg^0 的吸附作用。其中，HCl 对 Fe-2%Mn/BC 样品的促进效果最显著，主要由于其官能团含量较高，且孔隙结构发达，可以为 HCl 的氧化作用提供更多的活性位点；同理，HCl 对未改性样品的促进效果有限，这是因为样品的孔隙结构较差且官能团数量较少。

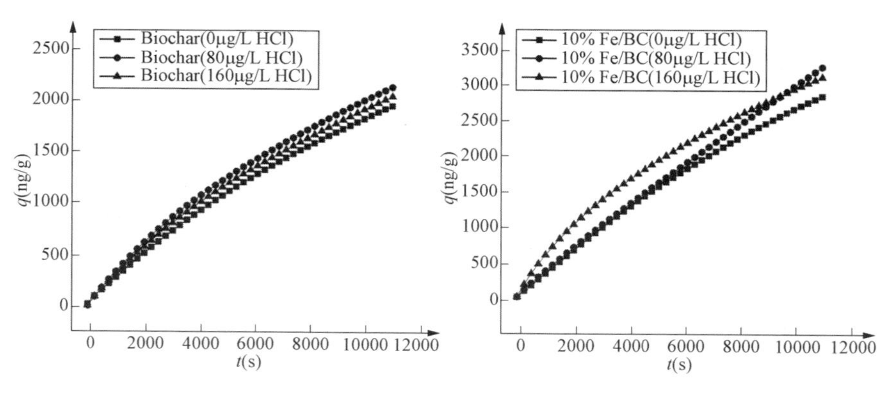

图 4-48 不同 HCl 浓度条件下未改性生物焦样品的累积汞吸附量

图 4-49 不同 HCl 浓度条件下 10% Fe/BC 样品的累积汞吸附量

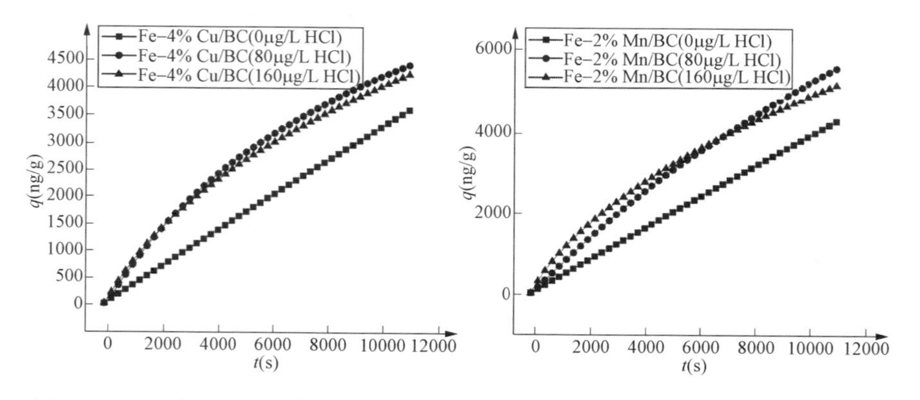

图 4-50 不同 HCl 浓度条件下 Fe-4% Cu/BC 样品的累积汞吸附量

图 4-51 不同 HCl 浓度条件下 Fe-2% Mn/BC 样品的累积汞吸附量

当 HCl 浓度为 80μg/L 时，对生物焦汞吸附的促进作用较强，这是因为随着 HCl 浓度的增加，化学反应速率加快，生成和被吸附的汞的氯化物增多，同时汞的吸附效率增加；然而，随着反应的进行，生物焦表面会被逐渐覆盖包裹，导致有效吸附空间急剧减少，吸附能力降低，进而影响样品对 Hg^0 的吸附效率及性能。

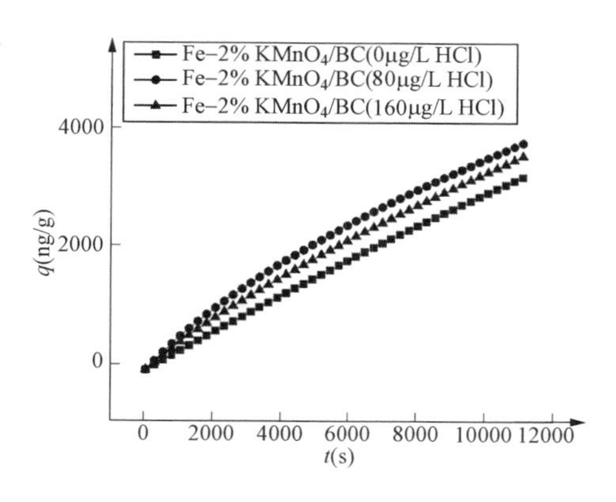

图 4 - 52　不同 HCl 浓度条件下 Fe - 2% $KMnO_4$/BC 样品的累积汞吸附量

4.11　吸附机理研究

4.11.1　程序升温脱附研究

根据前文研究结果，Hg^0 在生物焦表面的吸附过程中，一部分单质汞会发生物理吸附，形成 Hg^0_{ph}；另一部分则发生化学吸附，反应生成不同种类的有机汞（Hg - OM）或氧化汞（HgO），所以这些通过不同方式所吸附的汞是以一种混合形式赋存在生物焦表面，而且不同吸附方式中生物焦对汞的吸附结合能不同，其中物理吸附的汞一般可在较低温度脱附，化学吸附的汞则需要较高温度。在程序升温脱附过程中生物焦通过物理作用所吸附的单质汞从 150℃左右开始脱除；化学吸附过程中，羧基和羰基与 Hg^0 进行异相反应生成的 Hg - OM 对应的脱附峰温度为 210℃左右，HgO 和 $HgCl_2$ 所对应的脱附峰温度分别为 300℃和 250℃左右。不同改性条件下生物焦吸附汞后的程序升温汞脱附结果如图 4 - 53 所示，由于在汞吸附脱附的平衡计算过程中会受到流速波动和测量误差的影响，所以汞平衡率在 70%～130% 范围内即表明实验结果具有准确性，而本章的脱附结果满足相关要求。

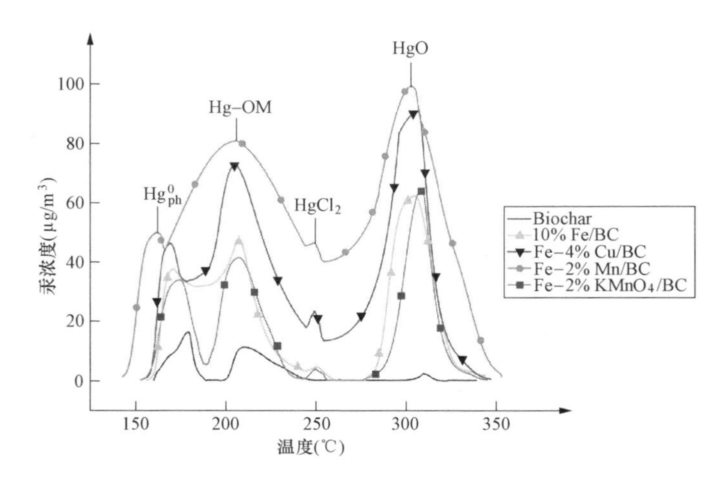

图 4-53　吸附汞后生物焦的 TPD 曲线

未改性生物焦样品在脱附过程中出现了三个独立的脱附峰，且脱附起始温度为 150℃左右，形成了明显的 Hg^0_{ph}脱附峰；同时由于样品表面含有相应利于汞吸附的官能团，所以在 210℃左右出现了 Hg-OM 的脱附峰，但峰值强度低于 Hg^0_{ph}脱附峰；310℃左右出现了强度较弱的 HgO 脱附峰，主要是由于部分 Hg-OM 在吸附过程中发生了重氧化。

相比未改性生物焦样品，改性生物焦样品的脱附起始温度均相应降低，这是因为孔隙结构得到了较大改善，利于汞由生物焦颗粒内向外的扩散传质过程，同时均出现了强度较弱的 $HgCl_2$脱附峰。而且不同种类改性样品的脱附过程差异较大：

（1）10%Fe/BC 样品相比改性前，表面的化学官能团较为丰富，所以生成的有机汞 Hg-OM 含量较多，且在 TPD 曲线中与 Hg^0_{ph}的脱附出现了部分重叠现象，但 Hg-OM 的脱附峰强度大于 Hg^0_{ph}；随后在 306℃左右出现了明显的 HgO 脱附峰，且峰值强度大于 Hg-OM 和 Hg^0_{ph}。

（2）Fe-4%Cu/BC 样品的脱附峰均互相重叠，且 Hg^0_{ph}与 Hg-OM 的脱附峰强度在增强的同时，重叠现象也进一步加剧，形成了较窄的肩峰，这是因为样品的孔隙结构和表面官能团含量均得到进一步改善；由于Fe和Cu在脱除Hg^0方面所起到的协同作用，HgO脱附峰的强度也得到较大增强。

（3）Fe-2%Mn/BC样品的脱附峰形状与Fe-4%Cu/BC样品类似，其中Hg^0_{ph}与Hg-OM脱附所形成的肩峰更窄，而且Hg^0_{ph}、Hg-OM和HgO的脱附峰强度均大于其他样品。

（4）Fe-2%$KMnO_4$/BC样品的脱附峰形状与10%Fe/BC样品类似，但重叠区域较小，不够明显，而且Hg-OM和Hg^0_{ph}的脱附峰强度较小；HgO的脱附峰强度则大于10%Fe/BC样品，这是由于$KMnO_4$的强氧化性所致。

因此可以说明，在不同改性条件下，汞的赋存形态不同，其中未改性生物焦对Hg^0的主要吸附产物为Hg^0_{ph}；对于改性生物焦，HgO和Hg-OM则为被吸附Hg^0的主要赋存形式，表明改性过程对生物焦Hg^0的化学吸附有明显的促进作用。

4.11.2 生物焦对单质汞的吸附机理研究

在程序升温脱附过程中，改性生物焦样品所吸附的汞经历了解吸脱附过程，为吸附的逆过程，基于活性位点吸附机理和Mars-Maessen反应机理，可以获得改性生物焦的汞脱除机理，如图4-54所示，其中，Hg^0的脱除是吸附与氧化共同作用的结果。

改性生物焦对Hg^0的吸附过程主要包括物理和化学吸附，其中在物理吸附过程中，Hg^0与生物焦表面接触，发生碰撞，进而通过范德华力（包括色散力、静电力等）吸附在生物焦表面和孔隙结构中；化学吸附则主要通过“活性位点”发生，生物焦表面所存在的“活性位点”主要包含表面化学官能团和离子空位。

被吸附的Hg^0在后续所发生的氧化过程中，生物焦表面的官能团、晶格氧、化学吸附氧、卤素成分以及金属氧化物或离子都发挥了作用：

（1）以羰基和羧基为主的表面化学官能团会将部分Hg^0氧化为HgO或Hg-OM。

（2）改性生物焦表面的晶格氧会对Hg^0进行氧化，生成汞的氧

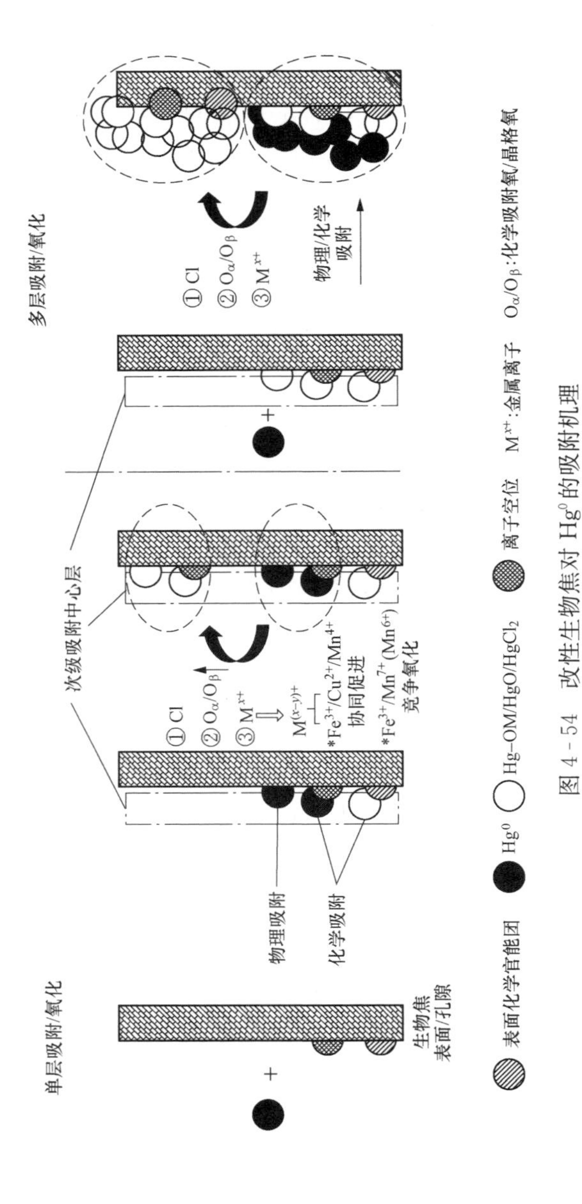

图 4-54 改性生物焦对 Hg^0 的吸附机理

化物，所被消耗的晶格氧可以通过 Fe_2O_3 和 MnO_2 等得到补充，其中 Fe_2O_3 和 CuO（以及 MnO_2 和 Fe_2O_3）双金属氧化物在脱除 Hg^0 方面可以起到协同作用，如式（4-11）～式（4-15）所示。

（3）同时，改性生物焦表面的化学吸附氧作为较活跃的氧的种类，也在氧化反应中起重要作用。由于改性生物焦表面的 $O_\alpha/(O_\alpha+O_\beta)$ 比例相对较高，进一步说明生物焦表面具有高氧化活性，利于对 Hg^0 的吸附。

（4）改性生物焦所负载的高价金属离子对 Hg^0 也具有一定的氧化作用，然而由于 Mn^{7+} 和 Mn^{6+} 的氧化性过强，甚至会与 Fe^{3+} 发生对 Hg^0 的“竞争氧化”。

（5）在上述氧化过程中，Hg^0 与 Cl（包括离子态和分子态）在生物焦表面也会发生反应，最终生成部分 $HgCl_2$。这部分 $HgCl_2$ 含量较少，主要由于改性生物焦中金属氧化物对 Hg^0 的氧化起主要作用，尤其对于 Fe-4%Cu/BC 和 Fe-2%Mn/BC 样品。卤素则主要通过增加金属氧化物中的晶格氧含量，达到促进 Hg^0 催化氧化的作用，与 Dunham[21] 和 Ghorishi[22] 的研究结果一致。并且基于催化氧化理论（Deacon 反应过程、Mars-Maessen 机理、Langmuir-Hinshelwood 机理和 Eley-Rideal 机理[23-26]）可知，Hg^0 与 Cl 发生反应需要越过的能垒更高。同时，卤化盐易于在 150～200℃温度范围内发生分解，影响改性效果，而改性生物焦在制备过程中，均于 600℃温度条件下热解 10min，所以 HgO 和 Hg-OM 是汞在改性生物焦表面的主要赋存形态。

$$Hg^0 + AC - surface \longrightarrow Hg^0(ad) \tag{4-11}$$

$$Fe_2O_3 \longrightarrow 2FeO + O \tag{4-12}$$

$$2CuO \longrightarrow Cu_2O + O \tag{4-13}$$

$$Hg^0(ad) + O \longrightarrow HgO(ad) \tag{4-14}$$

$$Cu_2O + O \longrightarrow 2CuO \tag{4-15}$$

当 Hg^0 被吸附和氧化后，形成单层或多层的“次级吸附中心层”，其他 Hg^0 可以进一步吸附在“次级吸附中心层”外，进而被氧化，每一层之间都具有一定的能量差。生物焦孔隙结构越发达，孔体积越大，越利于多层吸附的发生。当脱附温度较低时，还不足以破坏范德华力，只能使得吸附在生物焦最外层表面的小部分汞脱离，当温度继续升高，这种物理吸附被完全破坏，并伴随着化学吸附中相关吸附键的断裂，生物焦中大部分汞脱附，因此生物焦中汞的脱附过程是在一个温度段中持续进行。同时随着化学活性位点在相应温度的破坏，“次级吸附中心层”也随之消失。由于没有多层吸附作用，其他通过物理吸附的汞随之脱附。

4.12 小结

本章通过化学沉淀法制备以生物焦为载体的铁基复合吸附剂，主要包括未掺杂其他金属的单铁基负载改性生物焦，以及基于铁基负载第二金属（Cu、Mn）的改性生物焦。在获得改性生物焦的 Hg^0 吸附特性基础上，利用 X 射线衍射仪、热重分析仪、低温 N_2 吸附脱附仪、扫描电镜、能谱仪、X 射线光电子能谱分析仪和傅里叶变换红外光谱仪研究铁基改性生物焦的物质组成、晶相结构、热解特性、孔隙结构、微观形貌、元素价态和表面化学特性等，对金属改性负载量的影响以及吸附过程中生物焦与所负载改性物质、不同负载金属自身之间的相互作用进行研究。同时结合其吸附动力学过程，利用程序升温脱附技术，探究改性生物焦的 Hg^0 吸附机理，所获得的主要结果如下：

（1）改性后生物焦的 Hg^0 吸附能力显著增强，其中 Fe-2%Mn/BC 样品的单位累积汞吸附量最大（4141ng/g）。对于通过 $FeCl_3$、$Mn(CH_3COO)_2$ 和 $CuSO_4$ 改性方式所获得的改性生物焦样品，随着负载量的增大，样品的汞吸附性能也呈现先增强再减弱的趋势，其中，10% Fe/BC、Fe-4%Cu/BC 和 Fe-2%Mn/BC 样品的汞吸附性能分别高于其所对应改性方式中的其他负载量制备条件。随着 $KMnO_4$ 负载量的增加，所获得的改性生物焦样品的汞吸附性能逐渐减弱。

（2）改性导致生物焦的石墨化程度降低，Fe-2%$KMnO_4$/BC 样品的微晶结构朝无序方向转变的程度最大。改性生物焦中存在金属单质和相应的多种形式的金属氧化物。Fe-4%Cu/BC 和 Fe-2%Mn/BC

样品的结晶尺寸相比未改性生物焦明显减小，同时生成了具有尖晶石结构的 $CuFe_2O_4$（铜铁氧化物）和 $MnFe_2O_4$（锰尖晶石），并在生物焦表面形成大量阳离子空位，利于 Hg^0 的吸附。

（3）相比未改性生物质，改性生物质的热解过程更加剧烈和充分。掺杂 Cu 和 Mn 后的改性生物质会在 600℃后出现一个较为明显的失重峰，这是由于样品表面的 $CuSO_4$、$Mn(CH_3COO)_2$、$KMnO_4$ 和 K_2MnO_4 会发生相应分解反应。

（4）改性后生物焦样品的 BET 比表面积、累积孔体积和孔隙丰富度均获得了不同程度的提升，Fe - 2%Mn/BC 样品的 BET 比表面积、累积孔体积和孔面积最大。经 $KMnO_4$ 改性后所获得的样品，孔隙结构较差。除了 Fe - $KMnO_4$/BC 样品，其他改性样品随着负载量的增加，孔隙结构参数均呈现先增高后减小的趋势。10%Fe/BC、Fe - 4%Cu/BC、Fe - 2%Mn/BC 和 Fe - 2%$KMnO_4$/BC 样品的孔隙结构参数优于其所对应改性方式中的其他负载量制备条件。

（5）改性生物焦表面的羰基、羧基含量增加，其中 Fe - 2%Mn/BC 样品表面的羧基含量较高。改性后生物焦表面出现了金属配位羟基官能团（M - OH），而且 Fe - 2%Mn/BC 和 Fe - 4%Cu/BC 样品的 M - OH 含量高于其他改性样品。

（6）改性后生物焦样品对单质汞的吸附过程中，控速步骤为化学吸附，且准一级速率常数 k_1、准二级速率常数 k_2 以及颗粒内扩散速率常数 k_{id} 均得到显著提升。

（7）不同改性条件下，汞在生物焦表面的赋存形态不同，其中未改性生物焦对 Hg^0 的主要吸附产物为 Hg^0_{ph}；对于改性生物焦，HgO 和 Hg - OM 则为被吸附 Hg^0 的主要赋存形式，改性过程对生物焦 Hg^0 的化学吸附有明显的促进作用。Hg^0 的脱除是吸附与氧化共同作用的结果，被吸附的 Hg^0 在进而所发生的氧化过程中，生物焦表面的官能团、晶格氧、化学吸附氧、卤素成分以及金属氧化物或离子都发挥了作用，Fe_2O_3 和 CuO（以及 MnO_2 和 Fe_2O_3）双金属氧化物在脱除 Hg^0 方面起到协同作用；Mn^{7+} 和 Mn^{6+} 由于自身的氧化性过强，会与 Fe^{3+}

发生对 Hg^0 的“竞争氧化”。当 Hg^0 被吸附和氧化后，形成单层或多层的“次级吸附中心层”，其他 Hg^0 可以进一步吸附在“次级吸附中心层”外，进而被氧化。

参考文献

[1] Zeng H，Feng J，Guo J. Removal of elemental mercury from coal combustion flue gas by chloride - impregnated activated carbon [J] . Fuel，2004，83 (1)：143 - 146.

[2] Lee S S，Lee J Y，Keener T C. The effect of methods of preparation on the performance of cupric chloride - impregnated sorbents for the removal of mercury from flue gases [J] . Fuel，2009，88 (10)：2053 - 2056.

[3] Li Z，Yangwen W，Jian H，et al. Mechanism of mercury adsorption and oxidation by oxygen over the CeO_2 (111) surface：a DFT study [J] . Materials，2018，11 (4)：485 - 498.

[4] Rensheng C，Mingyi F，Jiwei H，et al. Optimizing low - concentration mercury removal from aqueous solutions by reduced graphene oxide - supported Fe_3O_4 composites with the aid of an artificial neural network and genetic algorithm [J]. Materials，2017，10 (11)：1279 - 1296.

[5] Rouzaud J N，Oberlin A. Structure，microtexture，and optical properties of anthracene and saccharose - based carbons [J] . Carbon，1989，27 (4)：517 - 529.

[6] Wu L，Zhu Y. Structural Characteristics of Coal Vitrinite during Pyrolysis [J]. Energy & Fuels，2014，28 (6)：3645 - 3654.

[7] Bao - guo Fan，Li Jia，Ben Li，et al. Study on desulfurization performances of magnesium slag with different hydration modification [J] . Journal of Material Cycles and Waste Management，2018，20 (3)：1771 - 1780.

[8] Sonibare O O，Haeger T，Foley S F. Structural characterization of Nigerian coals by X - ray diffraction，Raman and FTIR spectroscopy [J] . Energy，2010，35 (12)：5347 - 5353.

[9] Chen G，Zhou M，Catanach J，et al. Solvothermal route based in situ carbonization to Fe_3O_4@C as anode material for lithium ion battery [J] . Nano Energy，2014，8 (6)：126 - 132.

[10] Feng B, Bhatia S K, Barry J C. Structural ordering of coal char during heat treatment and its impact on reactivity [J] . Carbon, 2002, 40 (4): 481 - 496.

[11] Jiménez - Cordero D, Heras F, Gilarranz M A, et al. Grape seed carbons for studying the influence of texture on supercapacitor behaviour in aqueous electrolytes [J] . Carbon, 2014, 71 (7): 127 - 138.

[12] Jimenez - Cordero D, Heras F, Alonso - Morales N, et al. Preparation of granular activated carbons from grape seeds by cycles of liquid phase oxidation and thermal desorption [J] . Fuel Processing Technology, 2014, 118 (1): 148 - 155.

[13] Heras F, Alonsomorales N, Jimenezcordero D, et al. Granular Mesoporous Activated Carbons from Waste Tires by Cyclic Oxygen Chemisorption - Desorption [J] . Industrial & Engineering Chemistry Research, 2012, 51 (6): 2609 - 2614.

[14] Jimenez - Cordero D, Heras F, Alonso - Morales N, et al. Development of porosity upon physical activation of grape seeds char by gas phase oxygen chemisorption - desorption cycles [J] . Chemical Engineering Journal, 2013, 231 (17): 172 - 181.

[15] Murakami K, Shirato H, Ozaki J I, et al. Effects of metal ions on the thermal decomposition of brown coal [J] . Fuel Processing Technology, 1996, 46 (3): 183 - 194.

[16] Xu W C, Tomita A. The effects of temperature and residence time on the secondary reactions of volatiles from coal pyrolysis [J] . Fuel Processing Technology, 1989, 21 (1): 25 - 37.

[17] Öztaş N A, Yürüm Y. Pyrolysis of Turkish Zonguldak bituminous coal. Part 1. Effect of mineral matter [J] . Fuel, 2000, 79 (10): 1221 - 1227.

[18] Sathe C, Pang Y Y, Li C Z. Effects of Heating Rate and Ion - Exchangeable Cations on the Pyrolysis Yields from a Victorian Brown Coal [J] . Energy & Fuels, 1999, 13 (3): 748 - 755.

[19] Hua B T, Fang L, Chen J, et al. Identification of Surface Reactivity Descriptor for Transition Metal Oxides in Oxygen Evolution Reaction [J] . Journal of the American Chemical Society, 2016, 138 (31): 9978 - 9985.

[20] Serre S D, Gullett B K, Ghorishi S B. Entrained - flow adsorption of mercury

using activated carbon [J] . Journal of the Air & Waste Management Association, 2001, 51 (5): 733 - 741.

[21] Dunham G E, Dewall R A, Senior C L. Fixed - bed studies of the interactions between mercury and coal combustion fly ash [J] . Fuel Processing Technology, 2003, 82 (2): 197 - 213.

[22] Ghorishi S B, Lee C W, Jozewicz. Effects of fly ash transition metal content and flue gas HCl/SO ratio on mercury speciation in waste combustion [J]. Environmental Engineering Science, 2015, 22 (2): 221 - 231.

[23] Niksa S, Fujiwara N. Predicting extents of mercury oxidation in coal - derived flue gases [J] . Journal of the air & waste management association, 2005, 55 (7): 930 - 939.

[24] Pan H Y, Minet R G, Benson S W, et al. Process for Converting Hydrogen Chloride to Chlorine [J] . Industrial & Engineering Chemistry Research, 1994, 33 (12): 2996 - 3003.

[25] Granite E J, And H W P, Hargis R A. Novel Sorbents for Mercury Removal from Flue Gas [J] . Industrial & Engineering Chemistry Research, 2011, 39 (4): 1020 - 1029.

[26] Sheng H, Zhou J, Zhu Y, et al. Mercury Oxidation over a Vanadia - based Selective Catalytic Reduction Catalyst [J] . Energy & Fuels, 2009, 23 (1): 253 - 259.

第5章

多元金属定向修饰生物焦的单质汞脱除/再生特性及机理研究

目前通过负载金属离子或氧化物提升吸附剂汞脱除性能的改性研究已引起广泛关注。研究发现 CuO、Fe_2O_3、MnO_2、Co_3O_4、CeO_2等过渡金属氧化物对 Hg^0 均表现出了良好的脱除性能。在此基础上，也有研究者基于单金属负载改性条件，掺杂多元金属氧化物进行改性，利用多种金属之间形成的协同作用，进一步强化吸附剂的脱除能力[1-4]，其中，锰-铈基复合型吸附剂因在低温条件下（小于 300℃）脱汞活性良好且储氧能力优异而受到关注；但是，随着负载量的提高，活性金属会出现团聚和结晶的现象，从而限制了吸附剂脱汞性能的进一步提高[5,6]。如果能将生物质经过预处理，使其表面产生足够数量的可供多元金属掺杂的活性位，可以一方面基于溶胶凝胶法，在利用铁基盐溶液对生物质进行单铁基改性的基础上，进行多元金属的多层负载，形成核壳型的功能化铁基改性生物质；另一方面基于共沉淀法，将所获得的改性生物质作为前驱体进行热解煅烧，进而将多元金属多层负载与生物质热解制焦过程进行整合，最终在选择特定组分进行结构设计的基础上，获得经济高效的掺杂多元金属铁基改性生物焦烟气脱汞剂。

因此，以生物焦为载体，通过多元金属多层负载等功能化手段处理后可获得高效廉价的脱汞吸附剂，该方法不受煤种和燃烧工况的限制，具有广阔的应用前景。但是，尚有很多研究工作需要深入，例如需要探明改性条件对汞脱除性能和理化性质的定量关联和影响机制，明晰多元金属相应的协同耦合作用机制等。另外，制备过程中金属盐溶液种类与掺杂量对金属离子的分散和锚定的影响等相关机理仍有待揭示。

另外，现阶段各种脱汞吸附剂均尚未实现循环利用，为了兼顾脱汞性能和经济成本，研发效果优异的可循环再生吸附剂成为必然趋势，然而针对影响吸附剂能否实际应用的重要评价指标 - 再生性，相关研究较少。同时热解法作为目前应用最广泛、技术最成熟的再生方法，通过将失活吸附剂在高温下加热，使赋存在生物焦表面的汞的化合物分解释放，从而使被覆盖的失效活性位得到暴露。现阶段针对碳基吸附剂主要利用卤素试剂进行改性，通过不可逆的化学吸附作用实现对汞的脱除，但是在再生脱附过程中，吸附剂表面的卤素活性基团容易消耗殆尽，造成循环脱除效率明显降低，因此卤素改性吸附剂不适合作为可再生脱汞剂。而且，对于掺杂金属改性的脱汞剂，所负载金属元素的价态在脱除 Hg^0 后会发生降低，伴随消耗表面晶格氧等活性组分，因而可以在低氧环境下针对吸附剂的再生过程补充活性氧，从而提高其循环效率。

本章在获得多元金属掺杂改性生物焦 Hg^0 脱除特性的基础上，利用多种表征分析手段研究样品的物质组成、晶相结构、热解特性、孔隙结构、微观形貌、元素价态和表面化学特性等，建立了改性生物焦理化性质与脱汞性能之间的构效关系。在识别生物焦吸附和氧化位点的同时，对前驱体制备与生物质热解、生物焦与所负载改性物质、不同负载金属自身之间的耦合作用机理及协同作用机制进行了研究，结合吸附动力学过程，利用程序升温脱附技术，揭示多元金属掺杂改性生物焦对 Hg^0 氧化和吸附过程之间的深层次差异性机理，以及 Hg^0 脱除过程的关键作用机制。另外，针对再生反应阶段中生物焦的深度碳化过程与吸附/氧化位点的修复过程之间所存在的竞争关系，探索了最优的再生条件，从而使样品具有了二次活化特性；同时在研究改性生物焦再生稳定性的基础上，揭示了再生样品的脱汞及再生机理，进而实现了改性生物焦可循环的高效脱汞。

5.1 样品的制备

结合前文的研究结果，选取核桃壳（WS）作为原料，利用破碎机和振筛机进行粒径分级，获得58～75μm粒径范围内的核桃壳生物质，并结合化学共沉淀法和溶胶凝胶法制备以生物焦为载体的铁基复合吸附剂。在进行铁基负载多元金属改性的过程中，所有样品中载体金属Fe的质量配比均为10%，并按照不同负载金属的质量配比条件分别称取对应的金属盐试剂［$FeCl_3 \cdot 6H_2O$、$Ce(NO_3)_3 \cdot 6H_2O$、$Co(NO_3)_2 \cdot 6H_2O$、$Mn(CH_3COO)_2 \cdot 4H_2O$、$CuSO_4 \cdot 5H_2O$］，其中，质量配比指各金属对应未改性生物质的质量占比，在获得各金属质量以及摩尔量的基础上，称取相同摩尔量的对应金属盐试剂。以制备Fe-5%Ce-1%Co/BC样品为例，总负载量为16%，且Fe、Ce和Co负载配比量（即质量配比关系）分别为10%、5%和1%。设未改性生物质样品为Dg，则Fe-5%Ce-1%Co/BC样品中Fe、Ce和Co的质量分别为xg、yg和zg（$x=10\%\times D$g；$y=5\%\times D$g；$z=1\%\times D$g）；对应所需的各金属盐试剂中，$FeCl_3 \cdot 6H_2O$试剂的质量为$270x/56$g，$Ce(NO_3)_3 \cdot 6H_2O$试剂的质量为$434y/140$g，$Co(NO_3)_2 \cdot 6H_2O$试剂的质量为$291z/59$g。将金属盐溶于提前配制完成的100mL无水乙醇与20mL去离子水的混合溶液中，并放入15g洗净干燥后的生物质，同时迅速加入15mL环氧丙烷，并滴入1mL的甲酰胺，使用玻璃棒进行搅拌，出现黑色絮状沉淀物质后，利用水浴箱维持恒温（40℃）24h；向所获得的凝胶状改性物质滴入体积配比为4∶1的正硅酸乙酯与乙醇的3.5mL混合溶液，之后利用磁力搅拌器（300r/min）搅拌24h，整个过程在水浴加热条件下（60℃）完成；在形成黑色胶体后，利用烘箱于70℃干燥24h，即得前驱体；最终将所获得的前驱体置于生物焦等温固定床制备实验系统中，在N_2气氛条件下热解10min后放入干燥器中完成掺杂多元金属改性生物焦样品的制备，且制备温度为800℃。改性过程中所用的试剂均为分析纯。

上述所获得的掺杂双金属的铁基改性生物焦样品记为 Fe-*A*%Ce-*B*%*M*/BC，其中 *A* 与 *B* 表示所掺杂金属的质量配比，即各金属的质量占比关系；*M* 表示所掺杂金属种类（Cu、Co、Mn）；BC 表示载体（生物焦）。同理，制备的掺杂单金属的改性样品用 Fe-*A*%M/BC 标记。另外，未改性生物焦样品记为 Biochar；单铁基改性样品记为 Fe/BC。多元金属定向修饰生物焦样品的改性制备条件及相应编号如表 5-1 所示。

表 5-1　多元金属定向修饰生物焦样品的制备条件

序号	改性试剂及用量（g）					样品编号
	试剂 A	试剂 B	试剂 C	试剂 D	试剂 E	
1	—	—	—	—	—	Biochar
2	—	—	—	—	7.25	Fe/BC
3	—	—	—	0.59	7.25	Fe-1%Cu/BC
4	—	—	—	1.17	7.25	Fe-2%Cu/BC
5	—	—	—	1.76	7.25	Fe-3%Cu/BC
6	—	—	—	2.34	7.25	Fe-4%Cu/BC
7	—	—	—	2.93	7.25	Fe-5%Cu/BC
8	—	—	—	3.51	7.25	Fe-6%Cu/BC
9	—	—	0.74	—	7.25	Fe-1%Co/BC
10	—	—	1.48	—	7.25	Fe-2%Co/BC
11	—	—	2.22	—	7.25	Fe-3%Co/BC
12	—	—	2.96	—	7.25	Fe-4%Co/BC
13	—	—	3.70	—	7.25	Fe-5%Co/BC
14	—	—	4.44	—	7.25	Fe-6%Co/BC
15	—	0.47	—	—	7.25	Fe-1%Ce/BC
16	—	0.93	—	—	7.25	Fe-2%Ce/BC
17	—	1.40	—	—	7.25	Fe-3%Ce/BC

续表

序号	改性试剂及用量（g）					样品编号
	试剂 A	试剂 B	试剂 C	试剂 D	试剂 E	
18	—	1.86	—	—	7.25	Fe - 4%Ce/BC
19	—	2.33	—	—	7.25	Fe - 5%Ce/BC
20	—	2.79	—	—	7.25	Fe - 6%Ce/BC
21	0.68	—	—	—	7.25	Fe - 1%Mn/BC
22	1.34	—	—	—	7.25	Fe - 2%Mn/BC
23	2.00	—	—	—	7.25	Fe - 3%Mn/BC
24	2.67	—	—	—	7.25	Fe - 4%Mn/BC
25	3.34	—	—	—	7.25	Fe - 5%Mn/BC
26	4.01	—	—	—	7.25	Fe - 6%Mn/BC
27	—	0.47	3.70	—	7.25	Fe - 1%Ce - 5%Co/BC
28	—	0.93	2.96	—	7.25	Fe - 2%Ce - 4%Co/BC
29	—	1.40	2.22	—	7.25	Fe - 3%Ce - 3%Co/BC
30	—	1.86	1.48	—	7.25	Fe - 4%Ce - 2%Co/BC
31	—	2.33	0.74	—	7.25	Fe - 5%Ce - 1%Co/BC
32	—	0.47	—	2.93	7.25	Fe - 1%Ce - 5%Cu/BC
33	—	0.93	—	2.34	7.25	Fe - 2%Ce - 4%Cu/BC
34	—	1.40	—	1.76	7.25	Fe - 3%Ce - 3%Cu/BC
35	—	1.86	—	1.17	7.25	Fe - 4%Ce - 2%Cu/BC
36	—	2.33	—	0.59	7.25	Fe - 5%Ce - 1%Cu/BC
37	3.34	0.47	—	—	7.25	Fe - 1%Ce - 5%Mn/BC
38	2.67	0.93	—	—	7.25	Fe - 2%Ce - 4%Mn/BC
39	2.00	1.40	—	—	7.25	Fe - 3%Ce - 3%Mn/BC
40	1.34	1.86	—	—	7.25	Fe - 4%Ce - 2%Mn/BC
41	0.67	2.33	—	—	7.25	Fe - 5%Ce - 1%Mn/BC

注　试剂 A 为 $Mn(CH_3COO)_2 \cdot 4H_2O$；试剂 B 为 $Ce(NO_3)_3 \cdot 6H_2O$；试剂 C 为 $Co(NO_3)_2 \cdot 6H_2O$；试剂 D 为 $CuSO_4 \cdot 5H_2O$；试剂 E 为 $FeCl_3 \cdot 6H_2O$。

5.2 汞脱除性能研究

为了获得改性过程中掺杂金属种类、掺杂方式、负载配比等因素与改性生物焦 Hg^0 脱除特性之间的定量关联机制，对生物焦样品的汞脱除特性进行了研究，进而为探究生物焦理化性质与脱汞性能之间的构效关系提供基础，结果如图 5-1 所示。在研究过程中，采用累积脱汞量和累积脱汞效率作为性能评价指标，用于研究生物焦吸附剂的脱汞性能，其中，累积脱汞量包括累积总脱除量（E_T，单位为 ng）、累积吸附量（E_{ads}，单位为 ng）和累积氧化量（E_{oxi}，单位为 ng），如式（5-1）～式（5-3）所示；累积脱汞效率包括累积总脱除效率（E_{T-a}，单位为%）、累积吸附效率（E_{ads-a}，单位为%）和累积氧化效率（E_{oxi-a}，单位为%），如式（5-4）～式（5-6）所示。

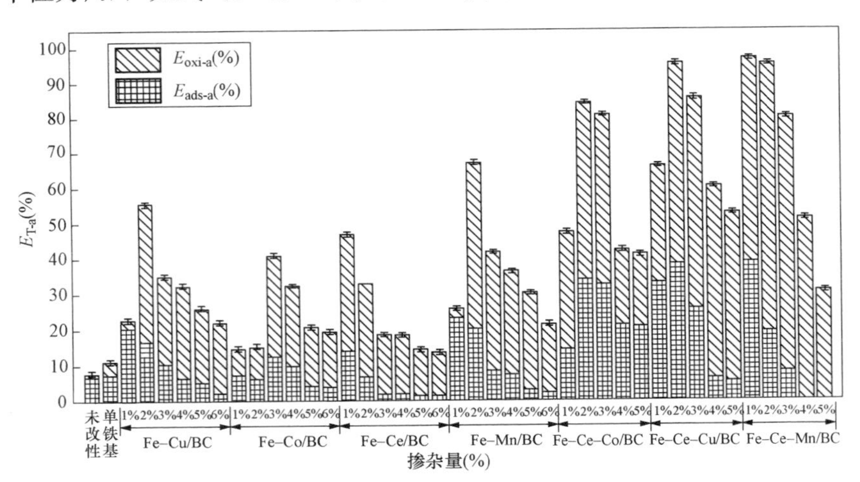

图 5-1　掺杂多元金属铁基改性生物焦的 Hg^0 脱除特性

$$E_T = \sum Hg_{in}^0 - \sum Hg_{out}^0 \tag{5-1}$$

$$E_{ads} = \sum Hg_{in}^0 - \sum Hg_{out}^T \tag{5-2}$$

$$E_{oxi} = \sum Hg_{out}^T - \sum Hg_{out}^0 \tag{5-3}$$

$$E_{T-a} = \frac{\sum Hg_{in}^{0} - \sum Hg_{out}^{0}}{\sum Hg_{in}^{0}} \times 100\% \tag{5-4}$$

$$E_{ads-a} = \frac{\sum Hg_{in}^{0} - \sum Hg_{out}^{T}}{\sum Hg_{in}^{0}} \times 100\% \tag{5-5}$$

$$E_{oxi-a} = \frac{\sum Hg_{out}^{T} - \sum Hg_{out}^{0}}{\sum Hg_{in}^{0}} \times 100\% \tag{5-6}$$

式中 $\sum Hg_{in}^{0}$——反应时间内固定床进口处的 Hg^0 累积量，ng；

$\sum Hg_{out}^{0}$——反应时间内固定床出口处的 Hg^0 累积量，ng；

$\sum Hg_{out}^{T}$——反应时间内固定床出口处的 Hg^T（总汞含量，即不同价态汞的总量）累积量，ng。

研究发现不同制备条件下的生物焦 Hg^0 脱除特性差异较大，说明样品的 Hg^0 脱除过程遵循着不同的反应机理，其中，未改性生物焦对 Hg^0 的脱除过程是在以吸附作用为主的前提下，伴随着极小部分的氧化过程；而相比之下，在单铁基改性生物焦样品的 Hg^0 脱除过程中，吸附作用与氧化作用则较为接近。基于铁基改性条件，掺杂其他金属后所获得生物焦样品的 Hg^0 脱除性能均获得了显著提升，而且掺杂双金属改性样品的 Hg^0 脱除性能整体优于掺杂单金属的改性样品，其中不同改性条件下所获得样品的脱除性能由强到弱依次为 Fe-Ce-Mn/BC、Fe-Ce-Cu/BC、Fe-Ce-Co/BC、Fe-Mn/BC、Fe-Cu/BC、Fe-Ce/BC 和 Fe-Co/BC。

随着掺杂量的提升以及所掺杂金属种类的变化，不仅样品的脱汞性能随之发生较大改变，同时分别通过吸附与氧化作用所脱除的单质汞量也产生了较大变化。可以说明，通过多元金属掺杂的改性方式对生物焦 Hg^0 的吸附位与氧化位的数量及比例均产生了较大影响，不仅会影响到所负载改性物质的活性，同时还决定了吸附与氧化作用之间的主导关系，进而影响生物焦的整体 Hg^0 脱除特性：

（1）对于掺杂单金属的改性样品，随着掺杂量的升高，Hg^0 的吸附性能逐渐减弱，而氧化性能逐渐增强，进而生物焦样品对 Hg^0 的脱除过程发生了由“吸附为主”向“氧化为主”的转变。其中，对于 Fe-5%Ce/BC 和 Fe-6%Ce/BC 样品，通过氧化作用所脱除的 Hg^0 所占比例大于 90%，但是样品的整体脱除性能极差。

（2）对于通过掺杂双金属改性方式获得的样品中，Fe-Ce-Cu/BC 和 Fe-Ce-Mn/BC 系列样品的 Hg^0 氧化效率分别随着 Cu 和 Mn 掺杂量的增加而呈现整体不断上升的趋势，更多的 Hg^0 通过氧化作用被脱除。

以上可以说明在这两种掺杂改性方式下，Ce 与 Cu、Ce 与 Mn 在脱除过程中发挥了良好的协同作用。同时由于 Ce 的氧化性过强，容易导致因掺杂量超过阈值而发生活性物质团聚的现象，进而大幅降低生物焦的脱除性能，然而 Cu 与 Mn 可以增强 Ce 在样品表面的分散性，进而利于提升生物焦表面吸附位和氧化位的数量和活性。相比之下，对于 Fe-Ce-Co/BC 系列样品，相比所掺杂的 Co 元素，Ce 的掺杂量则对于改性生物焦氧化能力的提升起主导作用，这主要由于 Ce 与 Co 之间的协同促进作用较弱。

另外，随着掺杂量的增高，样品 Hg^0 氧化效率的增幅与所掺杂金属自身所具有的氧化性具有正相关关系，例如对于 Fe-Ce/BC 和 Fe-Ce-Mn/BC 系列样品，相比所对应掺杂方式中其他系列的样品，分别随着所掺杂 Ce 和 Mn 负载量的升高，氧化性能急剧增强。而且相比掺杂单金属的铁基改性生物焦，对于掺杂双金属的改性样品，这种吸附作用被氧化作用所取代的现象更为显著。其中，对于 Fe-1%Ce-5%Mn/BC 和 Fe-2%Ce-4%Mn/BC 样品，氧化作用完全主导整个 Hg^0 的脱除过程，绝大部分的 Hg^0 都是通过氧化作用脱除的。然而，较高的氧化效率不利于生物焦样品对 Hg^0 整体脱除过程的进行，其中 Fe-1%Ce-5%Cu/BC 和 Fe-2%Ce-4%Cu/BC；Fe-1%Ce-5%Mn/BC 和 Fe-2%Ce-4%Mn/BC；Fe-5%Ce/BC 和 Fe-6%Ce/BC 的脱除性能远弱于所对应改性方式中其他掺杂量制备条件下所获得的样品。

对于不同制备条件所对应的具有最优脱除性能的改性样品，氧化

作用均主导着 Hg^0 的整体脱除过程。其中，对于掺杂单金属的最优改性样品 Fe-3%Co/BC、Fe-1%Ce/BC、Fe-2%Cu/BC 和 Fe-2%Mn/BC，在 Hg^0 的脱除过程中，分别通过吸附作用与氧化作用所脱除 Hg^0 量的比值约为 3∶7；而对于双金属掺杂的最优改性样品 Fe-4%Ce-2%Co/BC、Fe-4%Ce-2%Cu/BC 和 Fe-5%Ce-1%Mn/BC，吸附与氧化作用之间的主导关系虽然没有发生变化，但是两种作用分别所对应的单质汞脱除量之间的差距则减小，两者之间的比值约为 4∶6。说明双金属的掺杂虽然可以大幅提高样品的氧化能力，但是也需要更多的吸附位点进行配适，这是因为一方面，在反应初期，Hg^0 首先在吸附位点被捕获，进而发生氧化反应；另一方面，在反应中后期，Hg^0 在生物焦表面的氧化位点被氧化后会转移到邻近的非催化氧化的吸附位，所以随着反应的进行，吸附位点会逐渐饱和，进而制约整个 Hg^0 脱除反应的进行。同理，在 Fe-Cu/BC 和 Fe-Mn/BC 系列样品中，Fe-1%Cu/BC 和 Fe-1%Mn/BC 样品的氧化效率不超过 10%，远低于对应的 Hg^0 吸附效率；而 Fe-6%Cu/BC 和 Fe-6%Mn/BC 样品的氧化效率与吸附效率的比值高达 9∶1，说明这两个样品表面的吸附位点较少，在吸附过程中很容易接近饱和，达到吸附平衡，然而前两者的脱除特性优于后两者。因此，足够活性和数量的吸附位点可以避免样品因吸附饱和而影响 Hg^0 氧化过程现象的发生，进而利于样品脱汞性能的提升，其中吸附效率至少应大于等于 30%。

5.3 晶相结构研究

为了建立改性生物焦理化性质与脱汞性能之间的构效关系，本章对生物焦样品的物质组成与晶相结构进行了研究，样品脱汞前后的 XRD 结果如图 5-2 和图 5-3 所示。

改性样品表面脱汞前后均存在金属单质和相应多种形式的金属氧化物。其中，在单铁基改性生物焦样品脱汞前的 XRD 谱图中，于 35.2°、43.8°和 45.9°处均出现了特征衍射峰，分别归属于 Fe_2O_3、FeO 和 Fe^0，且 Fe_2O_3 的衍射峰强度大于 FeO，而样品表面存在的 Fe^0

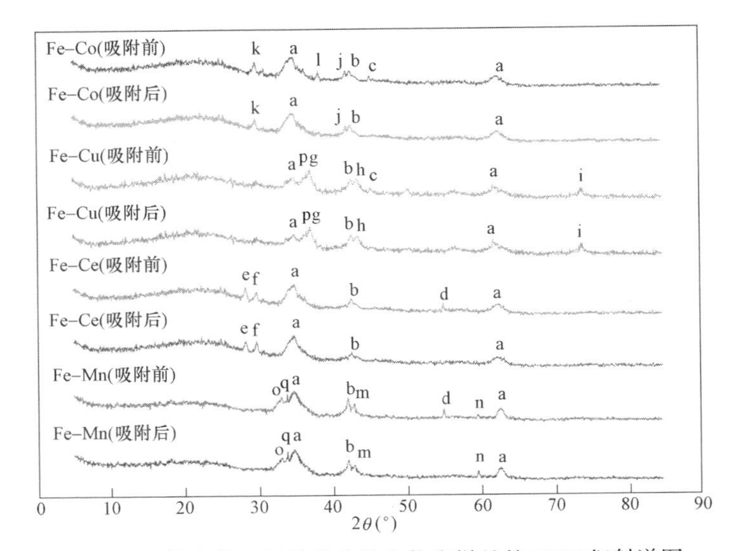

图 5-2 掺杂单金属铁基改性生物焦样品的 XRD 衍射谱图

a—Fe_2O_3；b—FeO；c—Fe^0；d—Fe_3O_4；e—CeO_2；f—Ce_2O_3；g—CuO；h—Cu^0；i—Cu_2O；j—CoO；k—Co_2O_3；l—Co_3O_4；m—MnO_2；n—MnO；o—Mn_2O_3；p—$CuFe_2O_4$；q—$MnFe_2O_4$

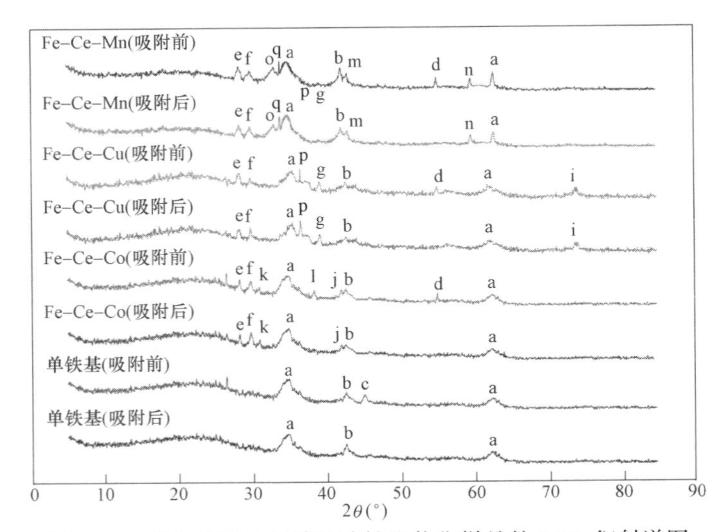

图 5-3 掺杂多元金属铁基改性生物焦样品的 XRD 衍射谱图

a—Fe_2O_3；b—FeO；c—Fe^0；d—Fe_3O_4；e—CeO_2；f—Ce_2O_3；g—CuO；h—Cu^0；i—Cu_2O；j—CoO；k—Co_2O_3；l—Co_3O_4；m—MnO_2；n—MnO；o—Mn_2O_3；p—$CuFe_2O_4$；q—$MnFe_2O_4$

含量较小，这是由于在前驱体的热解过程中，N_2的不断通入可以避免所产生的 CO 等还原性物质的大量聚集，所还原生成的金属单质含量较少；样品脱汞后，归属于 Fe_2O_3 的衍射峰强度减弱，而 FeO 的强度得到增强，但是 Fe_2O_3 的衍射峰强度仍大于 FeO。

相比单铁基改性样品，掺杂单金属后，样品表面均仍会存在明显的 $\gamma-Fe_2O_3$ 晶体衍射特征峰，说明掺杂第二金属对 $\gamma-Fe_2O_3$ 主相晶格的影响程度较低，但是 $\gamma-Fe_2O_3$ 的晶粒直径减小，发生了较为明显的钝化现象，而这种晶粒细化过程利于脱汞反应的正向进行[7]。同时，所掺杂金属种类对应生成的金属单质和金属氧化物的特征峰强度均分别弱于 Fe^0 及 Fe 的氧化物。这是由于部分所掺杂金属对应的氧化物在生物焦表面以无定型的形态赋存，并分散在 $\gamma-Fe_2O_3$ 的晶相中，形成了固溶体，而在氧化过程中，对于金属氧化物，无定型态比晶态具有更高的反应活性[8]。

在所获得的掺杂单金属的铁基改性生物焦样品中：

（1）对于 Fe-2%Cu/BC 样品，脱汞前不仅与 Fe/BC 样品类似，存在铁的氧化物的衍射峰，同时出现了属于 CuO、Cu_2O 和 Cu^0 的明显特征峰，且 CuO 的衍射峰强度大于 Cu_2O。又由于 Fe^{3+} 的氧化性大于 Cu^{2+}，在前驱体制备过程中发生了氧化还原反应，导致相比 Fe/BC 样品，Fe_2O_3 的衍射峰强度降低，而 FeO 的衍射峰强度增强。

（2）在 Fe-3%Co/BC 样品表面存在一层 Co 和 Fe 的氧化物，又由于 Co^{3+} 的氧化性大于 Cu^{2+}，所以相比 Fe-2%Cu/BC 样品，Fe_2O_3 的衍射峰强度较强。而这两个样品的金属氧化物特征峰在脱汞后均发生了明显变化，相比单铁基改性样品，Fe_2O_3 衍射峰强度发生了更大程度的减弱；同时，在 Hg^0 脱除过程中，发生了 CuO 和 Co_2O_3 的还原反应，所以这两种金属氧化物的衍射峰强度降低，但变化幅度弱于 Fe_2O_3。因此，Fe-2%Cu/BC 和 Fe-3%Co/BC 样品的 Hg^0 氧化反应机理与 Fe/BC 样品类似，其中，Fe_2O_3 中的晶格氧用于补充 CuO 和 Co_2O_3 中参与反应而损失的氧；同时在该反应过程中，引入了大量的氧空位，促使样品表面所负载的一部分 Fe^{3+}、Cu^{2+}、Co^{3+} 通过不饱和配位键直接参与了对 Hg^0 的氧化过程。

（3）对于分别通过 Mn（$CH_3COO)_2$ 和 Ce（$NO_3)_3$ 掺杂 Mn 和 Ce 改性后所获得的 Fe-2%Mn/BC 和 Fe-1%Ce/BC 样品，可以发现前驱体经过高温热解后，分别在改性样品表面生成了多种锰和铈的氧化物，其中有大量 MnO_2 和 CeO_2 结晶生成，同时 Mn 和 Ce 还以 MnO、Mn_2O_3 和 Ce_2O_3 的形式分别负载于对应样品的表面上；又由于 Ce^{4+} 和 Mn^{4+} 的氧化性均大于 Fe^{3+}，所以相比 Fe/BC 样品，这两个样品中的 Fe_2O_3 的衍射峰强度均得到了增强，而 FeO 的衍射峰强度减弱，同时出现了归属于 Fe_3O_4 的衍射峰，而且相比其他样品，Fe-1%Ce/BC 样品中的 Fe_2O_3 衍射峰强度最大。通过对这两个样品脱汞后的 XRD 谱图进行分析，可以发现由于铁的氧化性弱于锰和铈，所以 Hg^0 的脱除机理存在差异。具体表现为 MnO_2、Mn_2O_3 和 CeO_2 的特征峰强度减弱，而 Fe_2O_3 衍射峰强度得到增强。

在负载 Fe-Ce 基础上，对于掺杂第三金属 Co、Cu 和 Mn 改性后获得的样品，脱汞前后晶相结构均发生了较大改变：

（1）归属于铁和铈氧化物衍射峰的数量和强度都出现了一定程度的下降。说明 Co、Cu 和 Mn 与 Fe-Ce 之间发生了相互作用，可使铈的氧化物在吸附剂表面的分布更加分散，降低具有高氧化性的活性成分 CeO_2 在生物焦载体上的结晶度，最终不仅改善铈氧化物在生物焦载体上的分散性，同时提高 Fe-Ce/BC 类型生物焦吸附剂的活性，从而大幅提高样品的脱汞性能。

（2）作为第三掺杂金属，Co、Cu 和 Mn 与载体上的晶格氧互相结合，形成了对应的离散态金属离子。在 Fe-Ce/BC 吸附剂体系中，这些离散态的金属离子会与单铁基生物焦载体互相作用，形成加强离子交换以及分子重排的共融体，从而促进生物焦晶格中更多缺陷面的形成[9]，并增加了局部缺陷位的数量，形成稳定的 Cu-O-Ce（或 Co-O-Ce 或 Mn-O-Ce）表面吸附/氧化体系，最终在加快生物焦表面高强度酸性位点（如阳离子空位）形成的基础上，大幅增强改性生物焦吸附剂对气相中 Hg^0 的捕集能力。

(3) 这些掺杂双金属的改性样品在脱汞后，CeO_2的衍射峰强度均发生了不同程度的减弱，这是因为在反应过程中，具有极强储氧能力的CeO_2可以与其他金属氧化物发挥协同促进的作用。另外，由于钴和铜的氧化性较弱，对应样品的协同氧化能力较差，而铈和锰则具有极强的氧化性，因此对于Fe-5%Ce-1%Mn/BC样品，在Ce-Mn较强的协同脱汞作用下，CeO_2和MnO_2衍射峰的减弱程度较小，且Fe_2O_3衍射峰的强度得到了较大增强。

另外，相比其他样品，掺杂Cu和Mn改性后所获得样品的结晶尺寸明显减小，分别出现了归属于$CuFe_2O_4$（37.6°）和$MnFe_2O_4$（34.3°）的特征衍射峰，其中对于掺杂双金属改性样品，所对应这两种衍射峰的强度更为明显。所形成的这两种物质均为含有多种可变价态的过渡金属离子的AB_2O_4型尖晶石复合氧化物[10]，对生物焦的脱汞性能有显著的提升作用。这是因为在掺杂改性形成尖晶石结构的过程中，Cu^{2+}与Mn^{4+}会与Fe^{3+}发生交联反应，进而在改性样品表面形成大量利于Hg^0吸附的阳离子空位和不饱和金属离子；同时相比Cu^{2+}，金属Mn离子的掺杂对Fe_2O_3晶粒生长的抑制程度更强，延缓晶粒增大，利于Hg^0的脱除[11]；又由于过渡金属Mn具有多种价态，在催化还原过程中所需能量较低，且Mn的掺入可进一步诱导Fe_2O_3表面产生更多空位缺陷，所以Fe-5%Ce-1%Mn/BC样品的晶相结构与Hg^0脱除性能之间建立了优异的构效关系。

5.4 热解特性研究

为了获得生物焦载体与所负载改性物质、不同掺杂金属自身之间的耦合热解路径与机制，并对上节所获得的晶相结构结果进行验证，对不同制备条件下生物质的热解特性进行了研究，如图5-4和图5-5所示，所获得的热解曲线基本相似，热解过程均可分为3个具有明显不同特征的失重阶段。另外，根据热解过程所获得的相应热解特性参数如表5-2所示。

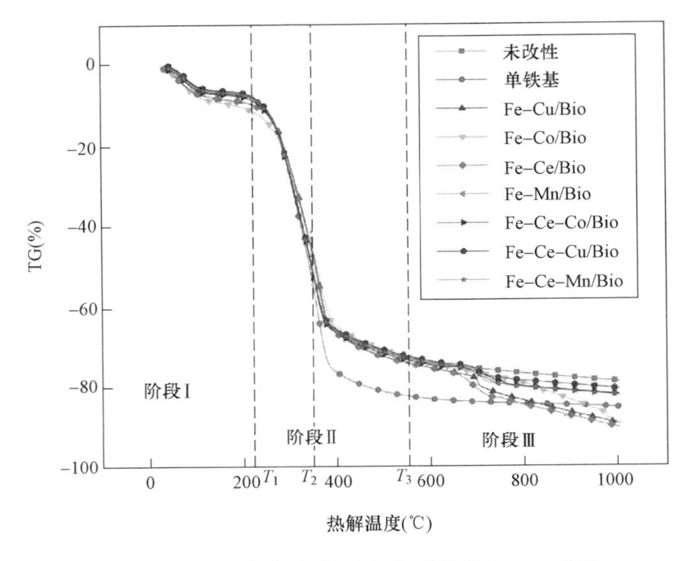

图 5-4　不同制备条件下生物质的热解 TG 曲线

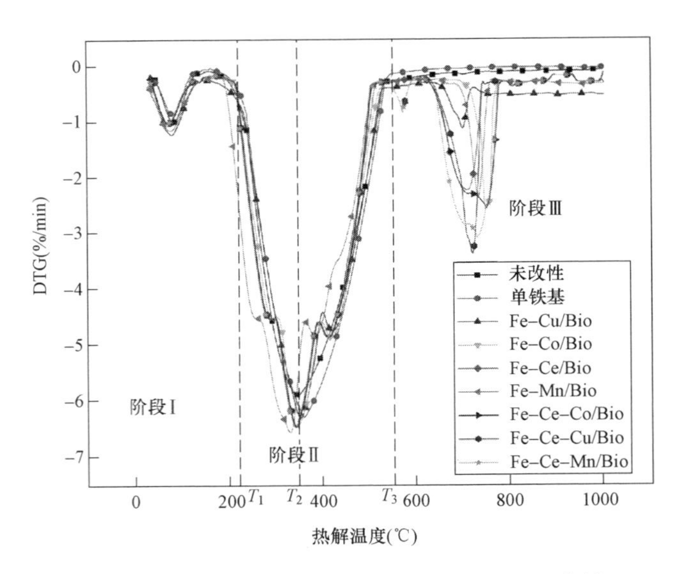

图 5-5　不同制备条件下生物质的热解 DTG 曲线

表 5-2　　不同制备条件下生物质的热解特性参数

样品	T_1	T_2	T_3	T_4	$(dw/dt)_{1max}$	$(dw/dt)_{2max}$	V	$(dw/dt)_{mean}$	$\Delta T_{(1/2)}$	D
Biomass	242	353	532	—	−5.91	—	69.08	−0.87	372	1.12×10^{-5}
Fe/Bio	240	360	538	—	−6.31	—	75.51	−0.91	356	1.41×10^{-5}
Fe-2%Cu/Bio	238	352	526	700	−6.38	−1.05	76.23	−0.92	299	1.79×10^{-5}
Fe-3%Co/Bio	220	349	520	750	−6.43	−2.56	78.34	−0.96	286	2.20×10^{-5}
Fe-1%Ce/Bio	200	347	515	710	−6.52	−2.23	79.84	−1.01	281	2.70×10^{-5}
Fe-2%Mn/Bio	130	345	506	730	−6.57	−2.78	84.47	−1.22	275	5.49×10^{-5}
Fe-4%Ce-2%Co/Bio	198	346	506	710	−6.41	−2.31	85.21	−1.09	272	3.19×10^{-5}
Fe-4%Ce-2%Cu/Bio	166	340	495	710	−7.21	−3.12	90.59	−1.36	264	5.96×10^{-5}
Fe-5%Ce-1%Mn/Bio	133	344	502	710	−6.78	−2.86	87.23	−1.23	269	5.91×10^{-5}

第一阶段（室温-T_1）主要发生生物质的失水和内部解聚重组，同时为挥发分的析出和其他有机组分的分解做准备工作。第二阶段（T_1～T_3）为生物质中第一类和第二类有机物的析出和分解过程，其中，第一类有机物分子量较小，主要为具有挥发性和半挥发性的生物可降解物质（如半纤维素等），分子链短且带有支链，无定型结构；而第二类有机物的裂解和转化则需要更高的热解温度，这类物质主要包括纤维素和木质素等，具有更稳定的晶体结构，化学键强度高。第三阶段（T_3-热解终温）为固定碳、其他含碳物质以及矿物质的分解阶段，由于生物质的灰分较低，所以最终失重率高达80%左右，说明此时可燃组分已基本热解完全，并最终形成热解产物-生物焦。

相比未改性样品，单铁基及掺杂单金属的改性生物质的热解过程更加剧烈和充分。这是由于：

(1) 所负载的金属离子可以促进生物质分子中芳香结构单元的脱氢反应，提升轻质气体的二次裂解与重组概率，以及自由基的生成速率，最终所形成的气体分子和自由基均以挥发分的形式从生物质颗粒中释放[12]。

（2）金属离子还可以促进半挥发性的焦油产物发生二次反应，避免焦油因未能及时催化裂解而处于半析出状态进而导致热解滞后现象的发生。因此，在热解第二阶段中，热解提前（T_1降低），热解区间变窄，且TG曲线向低温区移动（T_2与T_3均降低）。

同时未改性和单铁基改性样品只有1个明显的热解失重峰，而掺杂单金属改性后，样品会在此失重峰的左右两侧额外出现2个特殊的肩峰：

（1）第一处肩峰是由于样品表面所残留的金属盐溶液（如$FeCl_3$等）发生分解所导致[如式（5-7）～式（5-9）所示]，并与得到加强的挥发分析出过程存在交叉重叠的现象，进而导致$(dw/dt)_{1max}$和V增大。

（2）第二处肩峰是由于虽然挥发分的初始析出温度降低，但半纤维素由于自身特性所决定的固有热解温度变化较小，进而产生了热解滞后的现象。但是对于Fe-2%Cu/Bio样品，则无第一个肩峰，这是因为作为改性所用的金属盐，$CuSO_4$的起始热解温度高达600℃[如式（5-10）所示]；相比之下，$Mn(CH_3COO)_2$的热解稳定性较差，因此Fe-2%Mn/Bio和Fe-5%Ce-1%Mn/Bio样品的T_1值远低于其他样品。

另外，对于掺杂单金属的改性样品，在热解的第三阶段中额外会出现一个明显的热解失重峰：

（1）对于Fe-3%Co/Bio、Fe-2%Mn/Bio和Fe-1%Ce/Bio样品，是由于对应金属氧化物发生了高温分解[如式（5-11）～式（5-13）所示]，其中，CeO_2可以在高温条件下和生物质热解过程中所产生的CO发生反应，进而生成Ce_2O_3，所以样品表面CeO_2与Ce_2O_3的含量接近，验证了XRD的研究结果；同时在CeO_2和Ce_2O_3之间的转换过程中会生成多种不稳定的铈氧化物类型[13]，因此在Fe-1%Ce/Bio样品第三阶段的热解反应中，失重峰对应的温度区间跨度较大。

(2) 而对于 Fe-2%Cu/Bio 样品，由于 CuO 在 1100℃以上的高温才会反应，所以该失重峰是由于 $CuSO_4$ 的分解导致。

对于掺杂双金属的改性生物质，热解过程则得到了进一步的促进，热解失重峰的强度均得到了明显的增强，所对应的 $(dw/dt)_{1max}$、$(dw/dt)_{2max}$、失重率 V 与综合热解指数 D 均大幅增高，而且 T_1 与 T_2 略微下降。同时，对于 Fe-Ce-Cu/Bio、Fe-Ce-Co/Bio 和 Fe-Ce-Mn/Bio 这3种样品，在热解的第三阶段，原有的铈氧化物发生分解反应所形成的宽缓失重曲线，与各自样品对应掺杂的金属氧化物(或盐溶液)高温分解过程所对应的失重曲线，由于反应温度区间相近，这两种失重曲线之间发生了交叉重叠。铈及其氧化物的存在可以通过增强生物质载体与金属氧化物中氧物种的迁移性，提升生物质的热解活性，但是 MnOx 与 CeOx 之间的相互作用较弱，而 Ce 对 Cu 的促进作用较强，因此虽然 Fe-2%Mn/Bio 样品比 Fe-2%Cu/Bio 样品的失重率 V 与综合热解指数 D 等参数更高，但是掺杂 Ce 后，Fe-4%Ce-2%Cu/Bio 样品比 Fe-5%Ce-1%Mn/Bio 样品的热解过程更加剧烈且更容易发生，其中前者的 V、$(dw/dt)_{mean}$ 和 D 的值也远比其他样品大，分别为 90.59%、−1.36%/min 和 5.96×10^{-5}。由于 CoO 具有较高的催化活性，生物质中的低阶不饱和碳氢化合物可以在较低温度下被 CoO 催化，进而促进热解过程的进行，但是相比 Fe-3%Co/Bio 样品，Fe-4%Ce-2%Co/Bio 样品中的 CoO 含量较少，热解过程受到抑制，因此对应的 $(dw/dt)_{1max}$ 减小，且相比其他双金属掺杂改性样品，热解剧烈程度的增幅较小。另外，相比单金属掺杂改性样品，在双金属掺杂改性样品的热解曲线中，还会介于两个原有的明显失重峰之间，位于 570℃附近额外出现一个不明显的失重峰，这是由于 FeO 的分解所致 [如式 (5-14) 所示]，并生成了 Fe_3O_4，与 XRD 的研究结果一致。

$$2FeCl_3 \xrightarrow{330℃} 2FeCl_2 + Cl_2 \tag{5-7}$$

$$Ce(NO_3)_3 \xrightarrow{200℃} CeO_2 + 3NO + 2O_2 \tag{5-8}$$

$$Co(NO_3)_2 \xrightarrow{240℃} CoO + Co_2O_3 + Co_3O_4 \tag{5-9}$$

$$2CuSO_4 \xrightarrow{600℃} 2CuO + 2SO_2 + O_2 \tag{5-10}$$

$$6Co_2O_3 \xrightarrow{600 \sim 650℃} 4Co_3O_4 + O_2 \tag{5-11}$$

$$4MnO_2 \xrightarrow{600℃ \sim 650℃} 2Mn_2O_3 + O_2 \tag{5-12}$$

$$4CeO_2 + 2CO \longrightarrow 2Ce_2O_3 + 2CO_2 \tag{5-13}$$

$$4FeO \xrightarrow{550 \sim 600℃} Fe + Fe_3O_4 \tag{5-14}$$

由于生物质热解过程中存在大量平行进行的一级反应，构成了明显不同的复杂反应阶段，化学反应速率随之变化，因此为了准确获得生物焦的热解特性及机理，采用分布活化能模型［如式（5-15）所示］对不同热解阶段的反应动力学参数进行了研究[14]，结果如表5-3所示。

$$\ln\left(\frac{\beta}{T^2}\right) = \ln\left(\frac{AR}{E}\right) + 0.6075 - \frac{E}{R} \cdot \frac{1}{T} \tag{5-15}$$

式中　T——热解温度，K；

R——通用气体常数，8.314J/(mol·K)；

β——升温速率，K/min；

E——表观活化能，kJ/mol；

A——对应于活化能 E 的频率因子，无量纲。

研究发现，生物质整个热解过程中，表观活化能 E 值在 30～300kJ/mol 范围内变化。由前文可知，在热解第一阶段（$\alpha \leqslant 0.1$），随着水分的析出，以及酚类和醇类物质的分解，E 值略微增大；当热解过程进行到第二阶段时，反应初期对应的 E 值较高，但逐渐下降，这是由于第一类和第二类有机物成分复杂，对应的裂解重组过程导致了化学反应能垒的提高跃迁，但随着反应的进行，样品的孔隙结构变得发达，利于热解过程中所形成的烟气及焦油类物质的扩散，进而促进了反应活性的增强；随着热解率大于 0.7 时，热解反应进行到第三阶段，活化能远高于其他阶段，且变化较小，这是由于虽然此时参与反应的物质种类趋于单一，且以含碳物质和金属氧化物的分解为主，反应大多符合 1 级，但是反应壁垒较高，需要较高的能量。另外，在热

表 5-3　不同制备条件下生物质的热解反应动力学参数

热解阶段		第一阶段			第二阶段						第三阶段			
α		0.05	0.075	0.1	0.2	0.3	0.4	0.5	0.6	0.7	0.8	0.9	0.95	0.975
E (kJ/mol)	Biomass	95.01	98.02	101.06	173.11	143.38	129.48	120.3	115.05	106.63	294.94	293.29	295.24	297.3
	Fe/Bio	88.36	90.18	91.96	160.99	133.34	120.42	110.68	105.85	97.03	277.24	278.63	283.43	285.41
	Fe-2% Cu/Bio	81.71	82.34	83.88	148.87	123.31	111.35	101.05	96.64	88.50	274.29	275.69	280.48	282.44
	Fe-3% Co/Bio	75.06	76.46	77.82	136.76	113.27	102.29	93.83	89.74	82.11	271.34	272.76	277.53	279.46
	Fe-1% Ce/Bio	67.46	68.61	71.75	122.91	101.80	91.93	84.21	80.54	74.64	268.40	269.83	274.57	276.49
	Fe-2% Mn/Bio	39.90	40.19	42.45	72.71	60.22	54.38	49.32	47.17	43.72	250.70	252.23	256.86	258.65
	Fe-4%Ce-2% Co/Bio	60.81	61.75	64.68	110.79	91.76	82.87	75.79	72.48	67.18	247.75	249.30	253.91	255.68
	Fe-4%Ce-2% Cu/Bio	31.35	33.33	34.36	58.86	48.75	44.02	39.70	37.97	35.19	235.95	237.56	242.10	243.79
	Fe-5%Ce-1% Mn/Bio	33.25	33.33	35.37	60.59	50.18	45.32	40.90	39.12	36.25	244.80	246.36	250.95	252.71

注　α 为热解率，即失重率与总失重率的比值。

解过程中，相比未改性样品，改性生物质的表观活化能整体大幅下降，说明热解反应壁垒降低，同时生物质样品热解第一阶段和第二阶段的 E 值与对应的综合热解特性指数 D 呈反比，而第三阶段的 E 值则与总失重率 V 呈反比，进而验证了前文所获得的结果。

由前文可知，双金属掺杂改性生物质的热解路径不是对应的两种单金属掺杂改性生物质热解过程的简单线性叠加，不同特性的金属氧化物之间可能会产生强烈的交互作用，从而影响热解演化进程及对应机理。为了进一步研究不同金属氧化物在掺杂热解过程中的交互作用，通过式（5-16）获得了不同掺杂比例下的多金属掺杂改性生物质 TG 理论值。根据 TG 理论值和实验值的差值 ΔTG（$\Delta TG = TG_{理论} - TG_{实验}$）获得了彩色等温图，如图 5-6 所示。

$$TG_{MIX} = \mu_{Ce} TG_{Ce} + \mu_{M2} TG_{M2} \tag{5-16}$$

式中 TG_{MIX}——不同掺杂比例改性条件下生物质的 TG 理论值，%；

μ_{Ce} 和 μ_{M2}——改性生物质中 Ce 和另一种掺杂金属（M2）的比例，%；

TG_{Ce}——仅掺杂 Ce 的改性生物质的 TG 实验值，%；

TG_{M2}——仅掺杂另一种金属（M2）的改性生物质的 TG 实验值，%。

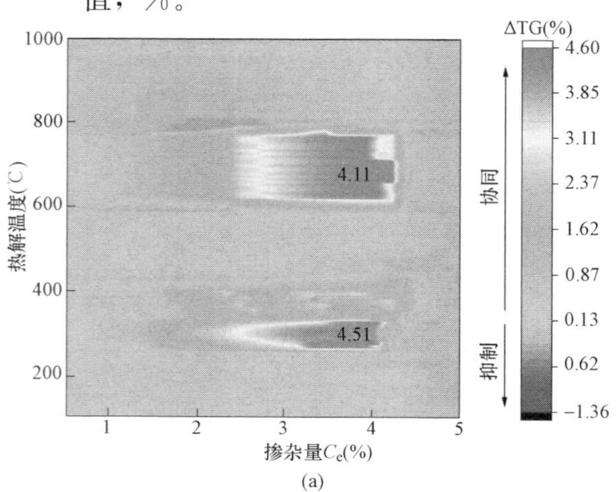

图 5-6　掺杂双金属改性生物质的理论和实验 TG 曲线偏差分布

（a）Fe-Ce-Cu/Bio

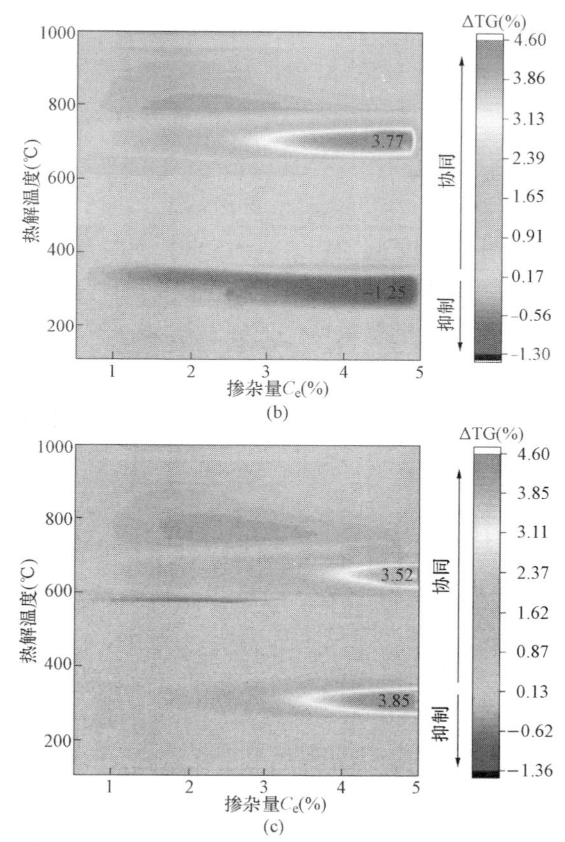

图 5-6　掺杂双金属改性生物质的理论和实验 TG 曲线偏差分布（续）

（b）Fe-Ce-Co/Bio；（c）Fe-Ce-Mn/Bio

对于不同掺杂配比条件下的 Fe-Ce-Co/Bio 系列样品，由于随着 Ce 掺杂量的升高，样品表面 CoO 和 Co_3O_4 含量之间的比值逐渐减少，又由于 CoO 可以促进生物质的热解过程，且催化活性高于 Co_3O_4，所以该系列样品在热解第一阶段的剧烈程度弱于对应的 Fe-Co/Bio 系列样品；而且，Ce 和 Co 的交互作用主要发生在 250～400℃ 和 650～800℃ 两个温度区间，随着 Ce 掺杂量的升高，会在前者出现一个明显的蓝色区域，说明 Ce 和 Co 两者之间的交互反应在该温度范围内的生物质热解过程中发挥了抑制作用，具体表现为 $(\mathrm{d}w/\mathrm{d}t)_{1\max}$ 逐渐减小。

其中，当 Ce 的质量分数为 5%时，抑制作用最强，ΔTG 为−1.25%；650～800℃之间所存在的黄色/红色区域则反映了交互作用所起到的对热解过程的协同促进效应，同样当 Ce 的质量分数为 5%时，协同作用最强，ΔTG 为 3.77%。

对于 Fe-Ce-Cu/Bio 和 Fe-Ce-Mn/Bio 系列样品，Ce 和 Cu（或 Mn）发生交互作用的温度范围扩大，在 230～420℃和 620～820℃两个温度区间内均发生协同作用，同时前者样品中的促进作用强于后者，且协同作用随着 Ce 的质量分数增大而逐渐增强。其中，对于 Fe-Ce-Cu/Bio 系列样品，当 Ce 的质量分数为 4%时，340℃出现的 ΔTG 高达 4.51%，验证了前文所获得的样品热解特性参数中，Fe-4%Ce-2%Cu/Bio 样品的 $(dw/dt)_{1max}$ 高达−7.21%/min 的研究结果。

5.5 孔隙结构研究

为了进一步获得改性条件对生物焦物理吸附特性的影响，本章对样品的孔隙结构进行了研究，结果如表 5-4 所示。

未改性生物焦的孔隙结构较差，其 BET 比表面积与孔隙丰富度 Z 仅分别为 $3.872m^2/g$ 与 $114.32\ 10^6/m$，这是由于在 800℃的热解温度条件下，部分来自生物质颗粒内部深处的挥发分会发生二次裂解并形成焦油，而这种处于半析出状态的焦油会堵塞部分孔隙结构。

改性后所获得样品的孔隙结构则得到了极大改善，这是由于金属氧化物与离子的存在，会促进挥发分和焦油的析出以及裂解，从而促进内部孔隙的生成。另外，孔隙结构的发展与样品自身石墨化的演变进程相互关联，较低的石墨化程度会利于样品形成发达的孔隙结构[15]，由前文所获得的关于样品晶相结构的研究结果可知，相比未改性生物焦，改性过程会导致样品的石墨化程度降低。

掺杂双金属改性样品的孔隙结构更为发达，这是由于一方面铈氧化物的热稳定性更强，在热解过程中，Ce 与其他金属之间的相互作用能够抑制所形成氧化物的团聚，所以在负载 Ce 之后，样品的比表面积进一步增大；另一方面 Mn、Cu 及 Co 的掺杂能提高 Ce 的氧化物在改

表 5-4　不同制备条件下生物焦的孔隙结构参数

样品	BET 比表面积 (m^2/g)	累积孔体积 (cm^3/g)	累积孔面积 (m^2/g)	微孔体积 (cm^3/g)	相对比孔面积 (%)			孔隙丰富度 Z ($10^6/m$)	分形维数 D_S	平均孔径 (nm)
					微孔	介孔	大孔			
Biochar	3.872	0.041	4.236	0.000	0.00	36.75	63.25	114.32	2.3861	2.38
Fe/BC	13.788	0.121	16.723	0.001	1.58	39.86	58.56	138.64	2.4189	3.04
Fe-1%Cu/BC	163.179	0.047	35.481	0.052	10.80	80.40	8.80	754.34	2.8355	6.04
Fe-2%Cu/BC	170.928	0.060	42.380	0.054	9.87	76.66	13.47	703.22	2.8102	6.15
Fe-3%Cu/BC	120.320	0.072	29.090	0.043	9.37	76.05	14.58	404.03	2.7849	6.37
Fe-4%Cu/BC	40.084	0.134	36.619	0.019	6.92	64.11	28.97	273.14	2.7157	6.48
Fe-5%Cu/BC	36.467	0.133	34.293	0.020	6.22	63.48	30.30	257.82	2.6469	6.79
Fe-6%Cu/BC	22.225	0.091	21.223	0.009	4.95	58.56	36.49	232.48	2.5410	6.83
Fe-1%Co/BC	130.333	0.114	41.683	0.037	7.65	78.79	13.56	364.56	2.7620	3.21
Fe-2%Co/BC	32.927	0.116	30.407	0.021	6.53	71.93	21.54	261.94	2.6940	3.87
Fe-3%Co/BC	150.260	0.081	35.720	0.042	9.45	71.66	18.89	440.99	2.7892	4.03
Fe-4%Co/BC	145.604	0.291	109.395	0.033	9.21	69.20	21.59	375.70	2.7792	4.25
Fe-5%Co/BC	27.593	0.115	29.333	0.016	6.01	68.87	25.12	254.19	2.6322	4.42
Fe-6%Co/BC	28.662	0.124	30.625	0.010	5.67	61.99	32.34	247.36	2.6185	4.56
Fe-1%Ce/BC	189.060	0.077	47.280	0.042	9.51	76.99	13.50	614.03	2.8014	8.44
Fe-2%Ce/BC	53.136	0.158	45.821	0.024	7.32	67.11	25.57	289.37	2.7455	8.67
Fe-3%Ce/BC	17.023	0.074	16.922	0.007	4.56	50.16	45.28	230.04	2.4935	9.00
Fe-4%Ce/BC	16.279	0.063	14.404	0.003	4.22	43.22	52.56	227.72	2.4844	9.21
Fe-5%Ce/BC	37.735	0.137	30.220	0.003	2.88	44.13	52.99	220.62	2.4562	9.35
Fe-6%Ce/BC	17.046	0.077	17.059	0.003	1.99	42.23	55.78	220.21	2.4557	9.46

续表

样品	BET 比表面积 (m^2/g)	累积孔体积 (cm^3/g)	累积孔面积 (m^2/g)	微孔体积 (cm^3/g)	相对比孔面积（%）			孔隙丰富度 Z ($10^6/m$)	分形维数 D_S	平均孔径 (nm)
					微孔	介孔	大孔			
Fe-1%Mn/BC	226.807	0.066	52.237	0.083	14.10	84.49	1.41	793.12	2.8417	5.08
Fe-2%Mn/BC	189.259	0.074	55.724	0.052	10.49	79.45	10.06	751.73	2.8331	5.13
Fe-3%Mn/BC	133.996	0.140	51.348	0.037	8.53	53.26	38.21	365.98	2.7743	5.32
Fe-4%Mn/BC	87.761	0.157	50.078	0.021	7.51	64.95	27.54	318.42	2.7515	5.44
Fe-5%Mn/BC	26.349	0.106	25.455	0.009	4.95	58.56	36.49	241.05	2.5768	5.67
Fe-6%Mn/BC	17.472	0.078	18.173	0.008	4.65	41.84	53.51	231.88	2.5125	5.85
Fe-1%Ce-5%Co/BC	170.688	0.073	55.486	0.058	11.72	56.55	31.73	764.47	2.8360	12.11
Fe-2%Ce-4%Co/BC	233.598	0.074	58.226	0.086	13.34	60.69	25.97	785.89	2.8394	12.01
Fe-3%Ce-3%Co/BC	270.691	0.076	63.800	0.096	17.77	61.01	21.22	841.45	2.8523	11.96
Fe-4%Ce-2%Co/BC	301.207	0.283	247.677	0.108	20.26	78.94	0.80	874.69	2.8609	11.93
Fe-5%Ce-1%Co/BC	174.106	0.062	43.090	0.053	9.66	83.81	6.53	698.91	2.8031	11.65
Fe-1%Ce-5%Cu/BC	24.643	0.100	26.088	0.014	6.34	73.88	19.78	259.93	2.6790	16.02
Fe-2%Ce-4%Cu/BC	20.910	0.081	21.850	0.015	6.74	74.11	19.15	269.52	2.6984	15.99
Fe-3%Ce-3%Cu/BC	253.695	0.075	63.176	0.091	15.55	84.01	0.44	839.37	2.8510	15.74
Fe-4%Ce-2%Cu/BC	389.690	0.132	121.310	0.112	24.44	74.50	1.06	919.02	2.8643	15.62
Fe-5%Ce-1%Cu/BC	265.897	0.053	46.207	0.106	18.86	79.89	1.25	865.96	2.8602	15.51
Fe-1%Ce-5%Mn/BC	23.373	0.131	24.857	0.001	1.66	30.60	67.74	189.91	2.4219	14.26
Fe-2%Ce-4%Mn/BC	20.917	0.096	20.717	0.004	1.89	36.98	61.13	215.49	2.4479	14.12
Fe-3%Ce-3%Mn/BC	162.011	0.122	44.510	0.037	7.80	77.70	14.50	364.97	2.7627	13.82
Fe-4%Ce-2%Mn/BC	173.456	0.057	41.843	0.052	10.23	79.39	10.38	735.05	2.8153	13.48
Fe-5%Ce-1%Mn/BC	399.810	0.135	126.090	0.113	27.21	71.60	1.19	934.00	2.8650	13.42

性生物焦表面的分散度，促进孔结构得到进一步的改善。相比其他样品，Fe-Ce-Mn/BC 系列样品的孔隙结构最为发达，这是由于在前驱体的热解过程中，样品表面残留的 Mn（$CH_3COO)_2$ 会与生物焦的表面发生反应，促进一次裂解气体产物在生物焦表面与内部的扩散反应，进而利于孔隙结构的发育，并形成大量利于 Hg^0 吸附的微孔和介孔[16]。

改性样品对 Hg^0 的吸附量与自身的孔隙丰富度 Z、分形维数 D_S、BET 比表面积、微孔体积、相对微孔面积呈整体正相关关系。说明所负载或掺杂的不同金属对样品物理吸附性能的提升主要表现在对这些孔隙结构参数的改善方面。由前文所获得的关于样品汞脱除性能的研究结果可知，对于 Fe-1%Cu/BC 和 Fe-1%Mn/BC 样品，吸附作用主导 Hg^0 的脱除过程。这是因为这两个样品的孔隙结构分别优于其所对应改性方式中的其他负载量制备条件，所以对 Hg^0 的吸附效率也高于其他样品，但是对 Hg^0 的整体脱除能力较差。

对于不同制备条件所对应的具有最优脱除性能的改性样品，微孔所占比重均接近 10%，且介孔数量的占比大于 70%，这是由于在 Hg^0 吸附过程中，微孔和较小孔径的介孔可以提供吸附位点，而其他孔径的介孔则提供了汞进入内部孔隙的扩散通道。

相比未改性生物焦和单铁基改性样品，掺杂多元金属可以导致平均孔径的增大：

（1）对于掺杂双金属的改性样品，平均孔径的增幅更为显著，这是由于所掺杂的离子半径都大于 Fe^{3+}，且金属离子半径由大到小依次为 Ce^{4+}、Cu^{2+}、Co^{2+}、Mn^{3+} 和 Fe^{3+}。

（2）改性样品的平均孔径与自身所掺杂金属离子的半径呈整体正相关性，但是其中 Fe-Mn/BC、Fe-Ce-Mn/BC 系列样品的平均孔径分别大于 Fe-Co/BC、Fe-Ce-Co/BC 系列样品。这是因为虽然 Co 的离子半径大于 Mn，但是一方面由于 Mn 离子的氧化性较强，导致部分微孔被烧蚀，孔隙半径增大；另一方面由前文所获得的关于样品晶相结构的研究结果可知，掺杂 Mn 后样品表面会形成 $MnFe_2O_4$ 的尖晶石结构类固溶体。

（3）平均孔径的增加，可以提高 Hg^0 在样品内部扩散的速率，降低传质阻力，并促进 Hg^0 与活性位的有效接触，进而利于气固反应的进行；但是，对于 Fe-4%Ce/BC、Fe-5%Ce/BC 和 Fe-6%Ce/BC 样品，由于 Ce 具有的强氧化性，因此样品中大孔的所占比例高于 50%，无法提供足够数量的 Hg^0 吸附位点，导致样品的脱除性能较弱，同理，Fe-1%Ce-5%Mn/BC、Fe-2%Ce-4%Mn/BC 这两个样品对 Hg^0 的脱除过程则是在以氧化作用为主的前提下，伴随着极小部分的吸附过程，Hg^0 的整体脱除量较低。

随着金属掺杂量的增加，样品的孔隙结构参数发生了较大变化：

（1）BET 比表面积下降，这是因为当活性物质的担载量超过单层分散的阈值时，活性组分主要以结晶态的形式赋存在生物焦载体的表面并发生团聚，进而堵塞了部分孔隙结构。

（2）大孔的所占比例上升，其中掺杂双金属改性样品中大孔数量的增幅较小，这是因为所负载的金属氧化物分散性较高。

（3）掺杂量与样品的平均孔径成正比，其中在双金属掺杂改性条件下，平均孔径与第三掺杂金属（Cu、Mn 和 Co）的掺杂量成正比。

5.6 表面化学特性研究

结合前期研究结果，根据改性生物焦的红外光谱图（如图 5-7 所示），样品的表面官能团可分为五个主要区域：羟基振动区（3600～3000cm^{-1}）、脂肪 CH 振动区（3000～2700cm^{-1}）、含氧官能团振动区（1800～1000cm^{-1}）、金属羟基弯曲振动区（1000～900cm^{-1}）和芳香 CH 的面外振动区（900～700cm^{-1}），分别记为 a、b、c、d 和 e。研究发现，各样品的官能团特征峰位置基本一致，只是强度发生变化，说明改性过程并未导致官能团的种类发生改变，只是影响了含量大小。

羟基振动区主要归属于生物焦中的醇羟基、酚羟基官能团以及一些游离羟基，而脂肪 CH 振动区则主要归结为脂肪族化合物 $-CH_2$ 和

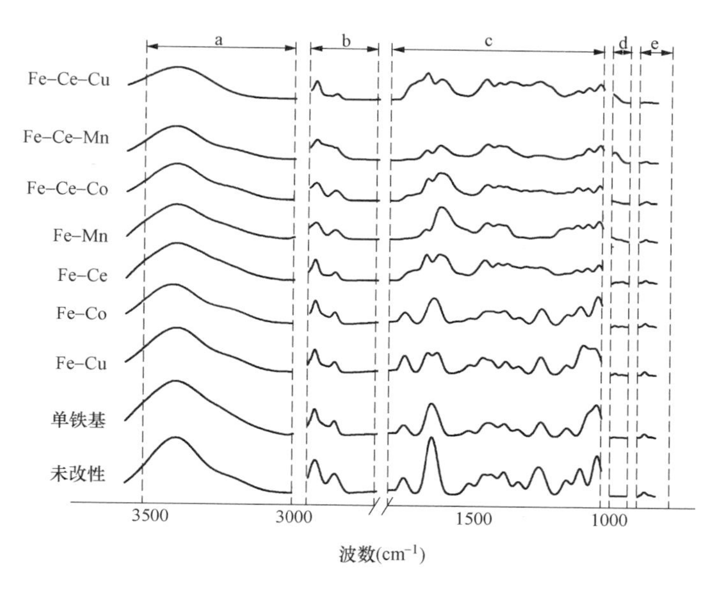

图 5-7　不同制备条件下生物焦的红外光谱图

$-CH_3$的叠加伸缩振动。在改性生物焦样品表面，这两个振动区的特征峰强度均有不同程度的下降，这是因为在前驱体热解过程中，一方面部分游离的—OH 官能团脱落，并对酚类和醇类物质的产生有抑制作用，而这部分酚类和醇类对 Hg^0 的脱除有不利影响[17]，同时负载的金属活性组分可以与生物焦内部的聚合物发生交联反应，生成呋喃类产物，进而在强化内部结构裂解重整的同时，进一步促进脱水反应的发生；另一方面，金属组分自身所具有的氧化和催化作用加剧了生物质分子的脂肪类结构和甲基烷基侧链的断裂，同时促进了挥发分的二次裂解与重组，导致 CH_4 等轻质气体的大量析出。另外，对于改性样品，—OH 官能团和脂肪 C—H 基团的相对含量大小与热解特性指数 *D* 具有负关联性，验证了前文研究结果。

由于碳和氧形成的键能较大，导致含氧官能团振动区形成了较宽的波峰带，所包含的大部分官能团是生物焦表面的活性基团，大量研究表明—COOH 和 C═O 是影响生物焦 Hg^0 化学吸附过程的主要因素，通过碳原子与汞原子发生电子转移形成活性位点，增加生物焦表面对汞的吸附能，将烟气中易挥发的 Hg^0 氧化为低挥发性的 Hg^{2+}，并以汞络合物 Hg-OM 的形式稳定吸附于样品表面。对于改性生物焦表面，相比其他官能团振动区，含氧官能团特征峰的变化最为明显，其中羰基、羧基含量显著增加，这主要是由于以下三个原因：

（1）生物质作为碳材料，其内部的石墨微晶结构边缘会被所负载金属氧化物中的晶格氧重氧化，形成含氧官能团[18]，由于改性导致生物焦的石墨化程度大幅降低，对应的微晶含量减少，所以对晶格氧的容纳有限，导致氧以置换的形式存在于新生成的无序芳环结构中，进而部分 C—O、C═C 基团被氧化。

（2）生物焦表面可以在高温条件下通过芳环裂解的方式和热解过程所产生的 CO_2 反应，形成羰基、羧基及相应衍生基团。

（3）金属离子自身具有的氧化性促进了生物焦表面原有的以及中间体形式的 C—O、C═C 键发生部分氧化。

结合改性样品的脱除特性可知，多元金属的掺杂可以增强—COOH 和 C═O 官能团对电子的迁移作用，进而提升生物焦对有机汞 Hg-OM 的结合能力。其中，Fe-2%Mn/BC 以及 Fe-5%Ce-1%Mn/BC 样品表面的—COOH 含量较高，这是因为在制备过程中，样品表面所残留的乙酸锰在分解过程中会生成大量的羧基。

另外，含氧官能团中，$1200 \sim 1350cm^{-1}$ 频率段为生物焦所含有醚、酯类结构中的 C—O 官能团伸缩振动区。改性样品中的此处特征峰强度发生了显著减弱，这是由于热解过程中 C—O 官能团主要以 CO 气体的形式析出，由于改性生物质的热解过程剧烈，所以相应官能团含量急剧减小。

改性生物焦的芳香 CH 面外振动区的特征峰强度明显减弱，这是因为金属离子会促进生物质芳香结构的脱氢反应；同时作为生物质分子中主要支撑结构的芳烃碳骨架，芳核的 C═C 官能团在热解过程中会发生聚合反应，但是在改性生物质的热解过程中，芳香片层的纵向堆叠和横向缩聚都会受到阻碍，从而抑制芳香结构单元的扩张生长[19]。所以，相比未改性生物焦，改性生物焦的芳香性和石墨化程度降低，反应活性得到提升，验证了前文所获得的关于样品晶相结构的研究结果。另外，对于掺杂 Co 的改性样品，由于 Co 的氧化物可以促进生物焦热解第一阶段的进行，因此相比 Fe-2%Mn/BC 样品，Fe-4%Ce-2%Co/BC 样品的羟基和脂肪 CH 官能团含量较小，但是样品整体热解的剧烈程度较低，所以芳香 CH 官能团保留情况较好。

相比未改性生物焦，改性样品表面出现了归属于金属配位羟基官能团（M-OH）的振动峰，这是因为在前驱体的制备过程中，金属离子会发生水解形成羟基配合物，并通过离子键和共价键的形式连接。另外，由于具有尖晶石结构的固溶体中 M-OH 含量比所对应的单独金属氧化物高，而掺杂 Cu 和 Mn 后形成的样品中会出现大量 $MnFe_2O_4$ 和 $CuFe_2O_4$ 的固溶体物质，因此这两种改性样品的金属配位羟基官能团含量高于其他样品。

5.7　元素价态研究

为了识别改性生物焦在 Hg^0 脱除过程中的氧化位点，并探究相关作用机理。本章研究了脱除 Hg^0 前后生物焦样品表面的元素价态变化，结果如表 5-5 和表 5-6 所示。

表 5-5　脱除 Hg^0 前后生物焦样品表面的元素价态变化拟合结果

样品	脱除前					脱除后				
	Fe^{3+}	Fe^{2+}	Fe^0	O_α	O_β	Fe^{3+}	Fe^{2+}	Fe^0	O_α	O_β
Fe/BC	34.7	24.5	1.9	41.38	41.67	33.4	35.1	0	40.79	40.68
Fe-2%Cu/BC	25	37	1.9	41.57	56.52	22.9	37.8	0	40.89	55.48
Fe-3%Co/BC	31.6	31.1	1.9	41.46	42.86	29.9	31.8	0	40.82	41.85
Fe-2%Mn/BC	34.7	24.5	4.3	42.11	57.89	35.4	23.7	0	41.42	56.79
Fe-1%Ce/BC	37.4	20.6	4.4	43.48	43.31	38.3	19.6	0	42.44	42.28
Fe-4%Ce-2%Cu/BC	34.8	24.2	1.7	57.14	59.54	34.9	23.7	0	56.09	58.34

续表

样品	脱除前					脱除后				
	Fe^{3+}	Fe^{2+}	Fe^0	O_α	O_β	Fe^{3+}	Fe^{2+}	Fe^0	O_α	O_β
Fe-4%Ce-2% Co/BC	35.5	24.1	1.8	58.33	58.24	35.9	23.5	0	57.13	57.05
Fe-5%Ce-1% Mn/BC	37.3	20.96	1.6	54.69	59.62	38.6	19.7	0	53.65	58.31

表 5-6　脱除 Hg^0 前后生物焦样品表面的元素价态变化拟合结果

<table>
<tr><th>样品</th><th colspan="30">脱除前</th><th colspan="30">脱除后</th></tr>
<tr><td rowspan="2">Fe-2%Cu/BC</td><td colspan="10">Cu^{2+}</td><td colspan="10">Cu^+</td><td colspan="10">Cu^0</td><td colspan="10">Cu^{2+}</td><td colspan="10">Cu^+</td><td colspan="10">Cu^0</td></tr>
<tr><td colspan="10">35.1</td><td colspan="10">27.7</td><td colspan="10">5.3</td><td colspan="10">33.2</td><td colspan="10">28.1</td><td colspan="10">0</td></tr>
<tr><td rowspan="2">Fe-3%Co/BC</td><td colspan="10">Co^{2+}</td><td colspan="10">Co^{3+}</td><td colspan="10">Co_3O_4</td><td colspan="10">Co^{2+}</td><td colspan="10">Co^{3+}</td><td colspan="10">Co_3O_4</td></tr>
<tr><td colspan="10">48</td><td colspan="10">35</td><td colspan="10">1.2</td><td colspan="10">48.8</td><td colspan="10">33.7</td><td colspan="10">0</td></tr>
<tr><td rowspan="2">Fe-2%Mn/BC</td><td colspan="10">Mn^{4+}</td><td colspan="10">Mn^{3+}</td><td colspan="10">Mn^{2+}</td><td colspan="10">Mn^{4+}</td><td colspan="10">Mn^{3+}</td><td colspan="10">Mn^{2+}</td></tr>
<tr><td colspan="10">31.2</td><td colspan="10">27.4</td><td colspan="10">29.5</td><td colspan="10">28</td><td colspan="10">25.8</td><td colspan="10">30.9</td></tr>
<tr><td rowspan="2">Fe-1%Ce/BC</td><td colspan="15">Ce^{4+}</td><td colspan="15">Ce^{3+}</td><td colspan="15">Ce^{4+}</td><td colspan="15">Ce^{3+}</td></tr>
<tr><td colspan="15">70.1</td><td colspan="15">33.6</td><td colspan="15">68.9</td><td colspan="15">33.9</td></tr>
<tr><td rowspan="2">Fe-4%Ce-2% Co/BC</td><td colspan="6">Ce^{4+}</td><td colspan="6">Ce^{3+}</td><td colspan="6">Co^{2+}</td><td colspan="6">Co^{3+}</td><td colspan="6">Co_3O_4</td><td colspan="6">Ce^{4+}</td><td colspan="6">Ce^{3+}</td><td colspan="6">Co^{2+}</td><td colspan="6">Co^{3+}</td><td colspan="6">Co_3O_4</td></tr>
<tr><td colspan="6">67.8</td><td colspan="6">31.8</td><td colspan="6">56</td><td colspan="6">47</td><td colspan="6">1.5</td><td colspan="6">66.4</td><td colspan="6">32.4</td><td colspan="6">55.6</td><td colspan="6">47.3</td><td colspan="6">0</td></tr>
<tr><td rowspan="2">Fe-4%Ce-2% Cu/BC</td><td colspan="6">Ce^{4+}</td><td colspan="6">Ce^{3+}</td><td colspan="6">Cu^{2+}</td><td colspan="6">Cu^+</td><td colspan="6"></td><td colspan="6">Ce^{4+}</td><td colspan="6">Ce^{3+}</td><td colspan="6">Cu^{2+}</td><td colspan="6">Cu^+</td><td colspan="6"></td></tr>
<tr><td colspan="6">66.4</td><td colspan="6">29.9</td><td colspan="6">38.1</td><td colspan="6">28.8</td><td colspan="6"></td><td colspan="6">64.9</td><td colspan="6">30.7</td><td colspan="6">40.1</td><td colspan="6">26.4</td><td colspan="6"></td></tr>
<tr><td rowspan="2">Fe-5%Ce-1% Mn/BC</td><td colspan="6">Ce^{4+}</td><td colspan="6">Ce^{3+}</td><td colspan="6">Mn^{4+}</td><td colspan="6">Mn^{3+}</td><td colspan="6">Mn^{2+}</td><td colspan="6">Ce^{4+}</td><td colspan="6">Ce^{3+}</td><td colspan="6">Mn^{4+}</td><td colspan="6">Mn^{3+}</td><td colspan="6">Mn^{2+}</td></tr>
<tr><td colspan="6">68.2</td><td colspan="6">32.2</td><td colspan="6">31.4</td><td colspan="6">29.5</td><td colspan="6">31.5</td><td colspan="6">67.5</td><td colspan="6">32.5</td><td colspan="6">30</td><td colspan="6">28.9</td><td colspan="6">32</td></tr>
</table>

对于单铁基改性生物焦：

（1）在脱除反应进行前，样品表面主要存在 FeO 和 Fe_2O_3，还有微量的 Fe^0，且 $Fe^{3+}/Fe^{2+}=1.42$，说明 Fe 主要以 Fe_2O_3 的形式在样品表面赋存；同时，在 O 1s 的谱图中分别出现了归属于晶格氧（O_β）和化学吸附氧（O_α）的明显特征峰，这两种都属于活跃的氧种类，在

Hg^0 脱除过程中均可发挥促进作用，其中 O_β 主要来源于金属氧化物的晶体结构，而 O_α 则主要赋存于样品表面及含氧官能团中。

（2）脱除 Hg^0 后，样品中上述衍射峰的强度均发生了较大变化，Fe^{3+}/Fe^{2+} 与 O_β/O_α 的比值分别由 1.42 和 1.01，下降至 0.95 和 0.99，说明 Fe^{3+} 离子、晶格氧与化学吸附氧均参与了 Hg^0 的氧化过程。

在所进行的氧化反应过程中：

（1）首先，样品中的 FeO 和 Fe_2O_3 提供晶格氧，并与化学吸附氧共同参与 Hg^0 的氧化，形成弱结合态的金属氧化物（$Hg-O-FeO_{x-1}$）。其中，晶格氧的消耗速率较大，而晶格氧消耗越多，所形成的氧空位越多。在此期间，随着氧空位的引入，一方面可以有效调控生物焦表面的电子结构，在增强电荷转移能力的基础上，提升样品表面含氧官能团的电子富集作用[20]，进而利于 Hg^0 在生物焦表面的化学吸附和催化氧化过程的进行；另一方面，氧空位在形成过程中，会促使周围原子发生重排，导致氧空位周围的电子层发生弛豫现象，增大生物焦表面的晶格缺陷，提升样品表面活性，利于 Hg^0 的脱除[21]。

（2）另外，通常金属氧化物中的金属离子具有配位饱和的特点，无法直接通过化学吸附或氧化的方式脱除 Hg^0，而通过所构筑的氧空位缺陷则可以在生物焦表面形成不饱和的配位金属离子，增强空间交联程度，在促进电子从生物焦向 Hg^0 发生转移的同时，实现高价金属离子对 Hg^0 的氧化以及对弱结合态金属氧化物的重氧化。以上可以说明，在单铁基改性生物焦样品的 Hg^0 氧化过程中，晶格氧、化学吸附氧和 Fe^{3+} 均为主要的氧化位点，共同作用将 Hg^0 氧化为 HgO。

对于掺杂单金属的铁基改性生物焦，共包含两种 Hg^0 脱除机理。其中，Fe-2%Cu/BC、Fe-3%Co/BC 样品的反应机理与上述 Fe/BC 样品类似：

（1）脱除 Hg^0 之前，Cu 与 Co 分别主要以 CuO 和 CoO、Co_2O_3 的形式赋存在样品表面；相比 Fe/BC 样品，反应前 Fe^{2+} 衍射峰强度增强，这是因为 Cu 与 Co 的掺杂会导致 Fe_2O_3 晶格畸变，部分 Fe^{3+} 转变为 Fe^{2+}；O_β 含量显著增大，并高于 O_α，这是由于样品表面具有多种形式的金属氧化物，且含量较高。

（2）反应后，相比 Fe/BC 样品，Fe^{2+} 衍射峰强度得到进一步增强，同时 Cu^{2+}/Cu^{+}、Co^{3+}/Co^{2+} 的比值分别由 1.27 和 0.73 下降至 1.18 和 0.69，说明反应过程中发生了 CuO 和 Co_2O_3 的还原反应，而且相比 Cu^{2+} 与 Co^{3+} 的化合价变化，Fe^{3+} 的降低幅度更为明显；O_β 的消耗速率大于 O_α，其中，Fe-2%Cu/BC、Fe-3%Co/BC 样品中的 O_β/O_α 比值分别由反应前的 1.37 和 1.03，下降至反应后的 1.35 和 1.02。因此通过样品脱除 Hg^0 前后元素价态的变化可以说明，在 Hg^0 的脱除过程中，首先样品表面的金属氧化物提供晶格氧，氧化吸附在表面的 Hg^0，得到 HgO 或弱结合态的金属氧化物，其中 Cu 或 Co 氧化物中丢失的氧可以被 Fe_2O_3 中的晶格氧补充，并形成大量的氧空位；同时，一部分 CuO（或 Co_2O_3）中的 Cu^{2+}（或 Co^{3+}），以及样品表面所负载的 Fe^{3+} 通过不饱和配位键直接参与了对 Hg^0 的氧化过程，对应的还原产物为 FeO 和 Cu_2O（或 CoO）；另外，在反应过程中部分 Fe^{3+} 还参与了对 Cu_2O（或 CoO）的氧化，导致 Fe 价态的降低幅度更大。

而对于另外两种掺杂单金属的改性样品（Fe-2%Mn/BC 和 Fe-1%Ce/BC），由于 Mn^{4+} 和 Ce^{4+} 的氧化性强于 Fe^{3+}，因此这两种样品的 Hg^0 氧化过程与其他种类的掺杂单金属改性样品存在差异：

（1）相比 Fe/BC 样品，反应前 Fe^{3+} 衍射峰强度得到增强。

（2）而且在反应过程中，MnO_2 和 CeO_2 中的晶格氧补充 Fe_2O_3 中丢失的氧，并形成大量氧空位。

（3）另外，虽然 Ce^{4+} 的氧化性强于 Mn^{4+}，但是由于 Fe-2%Mn/BC 样品表面生成了具有尖晶石结构的 $MnFe_2O_4$ 固溶体，所以 Hg^0 的脱除能力更强。

由前文可知，掺杂双金属的铁基改性生物焦的 Hg^0 氧化效率远高于其他改性方式，这是由于一方面，在氧化过程中，不仅样品表面存在具有强大储氧能力的 CeO_2，而且 CeO_2 与其他所掺杂的 Mn（或 Co 或 Cu）的金属氧化物之间可以起到协同促进的作用，在共同提供晶格氧的同时，还可以提升 Ce^{4+} 的氧化能力，以及化学吸附氧的移动性和反应活性；另一方面，在 Ce^{4+} 与 Ce^{3+} 的转换过程中，可以产生更多具有较高活性的氧空位[22]，对于 Hg^0 的氧化过程极为有利。而且与 Fe-2%Mn/BC 和 Fe-1%Ce/BC 样品类似，反应后，Fe^{3+} 特征峰的强度得到增强，这是由于所掺杂金属 Ce 和 Mn 具有极强的氧化性所致。由于 Co^{3+} 与 Cu^{2+} 的氧化性弱于 Fe^{3+}，所以对应样品的双金属氧化物（Ce-Co 或 Ce-Cu）之间的协同氧化能力较弱；而 Fe-5%Ce-1%Mn/BC 样品由于具有较强的协同氧化能力，所以反应后 Ce^{4+} 和 Mn^{4+} 被还原的比例最小。另外，Fe-1%Ce/BC 和 Fe-4%Ce-2%Co/BC 样品中的 O_α 含量比 O_β 含量更高，且 O_α 的消耗速率高于 O_β，这是由于 Ce^{3+} 可以在样品表面制造不饱和化学键，产生电荷失衡及电子空穴，进而使样品表面富集更多的化学吸附氧，而 Co 的加入，能使晶格氧的可用性增强，并形成更多的化学吸附氧[23]，利于单质汞的催化氧化；而 Fe-4%Ce-2%Cu/BC 和 Fe-5%Ce-1%Mn/BC 样品中的晶格氧含量远高于其他样品，这是由于样品中形成的 $CuFe_2O_4$ 和 $MnFe_2O_4$ 作为固溶体具有强大的储氧能力。

另外，脱除 Hg^0 后，所有样品表面均含有 Hg^0 与 Hg^{2+}，其中除了 Fe/BC 样品外，其余样品所脱除的汞均主要以 Hg^{2+} 的形式存在，说明生物焦样品表面存在不同的活性吸附位点和氧化位点，而且掺杂改性极大提升了生物焦样品的氧化能力。

5.8 负载物氧化活性研究

为了探究所掺杂多元金属氧化物在生物焦载体表面的氧化还原性能，获得对应的反应途径，本章进行了 H_2-TPR 表征研究，结果如图 5-8 所示。

对于单铁基改性生物焦样品，分别在 375、709℃和 775℃出现了 3 个 H_2 消耗峰，第一个峰对应的反应是 Fe^{3+} 还原为 $Fe^{8/3+}$；温度较高的第三个峰则是改性样品表面所负载的 FeO 中 Fe^{2+} 的还原峰；而在 670～735℃的反应温度范围内则发生的是生物焦本身的固定碳与 H_2

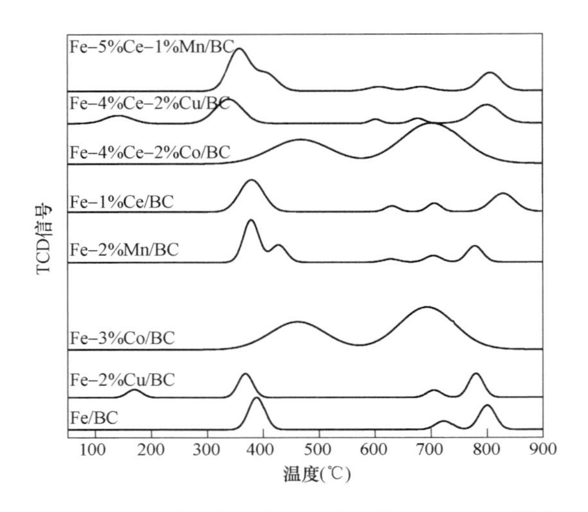

图 5-8 不同制备条件下生物焦的 H_2-TPR 谱图

的还原反应，特征峰相对平稳，且峰值最小，说明生物焦作为载体自身活性较低，在反应过程中表现出相对惰性。

对于掺杂单金属的铁基改性生物焦，各还原特征峰的峰值温度相比理论温度均略有提升，这是由于在制备过程中，改性样品会在表面形成聚集态的金属氧化物。对于所有掺杂 Mn 的改性样品，由于 Mn^{2+} 在 1200℃条件下较难被 H_2 还原，因此没有出现对应的还原特征峰；除了所出现的 Fe 的相关还原峰，还可发现所掺杂的不同金属离子对应的还原反应，其中部分还原峰由于反应温度区间相近，发生了重叠现象。另外，对于掺杂 Mn 和 Ce 的改性样品，还会额外出现归属于 Fe_3O_4 中 $Fe^{8/3+}$ 还原反应的特征峰，在 Fe-2%Mn/BC 样品的 TPR 反应过程中，由于样品表面 Fe_3O_4 含量较少，因此该特征峰强度较弱；同时由于 MnO_2 中 Mn^{4+} 与 Fe_2O_3 中 Fe^{3+} 的还原反应温度区间基本重合，所以特征峰显著增强，并与 Mn_2O_3 中 Mn^{3+} 的还原峰重叠，从而形成一个特殊的肩峰；而 Fe-1%Ce/BC 样品中由于 $Fe^{8/3+}$ 的还原过程与 Ce^{4+} 向 Ce^{3+} 的转换过程的反应温度重叠，因此 600～650℃温度范围内的还原特征峰得到了显著增强。另外，在这些掺杂单金属改性样

品的 H_2- TPR 谱图中，生物焦自身还原峰对应的峰值温度降低至700℃，且相比单铁基改性生物焦样品，峰值强度减弱。

掺杂双金属后，可以明显发现样品 TPR 反应过程中各还原途径的反应温度都显著向低温区偏移，这是由于 Ce 和所掺杂金属氧化物之间的相互协同作用可以增强生物焦表面活性氧物种的移动性，不仅大幅改善了活性成分在生物焦载体上的结晶度与分散性，同时极大提升样品表面的活性，有利于 Hg^0 脱除反应的进行[24]。其中，由于 Ce 和 Cu 在热解过程中所发生的交互作用最为强烈，因此对应的还原特征峰相比理论温度降低 25℃左右，降低幅度远高于其他类型的双金属掺杂改性样品；对于 Fe - 4%Ce - 2%Co/BC 样品，由于 $Fe^{8/3+}$、Ce^{4+}、Fe^{2+}、Ce^{3+} 和 Co^{2+} 的还原途径反应温度区间相近且连续，因此在该样品的 TRP 反应过程中，位于 550～900℃的还原温度区间内会出现一个宽缓的连续特征峰；另外，生物焦自身固定碳还原峰的峰值温度与强度则进一步降低，说明所掺杂的改性物质能够以单层或者亚单层的形式均匀分散在生物焦样品表面，利于表面电子的转移，从而提高样品的表面反应活性[25]，同时所掺杂的多种金属氧化物之间的协同作用可以进一步增强这种氧化活性和阈值效应。

5.9　表面形貌研究

为了阐明未改性生物焦以及掺杂金属的铁基改性样品的载体效应，并验证所获得的改性过程中金属盐溶液种类与掺杂量对多元金属离子分散和锚定的影响机制，本章对生物焦样品的表面形貌进行了研究，如图 5 - 9～图 5 - 16 所示。

由前文所获得的关于样品晶相结构的研究结果可知，改性后样品的结构单元排列有序度及石墨化程度降低，因此对于单铁基改性生物焦样品，虽然维持了生物焦自身的基本形貌特征，但是生成和发展了更多新的孔隙结构，所形成孔状结构的孔洞较深。同时表面结构变得粗糙，片层结构表面附着有大小相似的 Fe_2O_3 颗粒，为后续的掺杂改性过程提升了活性金属的接触概率。

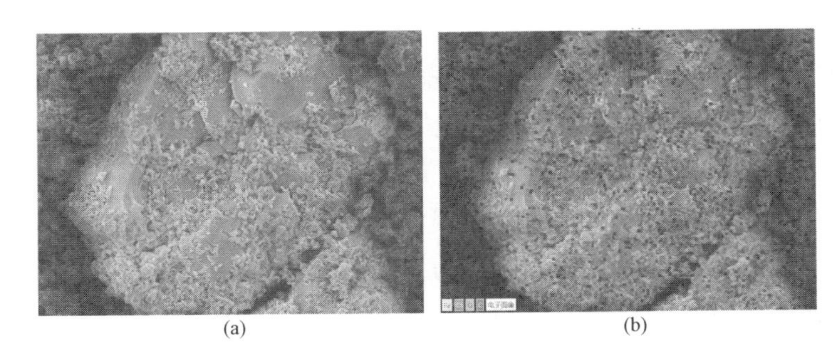

图 5-9　Fe/BC 样品的 SEM 和 EDS 结果

（a）SEM；（b）EDS

图 5-10　Fe-3%Co/BC 样品的 SEM 和 EDS 结果

（a）SEM；（b）EDS

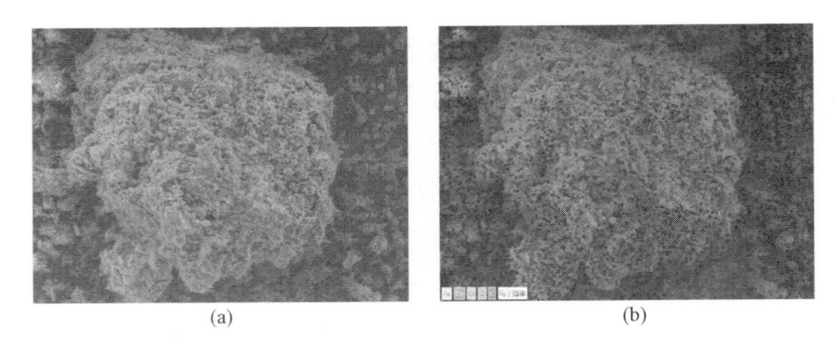

图 5-11　Fe-1%Ce/BC 样品的 SEM 和 EDS 结果

（a）SEM；（b）EDS

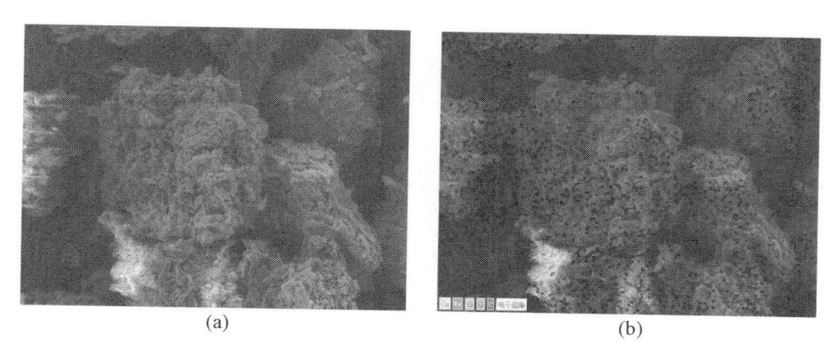

图5-12　Fe-2%Cu/BC样品的SEM和EDS结果

(a) SEM；(b) EDS

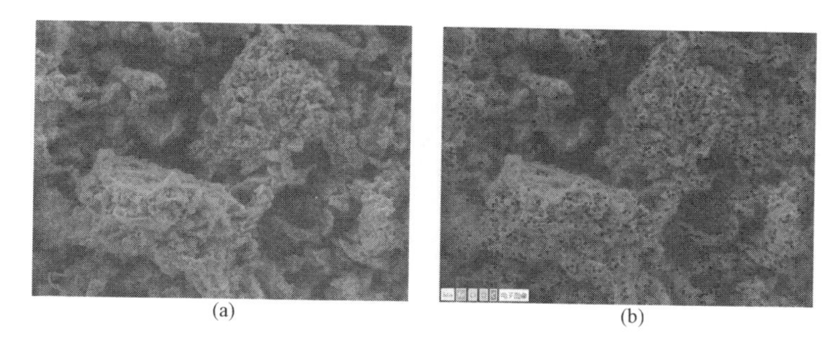

图5-13　Fe-2%Mn/BC样品的SEM和EDS结果

(a) SEM；(b) EDS

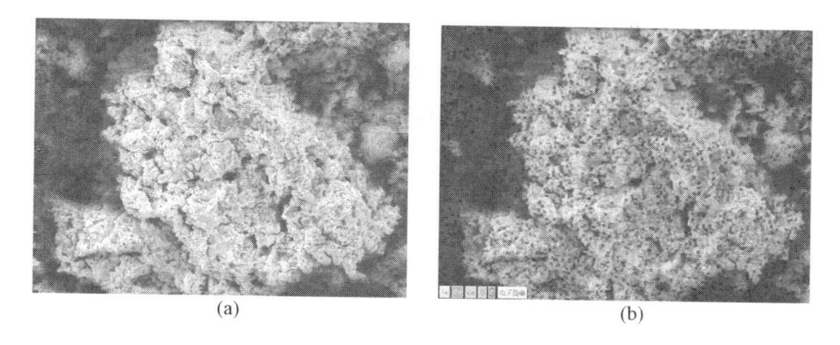

图5-14　Fe-4%Ce-2%Co/BC样品的SEM和EDS结果

(a) SEM；(b) EDS

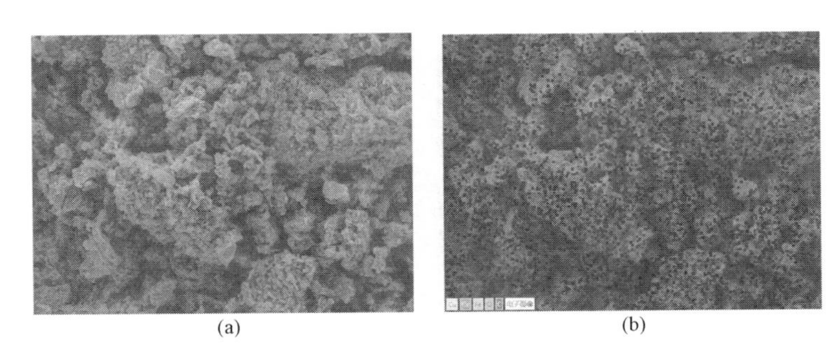

图 5-15　Fe-4%Ce-2%Cu/BC 样品的 SEM 和 EDS 结果

（a）SEM；（b）EDS

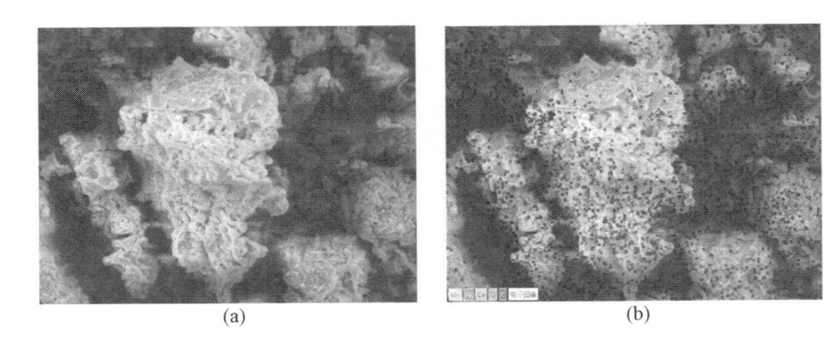

图 5-16　Fe-5%Ce-1%Mn/BC 样品的 SEM 和 EDS 结果

（a）SEM；（b）EDS

掺杂 Ce、Mn、Co、Cu 后，样品表面被包裹了一层絮状物，孔壁表面呈现出一定程度的腐蚀，其中有一些 Fe_2O_3 颗粒发生破损，而且部分所掺杂的金属氧化物发生了团聚，可以推测这部分氧化物与生物焦载体之间没有形成良好的相互作用，由 TPR 研究结果可知，这是由于生物焦作为载体，其自身具有的惰性导致；样品表面整体变得更为粗糙，不仅孔隙结构得到了更充分的发展，生成了许多新的孔道结构，同时絮状物的生成利于增大负载物与 Hg^0 的接触面积，可以进一步提高样品的脱除能力。另外，由于 Ce 的氧化性过强，容易导致因掺杂量超过阈值而发生活性物质团聚的现象，其中 Fe-Ce/BC 系列样品的脱汞性能随着 Ce 掺杂量的升高而逐渐减弱；通过对样品表面形貌的研究

（如图5-17所示）可以发现部分铈的氧化物在样品表面发生了团聚，且团聚程度逐渐加剧，可以推测这部分改性物质与生物焦载体之间没有形成良好的相互作用，进而大幅削弱了生物焦的脱除性能。

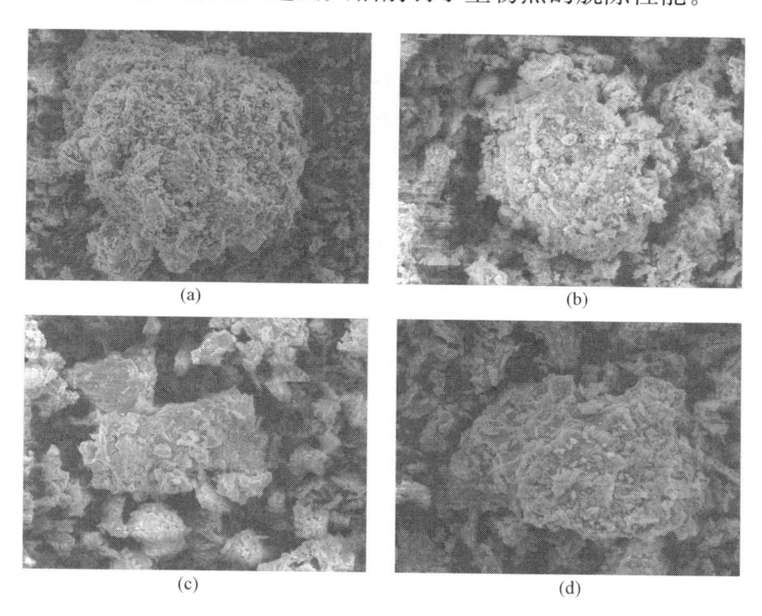

图5-17　不同掺杂量条件下Fe-Ce/BC系列样品的SEM图像

(a) Fe-1%Ce/BC；(b) Fe-2%Ce/BC；(c) Fe-5%Ce/BC；(d) Fe-6%Ce/BC

对于掺杂双金属的改性生物焦：

（1）相比其他种类的改性样品，孔隙结构最为发达和丰富，这是因为在改性过程中，一方面避免了金属离子或氧化物发生热沉淀堵塞样品的孔隙结构；另一方面大幅促进了孔隙的发展，导致孔洞明显扩大，并在生物焦表面生成大量片状凸起结构，进一步增大与Hg^0的接触面积。同时通过对所获得样品表面的局部微观特性进行分析可以发现，样品表面具有丰富的毛绒状结构，进而可以进一步验证，在煅烧过程中，随着前驱体的分解，生物焦能够形成更多的微孔结构。

（2）所掺杂的双金属氧化物均匀分布，团聚现象消失。结合XRD分析结果可知，样品表面还存在部分无定型态的金属氧化物，并高度均匀分散在样品表面，因此样品表面的颗粒状负载物明显较少。

(3) 通过 EDS 分析结果可知，所掺杂的活性成分显著增加，说明活性成分在改性过程中通过介孔进入样品内部，附着在微孔的孔壁上，并均匀分散在 Fe 相中，有利于表面电子的传递。同时，由于所掺杂的多元金属氧化物之间所具有的协同作用，可以在提高自身赋存分散性，并避免团聚现象发生的同时，提供足够的 Hg^0 氧化能力。

5.10 吸附动力学及活化能研究

5.10.1 Hg^0 在生物焦表面吸附的动力学研究

多元金属掺杂改性生物焦对单质汞的吸附主要分为外部和内部传质过程，其中既包含物理吸附作用，又包含化学吸附作用。本章采用准一级动力学模型、准二级动力学模型、颗粒内扩散模型和 Elovich 模型对生物焦的汞脱除实验数据进行了拟合计算，研究吸附机理并确定吸附过程中的控速步骤；在识别吸附位点的同时，进一步明确吸附过程中物理和化学吸附作用所占比重，所获得的拟合结果如表 5-7 和表 5-8 所示。

表 5-7　不同制备条件下生物焦的吸附动力学拟合参数
（准一级动力学方程和准二级动力学方程）

样品	准一级动力学方程				准二级动力学方程			
	R^2	k_1	q_e	γ	R^2	k_2	q_e	γ
Fe/BC	0.9996	2.17E-06	2617	0.69	0.9986	3.45E-08	2544	0.71
Fe-2%Cu/BC	0.9998	1.18E-05	8202	0.51	0.9999	1.75E-07	13072	0.32
Fe-3%Co/BC	0.9996	7.04E-06	4680	0.66	0.9997	5.12E-08	6715	0.46
Fe-1%Ce/BC	0.9984	8.58E-06	6098	0.58	0.9998	8.81E-08	9308	0.38
Fe-2%Mn/BC	0.9992	1.32E-05	11784	0.43	0.9999	9.43E-07	38977	0.13
Fe-4%Ce-2%Co/BC	0.9995	4.46E-05	21779	0.39	0.9999	2.49E-07	27400	0.31
Fe-4%Ce-2%Cu/BC	0.9994	7.39E-05	27466	0.35	0.9999	4.08E-07	33148	0.29
Fe-5%Ce-1%Mn/BC	0.9993	8.61E-05	34839	0.28	0.9999	5.81E-07	39020	0.25

表 5-8　不同制备条件下生物焦的吸附动力学拟合参数（颗粒内扩散方程和 Elovich 方程）

样品	颗粒内扩散方程			耶洛维奇方程			初始吸附速率
	R^2	k_{id}	c	R^2	α	β	$k_2q_e^2$
Fe/BC	0.9973	7.91	−330	0.9984	0.0858	8.65E-04	2.23E-01
Fe-2%Cu/BC	0.9978	20.12	−706	0.9993	0.4138	3.15E-03	2.99E+01
Fe-3%Co/BC	0.9976	16.57	−535	0.9992	0.2118	2.97E-03	2.31E+00
Fe-1%Ce/BC	0.9964	19.21	−683	0.9994	0.3784	7.20E-03	7.63E+00
Fe-2%Mn/BC	0.9995	29.45	−791	0.9997	0.6879	1.79E-03	1.43E+03
Fe-4%Ce-2%Co/BC	0.9996	35.85	−814	0.9996	0.4387	6.82E-03	1.87E+02
Fe-4%Ce-2%Cu/BC	0.9997	39.96	−907	0.9995	0.5017	2.01E-03	4.48E+02
Fe-5%Ce-1%Mn/BC	0.9996	44.31	−1029	0.9998	0.6409	4.25E-03	8.85E+02

注　γ 为吸附反应程度，即实际脱除量与预测饱和吸附量 q_e 的比值。

研究表明，所有拟合结果对应的 R^2 均接近 0.99，说明所有改性生物焦样品对 Hg^0 的吸附过程受到物理与化学作用的共同影响，而且吸附过程为多层吸附，并非单一的单层吸附，同时在吸附过程中，样品表面和内部的吸附位点起主导作用。另外，根据所获得的预测饱和吸附量 q_e，可知所有样品在实际 Hg^0 的脱除过程中均未达到吸附平衡状态，而且通过准一与准二动力学模型所获得的 q_e 分别与对应样品的孔隙丰富度和官能团含量呈整体正相关关系，在验证拟合结果正确性的同时，说明样品的孔隙结构与表面官能团分别为对应的吸附位点。

单铁基改性样品的准一级与准二级动力学模型的拟合相关系数则基本接近，说明外部传质过程与表面化学吸附过程对其汞吸附过程的影响相当。对于多元金属掺杂改性生物焦，化学吸附在整个 Hg^0 吸附过程中所起到的控制作用非常显著，并成为吸附反应的驱动力，同时准一级和准二级速率常数得到显著提升。这是由于未改性生物焦表面本身的化学吸附位点较少，且孔隙结构单一，对 Hg^0 的物理和化学吸附速率都极低，而多元金属掺杂改性过程不仅使生物焦表面的含氧官能团变得丰富，同时孔隙结构不断发展，变得发达。其中，对于

Fe-2%Cu/BC、Fe-3%Co/BC 和 Fe-2%Mn/BC 样品，准一级速率常数与对应增幅均高于准二级，这是由于孔隙结构的改善程度较表面官能团含量的变化程度更为显著。

同时对于上述改性样品，随着反应的进行，孔道内扩散速率常数 k_{id} 逐渐增大，但是样品整体的宏观吸附速率不断降低，验证了外部传质不是吸附过程的唯一控制步骤，即样品在整个吸附过程中存在不同的吸附阶段：

（1）Hg^0 首先分别通过物理和化学作用吸附在样品表面，气相单质汞与吸附位点之间所发生的气相外部传质过程主要遵循准一级传质机制。该过程为吸附的初始阶段，生物焦表面与吸附气氛中的 Hg^0 浓度差是该吸附阶段中的主要驱动力。

（2）Hg^0 接触样品表面后，吸附反应进入第二阶段一内部传质，该阶段主要包含表面吸附和孔道扩散两个基本过程，其中前者与表面化学特性有关，而后者则主要受到样品的孔隙结构影响。

随着样品孔隙结构和表面化学特性的改善，Hg^0 的扩散与表面吸附速率会得到极大提升，进而位于表面的吸附位点消耗率不断增加，所形成的吸附及氧化产物层逐渐包裹颗粒表面，进而阻碍了 Hg^0 与样品表面的直接接触。同时随着反应的进行，样品表面的非催化吸附位逐渐饱和，Hg^0 逐渐向样品内部进行扩散，孔道内扩散速率常数 k_{id} 显著增大。由于生物焦的微孔和部分介孔提供大部分吸附汞的物理活性吸附位，因此，Fe-4%Ce-2%Cu/BC、Fe-4%Ce-2%Co/BC、Fe-5%Ce-1%Mn/BC 和 Fe-2%Mn/BC 样品的内扩散速率远高于其他样品，且利用颗粒内扩散模型拟合获得的相关系数高于准一级动力学模型，说明随着氧化效率的提升，相对于外部传质阶段和表面吸附过程，孔道扩散过程是汞在生物焦表面吸附的速率控制步。

另外，本章通过准二级与 Elovich 动力学模型，获得了样品的初始汞吸附速率，分别为 $k_2q_e^2$ 与 α，可以发现，对于多元金属掺杂改性生物焦样品，初始吸附速率与样品表面官能团含量以及汞容呈正比，说明化学吸附在脱汞过程中起主导作用，同时可以在通过丰富生物焦样品孔隙结构的同时，增加表面的粗糙程度，进一步加快汞原子向吸附剂表面的扩散，减小外部传质的影响。

5.10.2　Hg^0 在生物焦表面吸附的活化能研究

本章利用 Arrhenius 方程对多元金属掺杂改性生物焦吸附过程中的活化能进行了计算，如表 5-9 所示为拟合获得的参数。研究发现，所获得的 E_a 值均处于－40～－4kJ/mol 范围内，再次验证了 Hg^0 在改性生物焦表面的吸附过程是物理吸附和化学吸附的结合；而且 Hg^0 在改性生物焦表面吸附时所对应的能量壁垒显著提升，说明吸附形式由物理吸附为主转变为化学吸附作用起主导作用；另外 Hg^0 在双金属掺杂改性生物焦样品表面所需活化能的提升幅度高于其他类型样品，与前文研究结论一致。

表 5-9　不同制备条件下生物焦的 Arrhenius 方程拟合参数

样品	E_a（kJ/mol）	R^2
Fe/BC	－12.84	0.8614
Fe-2%Cu/BC	－29.32	0.8892
Fe-3%Co/BC	－27.63	0.8315
Fe-1%Ce/BC	－28.12	0.8936
Fe-2%Mn/BC	－30.55	0.8427
Fe-4%Ce-2%Co/BC	－31.76	0.8755
Fe-4%Ce-2%Cu/BC	－34.52	0.8544
Fe-5%Ce-1%Mn/BC	－35.83	0.8266

5.11　脱除机理研究

5.11.1　程序升温脱附研究

结合前文研究发现，生物焦对 Hg^0 的脱除主要包括吸附和氧化过程，其中 Hg^0 在生物焦表面的吸附过程又分为物理和化学吸附，前者的吸附产物为 Hg^0_{ph}；而后者则主要生成不同种类的弱结合态的汞，如有机汞（Hg-OM）等；部分被吸附的 Hg^0 进而会被氧化。因此，通过不同方式所脱除的汞是以一种混合形式赋存在生物焦表面。本章根据所形成的不同种类 Hg^0 的脱除产物对应的结合能，对脱汞后的不同改性样品进行程序升温脱附实验，获得生物焦对 Hg^0 的脱除方式及相应的汞赋存形式，结果如图 5-18 所示。

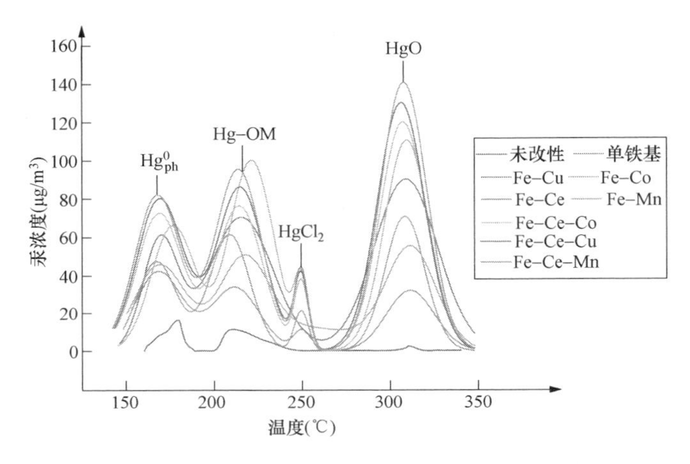

图 5-18 脱除 Hg^0 后生物焦的 TPD 脱附曲线

相比未改性样品，单铁基改性生物焦样品的脱附曲线则包含 4 个特征峰，其中属于 Hg^0_{ph}、Hg-OM 和 HgO 的脱附峰强度均得到了增强，这是由于铁基负载过程不仅改善了生物焦的孔隙结构和表面化学特性，同时所负载的金属离子自身具有的强氧化性以及金属氧化物中的晶格氧均增强了样品对 Hg^0 的氧化能力；而且，由于样品化学吸附能力的增强，导致表面所形成的有机汞含量增大，在脱附过程中与 Hg^0_{ph} 发生了交叉重叠，但是由于该样品对 Hg^0 的吸附仍主要以物理吸附为主，所以所形成的 Hg^0_{ph} 脱附峰强度较大；在脱附过程中，还在 250℃附近出现了一个强度较弱的 $HgCl_2$ 脱附峰。

掺杂多元金属改性后，样品脱附曲线的形状和位置均相似，只是脱附峰的强度存在差异：

(1) 相比 Hg^0_{ph}，Hg-OM 和 HgO 是被脱除的 Hg^0 的主要赋存形式，说明改性过程对生物焦的化学吸附和氧化能力均具有明显的提升作用。

（2）与单铁基改性样品类似，Hg^0_{ph}、Hg-OM 和 HgO 的起始脱附温度相比未改性样品均有所下降，说明脱附过程提前，这是由于改性生物焦的孔隙结构发达，提升了 Hg^0 的脱除产物在样品内部扩散释放的速率。

（3）由于表面丰富的化学官能团增强了样品的化学吸附性能，对应的 Hg-OM 与 Hg^0_{ph} 脱附峰的重叠现象随着样品脱除能力的增强而逐渐加剧，并形成了较窄的肩峰。其中，Fe-2%Mn/BC 和 Fe-5%Ce-1%Mn/BC 样品所释放的 Hg-OM 含量远高于其他样品，由前文中关于表面化学特性的研究可知，这是由于这两类样品表面含有大量的 C═O 和—COOH 官能团。

（4）相比单铁基改性生物焦，在这些掺杂多元金属改性样品的 TPD 曲线中，$HgCl_2$ 脱附峰的强度均获得了不同程度的增强，导致原本被 Hg-OM 和 HgO 所形成的脱附区域重叠覆盖的 $HgCl_2$ 脱附峰逐渐凸显出来，说明改性样品表面存在大量氧化态的 $HgCl_2$，而且掺杂双金属改性样品所对应脱附峰强度的提升程度整体强于掺杂单金属改性样品。这是因为具有高还原性的氯离子更容易与生物焦中的碳原子形成碳氯共价组（C—Cl），进而作为生物焦 Hg^0 脱除过程中的化学吸附位点，最终生成 $HgCl_2$。同时卤素还可以通过增加样品表面金属氧化物中的晶格氧含量，达到促进 Hg^0 催化氧化的作用，由于掺杂双金属改性样品中氧化物的含量与种类更为丰富，因此促进作用较强。

另外，对于所有生物焦样品，Hg^0_{ph}、Hg-OM 的释放量分别与样品孔隙结构的发达程度、表面官能团含量（尤其是 C═O 和—COOH）呈正比，进一步验证了样品表面存在着不同种类的物理与化学吸附位点的存在。

5.11.2 脱除机理研究

本章在综合研究不同改性条件对生物焦 Hg^0 脱除特性及微观特性影响的基础上，结合程序升温脱附和吸附动力学的研究结果，探究了改性生物焦的 Hg^0 脱除机理，并揭示了改性生物焦吸附剂对汞的氧化和吸附过程之间的深层次差异性机理，如图 5-19 所示。

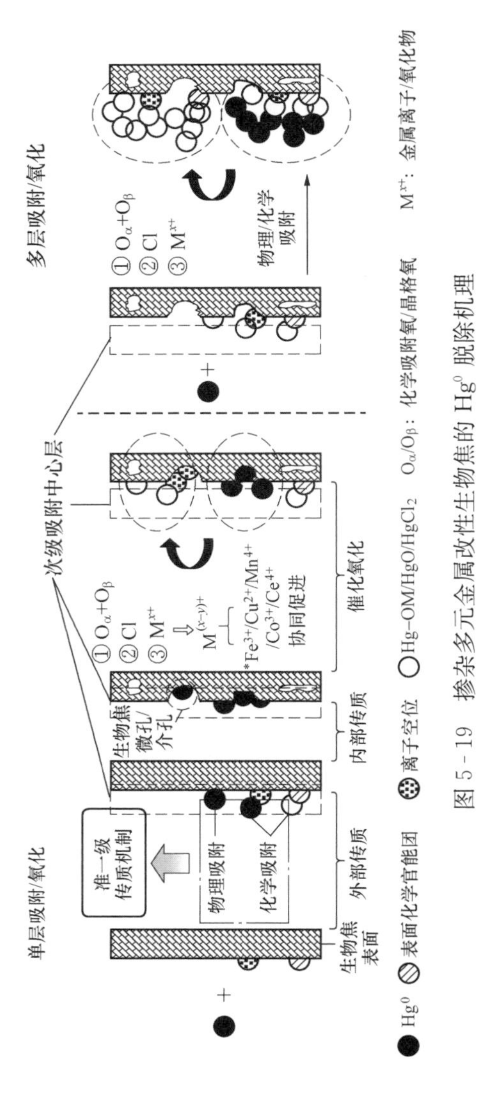

图 5-19　掺杂多元金属改性生物焦的 Hg^0 脱除机理

改性生物焦对 Hg^0 的脱除主要包括吸附和氧化过程。吸附过程分为外部和内部传质两个阶段，均为多层吸附：首先 Hg^0 在遵循准一级传质机制的基础上，通过物理和化学作用吸附在生物焦表面的吸附位点上，该过程即为外部传质阶段；随着生物焦表面与吸附气氛中的 Hg^0 浓度差逐渐减小，吸附过程转为内部传质阶段。

在整个吸附过程中，生物焦的微孔和较小孔径的介孔提供 Hg^0 的物理活性吸附位，而其他孔径的介孔则提供了汞进入内部孔隙的扩散通道；而表面化学官能团（主要为—COOH 和 C═O 等含氧官能团）和晶相结构中的离子空位则为化学吸附位点，其中部分通过化学作用所吸附的 Hg^0 会以络合物（如 Hg - OM）的形式赋存于样品表面。另外，在发生吸附反应的进程中，化学吸附作用为反应的驱动力，而且随着氧化效率的提升，孔道扩散过程是 Hg^0 的吸附速率控制步骤。

被吸附位点捕获的 Hg^0 在进而所发生的氧化过程中，均匀分散在 Fe 相中的多元掺杂金属离子及对应氧化物、晶格氧、化学吸附氧以及卤素成分均为反应过程中主要的氧化位点，并形成了稳定的生物焦表面氧化体系：

（1）具有高氧化活性的金属离子可以实现对 Hg^0 的氧化，以及对弱结合态金属氧化物（如 Hg - O - FeO_{x-1}）、汞络合物的重氧化，并最终生成 HgO。

（2）对于在反应过程中起重要作用的晶格氧，其自身不仅具有氧化能力，可以与化学吸附氧共同参与对 Hg^0 的氧化过程，同时晶格氧在消耗过程中还可以在样品表面引入氧空位，增大晶格缺陷，从而进一步促进 Hg^0 在生物焦表面的化学吸附和催化氧化过程的进行。而且对于掺杂多元金属的改性生物焦，在氧化过程中，所消耗的晶格氧还可以被具有高活性的金属氧化物补充，进而所掺杂的金属氧化物之间可以起到协同促进的作用：在改善具有高氧化性的活性成分结晶度与分散性的基础上，不仅可以共同提供晶格氧，还可以提升 Fe - Ce/BC 吸附剂体系的氧化能力和化学吸附氧的移动性和反应活性，并产生更多具有较高活性的氧空位。

（3）对于处于离子态和分子态的氯元素，一部分会与 Hg^0 在生物焦表面发生氧化反应，生成 $HgCl_2$；另一部分则通过促进氧空位的构筑过程，增加晶格氧含量[26]，达到促进 Hg^0 催化氧化的目的。

在上述氧化过程中，部分生成的HgO会从氧化位点转移到邻近的部分吸附位，因此，足够活性和数量的吸附位点利于优化吸附与氧化过程之间的主导关系，进而提升样品的整体脱汞性能。另外，结合程序升温脱附结果可知，HgO和Hg-OM是 Hg^0 在改性生物焦表面的主要赋存形态。

当 Hg^0 被吸附和氧化后，形成单层或多层的“次级吸附中心层”，其他 Hg^0 可以进一步吸附在“次级吸附中心层”外，进而被氧化，每一层之间都具有一定的能量差。发达的孔隙结构和丰富的表面化学特性则利于多层吸附的进行。

另外，相比通过热解直接获得的样品，掺杂多元金属铁基改性生物焦不仅大幅强化对 Hg^0 的氧化脱除能力，同时对燃煤电厂锅炉烟气中的 SO_2 与 NO_X 具有良好的耐受性。这是因为虽然这两种污染物与生物焦发生反应的能量壁垒更低，反应活性更高，会与 Hg^0 发生竞争吸附，但是对于改性生物焦，一方面含氧官能团的种类与数量大幅增多，且具有丰富的微孔和介孔结构，从而样品表面具有充足的吸附位点，SO_2 与 NO_x 对其 Hg^0 脱除性能影响有限；另一方面，所掺杂的Cu、Ce与Mn具有高亲硫性，可以最大程度减弱 SO_2 的竞争吸附作用，进而改善生物焦的抗硫性。同时，烟气中的 O_2 可以在反应过程中再生被破坏的离子空位，从而削弱其他烟气组分对 Hg^0 脱除反应的抑制作用。

5.12 再生条件优化研究

由于再生过程是将失活吸附剂在高温下加热，使赋存在生物焦表面上的汞的化合物分解释放，从而使被覆盖的失效活性位暴露，同时利用 O_2 对吸附/氧化位点进行修复。因此 O_2 浓度与温度是生物焦再生性能的主要影响因素。如图5-20所示，随着再生条件中温度与 O_2 浓度的变化，样品的再生性能产生较大改变，这不仅是由于赋存在样

品中不同类型汞化合物的释放行为存在差异，而且与失效活性位中吸附和氧化位点之间的深层次差异性再生机理有关。

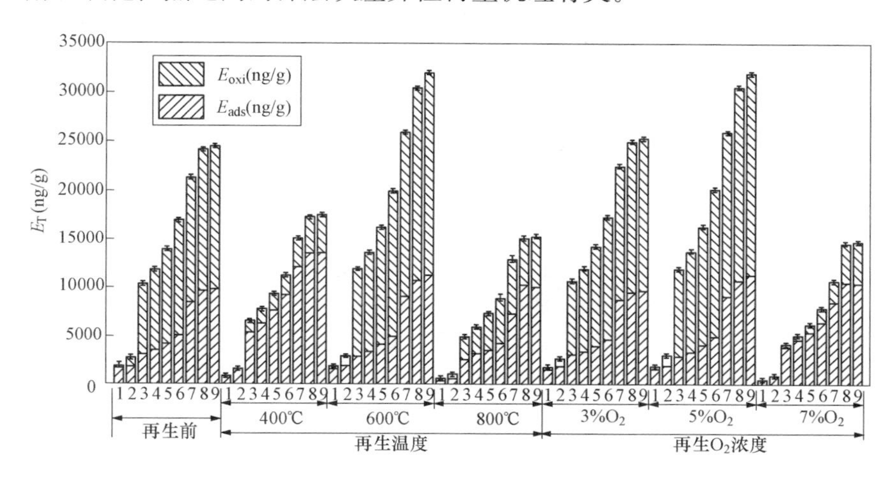

图 5-20　温度与 O_2 浓度对生物焦再生特性的影响

1—未改性生物焦；2—Fe/BC；3—Fe-3%Co/BC；4—Fe-1%Ce/BC；
5—Fe-2%Cu/BC；6—Fe-2%Mn/BC；7—Fe-4%Ce-2%Co/BC；
8—Fe-4%Ce-2%Cu/BC；9—Fe-5%Ce-1%Mn/BC

对不同再生条件下样品的孔隙结构和表面化学特性进行研究，结果如图 5-21 和图 5-22 所示。研究发现再生样品对 Hg^0 的吸附量与自身孔隙丰富度 Z、分形维数 D_S、BET 比表面积、微孔体积呈整体正相关关系，该规律与再生前一致；而且，对于再生后的生物焦表面，含氧官能团含量的变化最为明显。由前文所获得的关于生物焦表面化学特性的研究结果可知，含氧官能团（尤其是—COOH 和 C═O）是影响生物焦 Hg^0 化学吸附过程的主要因素，在增加样品对 Hg^0 吸附能的同时，可将汞以络合物 Hg-OM 的形式稳定吸附于样品表面。

5.12.1　O_2 浓度对再生性能的影响

生物焦脱汞剂的再生循环性能采用再生效率 E_R 评价，如式（5-17）所示。

$$E_R = \frac{E_{再生}}{E_{新鲜}} \times 100\% \tag{5-17}$$

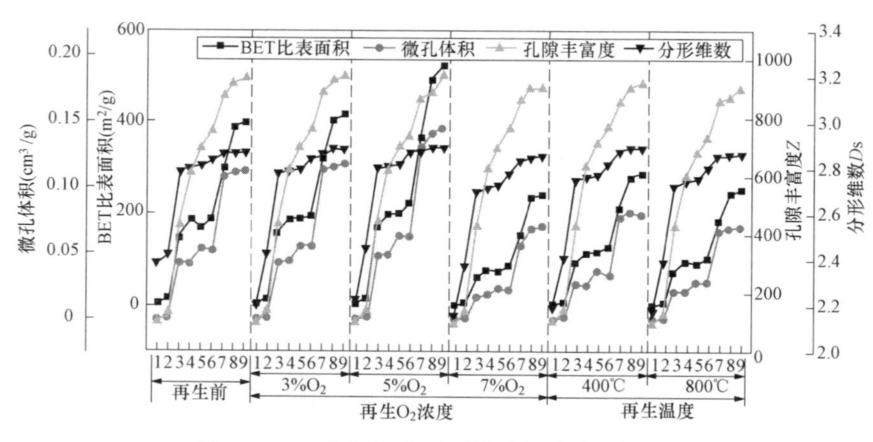

图 5-21　不同再生条件下样品的孔隙结构参数

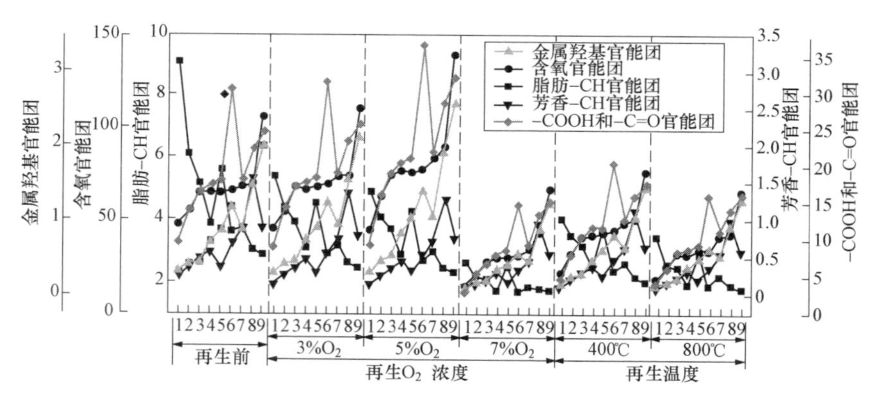

图 5-22　不同再生条件下样品的官能团含量

式中　$E_{再生}$——再生生物焦的 Hg^0 脱除量，ng；

$E_{新鲜}$——新鲜生物焦的 Hg^0 脱除量，ng。

随着再生气氛中 O_2 浓度的升高，样品再生性能呈现先增高后降低的趋势，而且当 O_2 浓度为 3%和 5%时，再生后的生物焦出现了“二次活化”现象，在样品微观特性获得进一步发展的基础上，具有比新鲜样品更优异的 Hg^0 脱除性能。这是因为再生过程中，O_2 会对生物焦孔隙结构的发展和表面化学特性的丰富产生较大影响：

（1）一方面，随着扩散到失活生物焦内部孔隙中的 O_2 增多，可以促进原本未裂解的挥发分与处于半析出状态的焦油析出，进而在生成新的孔洞的同时，利于样品的孔隙结构相比再生前得到进一步发展。其中，虽然 O_2 可以与生物焦中的碳发生异相氧化反应，但是在 5%O_2 条件下，氧化反应主要由 O_2 的扩散过程控制，样品再生过程中并未发生剧烈的燃烧反应，利于孔隙结构得到较大程度的保留，所以相比 7%O_2 浓度条件下所获得的样品，其微孔和介孔的含量以及分形维数较高，说明表面结构无序紊乱，且孔隙结构发达，利于对 Hg^0 的物理吸附。

（2）另一方面，O_2 可以补充失活生物焦表面在通过化学作用吸附 Hg^0 过程中所消耗的含氧官能团中的氧原子，或者 O_2 与不饱和碳原子发生反应，产生新的羧基、羰基或碳氧络合物，从而二次活化，并形成丰富的活性吸附位点，进而促进再生样品对单质汞的化学吸附。

（3）另外，O_2 还可以补充 Hg^0 氧化过程中所消耗的化学吸附氧与晶格氧，进而实现对氧化位点的修复。

因此以上研究结果可以说明，对于 5%O_2 的再生条件，改性生物焦的氧化位点不仅实现了重新暴露与修复再生，而且位点数量得到了大幅增强，氧化性能得到了增强，且提升程度高于吸附性能，所对应通过氧化作用脱除的 Hg^0 比例增大。其中，对于掺杂 Cu 和 Mn 的改性样品，再生后的氧化能力提升效果更为明显，这是因为样品中形成的 $CuFe_2O_4$ 和 $MnFe_2O_4$ 作为具有强大储氧能力的固溶体，对应晶格氧含量远高于其他样品，进而 Hg^0 氧化效率的提升空间较大。

当 O_2 浓度进一步升高至 7%时，所获得再生样品的汞脱除能力则大幅下降，其中未改性生物焦的 Hg^0 脱除量仅可达到再生前的 30%左右。这是因为一方面，扩散到孔隙内部和表面的 O_2 与样品中的碳发生了剧烈的均相及非均相反应，该氧化过程由动力学控制，反应加速进行，导致孔壁和表面的烧蚀程度增加，整体孔隙结构坍塌，部分区域甚至出现了小孔贯通的现象，孔结构有向大孔发展的趋势，在孔隙丰富度与比表面积大幅下降的同时，分形维数降低；而且，这种孔隙结构的衰减不仅会导致物理吸附位点大幅减少，同时还可使原本赋存在孔结构表面及内部的化学官能团含量锐减，从而削弱样品的化学吸附性能。另一方面，随着再生过程的进行，高浓度的 O_2 又会促进生物焦与刚脱附的 Hg^0 发生异相氧化反应，在样品表面重新生成汞的氧化物，导致刚暴露待修复的活性吸附及氧化位点再次失效。另外，再生样品的吸附位与氧化位的数量及比例产生了较大变化，对汞的脱除过程主要以吸附作用为主：对于未改性和 Fe/BC 的再生样品，吸附反应则完全主导着 Hg^0 的脱除过程；而掺杂双金属的改性生物焦则由于在制备过程中，样品表面形成了稳定的氧化体系，再生后的氧化效率仍能维持在 20%以上。其中，对于 Fe-4%Ce-2%Cu/BC 和 Fe-5%Ce-1%Mn/BC 样品，不仅由于自身所具有的优异物理化学特性，而且因为表面生成了具有尖晶石结构的固溶体，所以再生效率仍能维持在 60%以上：所形成具有尖晶石结构的 $CuFe_2O_4$ 和 $MnFe_2O_4$ 中的 Cu 和 Mn 元素会以多价态形式存在，并表现出姜－泰勒效应，电子在简并轨道中的不对称性能够使改性生物焦中的过渡金属元素容易获得或失去电子，从而使吸附到样品表面上的气相 Hg^0 中的电子容易转移到载体表面或与过渡金属元素 Cu 或 Mn 元素共用电子。

而在 3% O_2 再生条件下，虽然 O_2 对失效活性位具有修复作用，导致样品同样发生了二次活化反应，对应再生效率仍能大于 100%，但是整体 Hg^0 脱除性能的提升效果远不如 5% O_2 的再生条件。这是因为一方面，扩散到失活生物焦内部孔隙及表面的 O_2 含量较少，不仅对孔隙内部发展的促进作用有限，而且含氧官能团所消耗的氧原子及失活晶格氧也无法得到充分修复；另一方面，在再生过程中，O_2 在与生物焦表面发生氧化反应的同时，也会发生交联反应，而后者会降低颗粒的可塑性，导致木质素和半纤维素的裂解重整过程，以及挥发分的析出过程受到抑制。因此，对于较低的 3% O_2 浓度条件，交联反应对吸附位点再生过程所产生的抑制作用强于氧化反应所发挥的促进作用，新形成的孔隙结构参数较小，不利于对 Hg^0 的物理吸附。然而，由于 CoO 具有对低阶不饱和碳氢化合物的催化作用，可以促进热解过程的进行，因此对于Fe-3%Co/BC和Fe-4%Ce-2%Co/BC样品，交联反应所产生抑制作用的影响程度较小，这两个样品对应的再生效率较高。

相比其他样品，在O_2气氛条件下，未改性生物焦样品再生后的汞脱除特性没有得到增强，这是因为其本身孔隙结构简单，且表面化学官能团的种类和含量较少，因此没有发生二次活化反应。

5.12.2 温度对再生性能的影响

再生温度不仅会影响失活生物焦表面上汞的分解释放，而且会直接决定活性组分的稳定性，因此是影响失活样品再生性能的重要因素。研究发现，与O_2浓度的影响规律类似，随着温度的升高，样品的再生效率也呈现先增高后降低的趋势，其中最优再生温度为600℃。这是因为在400℃再生温度条件下，异相氧化反应的能量壁垒较高，导致扩散到生物焦内部和表面的O_2无法有效促进孔隙结构的进一步发展和含氧官能团的补充；同时，在该温度条件下，由于再生气氛中O_2的存在，导致赋存在生物焦表面的汞化合物无法完全分解释放，只能使得吸附在生物焦最外层表面的汞脱离，主要包括Hg^0_{ph}与小部分不同种类的弱结合态的汞络合物，进而失效位点，尤其是氧化位点无法有效暴露，不利于再生过程的进行。再生后所有样品的氧化性能大幅降低，通过氧化作用脱除的Hg^0量所占比例均小于25%，而且再生样品在Hg^0的脱除过程中，通过氧化作用赋存在样品表面的HgO，也主要是由于含氧官能团对化学吸附产物（Hg-OM）进行重氧化导致。

随着再生温度进一步升高至800℃，除了掺杂双金属的改性生物焦，其他样品的再生效率均大幅降低至50%以下。这是因为一方面较高的温度会导致样品内部的孔隙结构坍塌，以及生物焦表面的硅酸盐结构因处于高温熔融状态而发生二维定向扁平变化，分形维数降低，不利于再生样品对Hg^0的物理吸附；同时还可导致包括含氧官能团与晶格氧在内的氧化位点随之因无处赋存而数量大幅锐减，生物焦的活性组分会发生分解破坏，因此Hg^0的氧化比例降低幅度较大。另一方面，当热解温度处于600～850℃范围内，处于生物质颗粒内部深处的挥发分会发生二次裂解重组反应，形成处于半析出状态的焦油物质，而焦油从颗粒内部传输至样品表面的过程中会堵塞部分内部孔隙结构，所以再生样品的孔隙结构参数均大幅下降。另外，相比其他温度条件，再生气氛中的 O_2 更容易与生物焦中的碳发生反应，造成失活的吸附与氧化位点难以与足够量的 O_2 接触进行再生。

5.13 再生稳定性及机理研究

5.13.1 再生稳定性

由前文所获得的关于 O_2 浓度和温度对再生性能的影响可知，在双金属掺杂改性生物焦的再生反应阶段中，深度碳化过程与吸附/氧化位点的修复过程之间存在竞争关系，从而决定再生样品的二次活化特性，而再生温度和 O_2 浓度可以影响两者之间的主导关系，进而确定改性生物焦的再生性能。基于前文所获得的最优再生条件（5%O_2 与 600℃），对生物焦样品的 Hg^0 脱除—再生循环性能进行了研究，结果如图 5-23 所示，对应样品的微观特性如图 5-24 所示。在所进行的 10 次循环实验中，不同样品之间的再生稳定性差异较大，但是再生率均随再生次数的增加而呈现整体下降的趋势，说明再生过程无法使失效活性位获得完全修复，部分原因是虽然 O_2 可以促进活性位点的再生，但是随着循环次数的增加，部分孔隙结构和活性氧物种会分别发生不可逆的塑性变形和团聚抑制，进而出现坍塌堵塞和破坏失活现象，导致样品部分区域仅能实现对最外层吸附/氧化位点的暴露与修复，从而所再生的活性组分整体数量有限，而且再生后随着脱汞反应的进行，活性位点消耗速率也会逐渐增加，进而脱汞性能大幅下降。

其中，未改性样品仅再生 1 次后，对应脱汞性能相比再生前已明显大幅下降，且第 2 次再生后的脱汞性能仅能达到新鲜样品的 65%左右，直至 10 次循环实验后，其再生率仅能维持在 12%左右。这是因为未改性样品的表面整体呈现片状紧密结构，缺乏孔状结构，且表面平滑规则，可供再生的化学位点较少，同时样品内部主要为单级定向脆性结构，恒温热再生过程不利于该硬质孔隙结构的维持。同理，对于单铁基改性样品，2 次循环后的再生率已降至 100%以下，所表现的

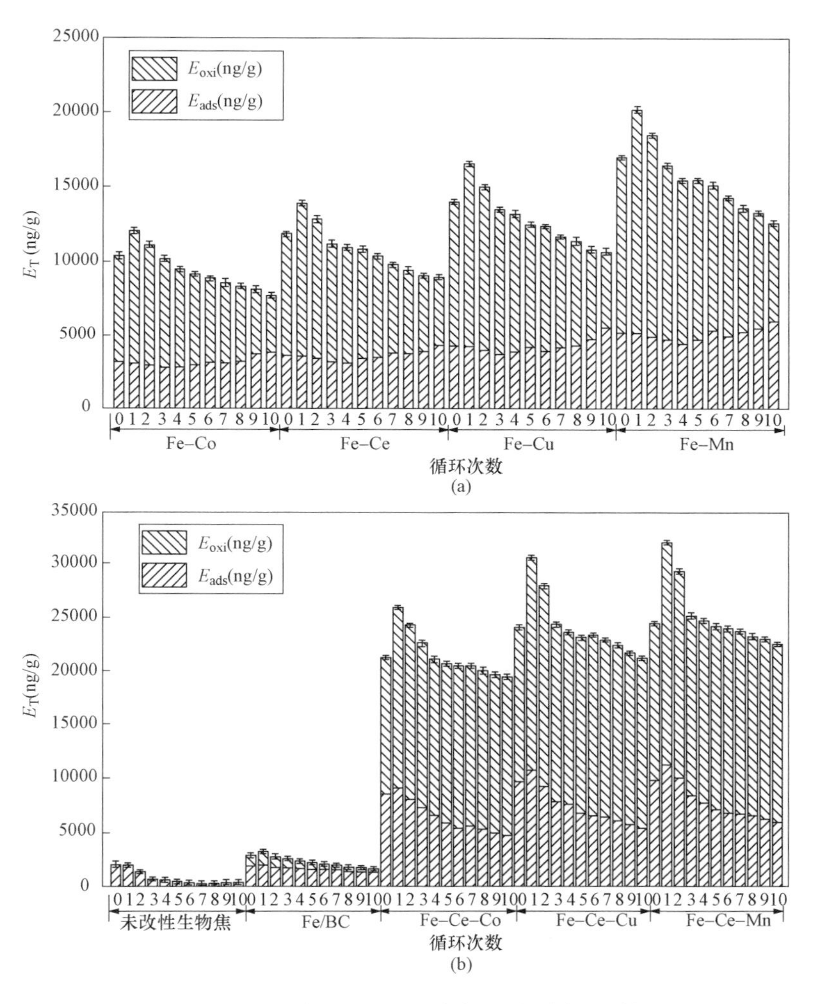

图 5-23　生物焦的 Hg^0 脱除—再生循环性能

(a) 单金属掺杂改性生物焦样品；(b) 双金属掺杂改性生物焦样品

二次活化特性较弱。

相比上述样品，对于掺杂多元金属改性生物焦，其脱汞性能随再生循环次数的增加并未出现类似大幅降低趋势，且在再生过程中均发生了二次活化反应。其中掺杂单金属与双金属的改性样品分别再生 3

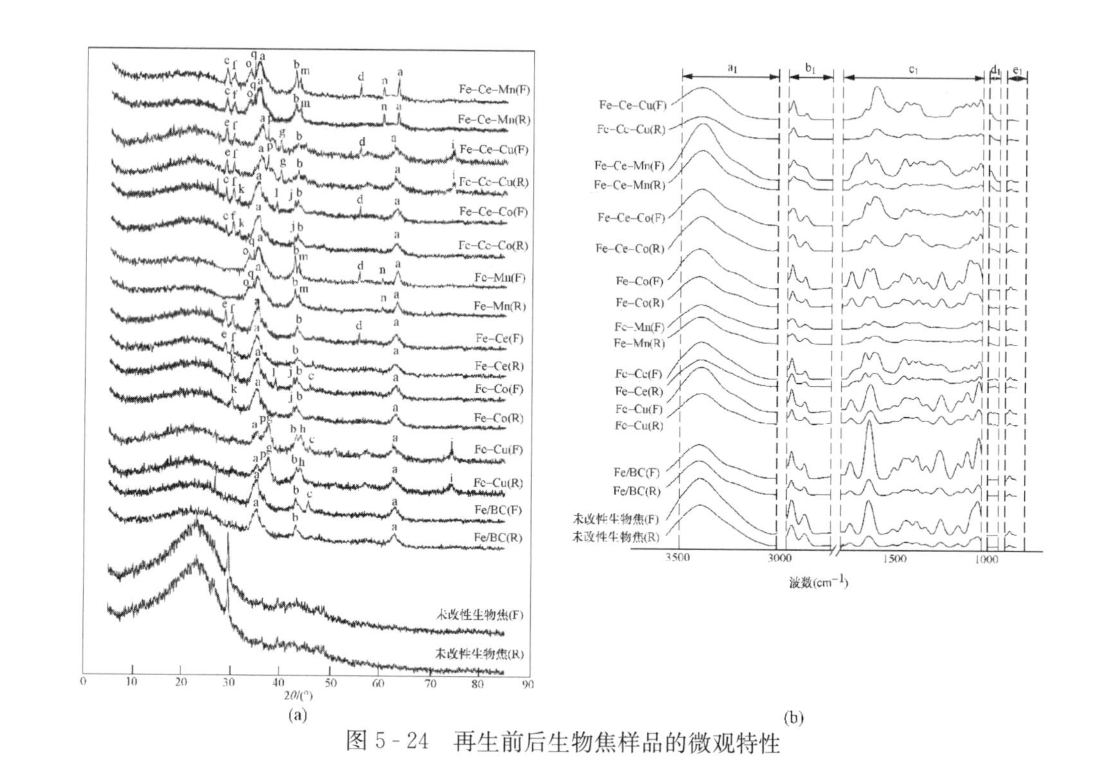

图 5 - 24　再生前后生物焦样品的微观特性

（a）XRD 图谱；（b）FTIR 图谱

a—Fe_2O_3；b—FeO；c—Fe^0；d—Fe_3O_4；e—CeO_2；f—Ce_2O_3；g—CuO；h—Cu^0；i—Cu_2O；j—CoO；k—Co_2O_3；l—Co_3O_4；m—MnO_2；n—MnO；o—Mn_2O_3；p—$CuFe_2O_4$；q—$MnFe_2O_4$

a_1—羟基振动区；b_1—脂肪 CH 振动区；c_1—含氧官能团振动区；d_1—金属羟基弯曲振动区；e_1—芳香 CH 的面外振动区；（F）—新鲜样品；（R）—10 次循环再生实验后

次和 4 次后，第一次出现脱汞性能稍弱于新鲜样品的情况，而且 10 次循环实验后，这两种改性样品的再生率仍能分别维持在 75%与 90%以上，可以说明双金属掺杂改性生物焦再生效果极佳，具有较大的重复利用潜力。此时改性样品的含氧官能团（尤其是—COOH 和 C═O 官能团）含量均有不同程度的衰减，导致活性位点无法完全修复再生，但是样品表面的活性物质组成与晶相结构整体上没有明显变化；而相比之下，Fe/BC 样品对应的再生率仅为 50%左右，进一步验证了多元金属的掺杂可以在生物焦表面形成稳定的氧化/吸附体系。

另外，随着循环次数的增加，不仅样品的再生稳定性存在较大差异，同时分别通过吸附与氧化作用所脱除的 Hg^0 量也随之产生了较大变化，可以说明再生过程对生物焦 Hg^0 的吸附位与氧化位的数量及比例均产生了较大影响，不仅影响所负载改性物质的活性，同时还决定吸附与氧化作用之间的主导关系，进而影响生物焦的整体再生特性。其中，对于掺杂双金属的改性样品，通过吸附作用所脱除的 Hg^0 比例不断减小，再生 4 次后，吸附效率降至 30%以下，结合前文所获得的改性生物焦 Hg^0 脱除机理可知，此时已无足够数量的吸附位点，样品在脱除过程中会因吸附饱和而影响 Hg^0 后续氧化过程的发生，进而制约整个脱汞反应的进行，这也是双金属掺杂改性样品 4 次循环后，再生率不断降低的主要原因；相比之下，其他类型的再生样品则随循环次数的增加，氧化性能呈现逐渐减弱的趋势。

5.13.2　再生机理

基于本章所获得的研究结果，揭示了失活改性生物焦的再生机理，如图 5-25 所示。当改性生物焦的活性吸附位和氧化位被 Hg^0_{ph}、Hg-OM、HgO 和 Hg_2O 等脱汞产物覆盖后，脱汞剂逐渐失去反应活性。通过在 600℃温度条件下对样品进行恒温热处理，可以使生物焦表面所赋存的多种类型的 Hg^0 脱除产物分解，进而失效的吸附与氧化位点可以重新获得有效暴露。在此期间利用再生环境中 5% O_2 的气氛条件促进原本未充分裂解的挥发分析出，利于新的孔隙结构生成；同时补充含氧官能团在吸附过程中所消耗的氧原子，并与不饱和碳原子发生反应，产生新的羧基、羰基或碳氧络合物，形成丰富的活性吸附位点，进而促进对单质汞的吸附；而且 O_2 还可以补充 Hg^0 氧化过程中所消耗的化学吸附氧与晶格氧，实现对生物焦氧化位点的修复，进而提升了失活样品的氧化与吸附性能，相比再生前的脱除性能，样品发生了二次活化反应。

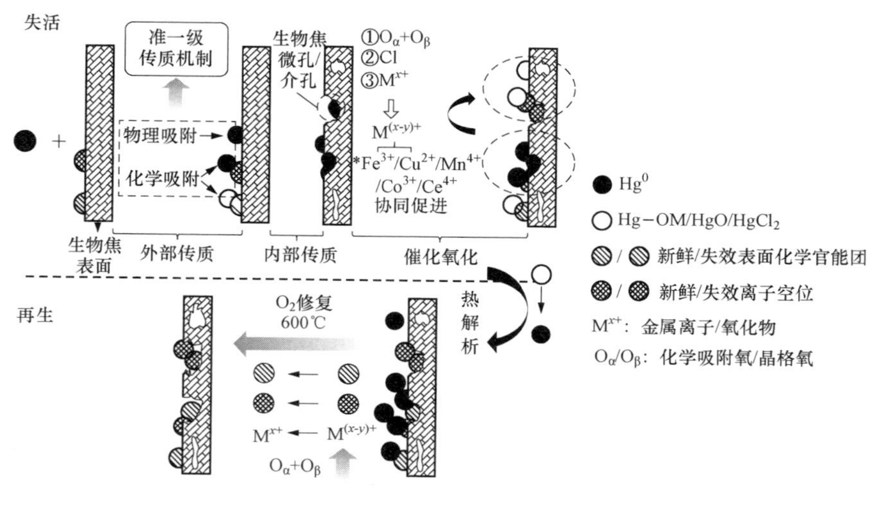

图 5-25　改性生物焦的再生机理

本章将常规化学沉淀法、溶胶凝胶法、多元金属多层负载与生物质热解制焦过程进行整合，在选择特定组分进行结构设计的基础上，使生物焦吸附剂的脱汞与再生性能大幅提高。结合所建立的吸附剂理化性质与脱汞性能之间的构效关系，以及所揭示的汞脱除/再生过程的关键作用机制，提出了生物焦吸附剂烟气脱汞技术，如图 5-26 所示：电厂锅炉煤燃烧后烟气所形成的高温条件，可以对所制得的功能化铁基前驱体物质进行煅烧，同时实现生物质的热解以获得改性生物焦吸附剂，之后随着烟气流动在温度较低的适宜区间对气态汞进行高效脱除，最终被静电除尘器分离捕获。之后借助于恒温热处理方式，基于铁基自身的磁性特性和活性吸附位的再生修复特性，在特定气氛条件下实现吸附剂的高效分离与循环利用，并采用急速冷凝的手段对所脱

除汞进行回收，具有非常低的汞减排成本。该技术无须增加新设备且流程简单，适于针对现有存量机组进行改造，不受煤种和燃烧工况的限制，进而基于“以废脱毒”实现自身的循环利用，具有广阔的应用前景。

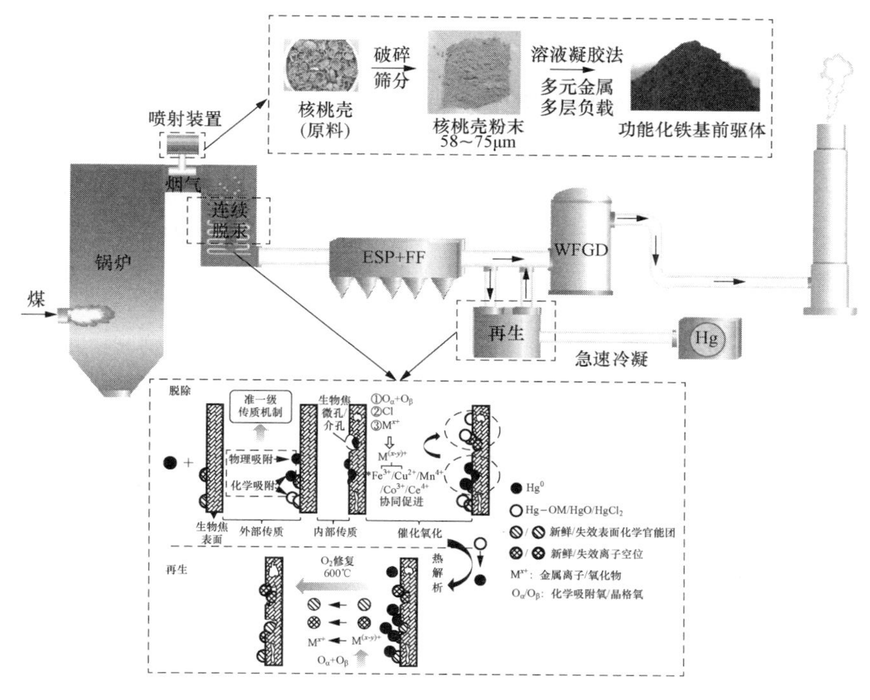

图5-26　生物焦吸附剂烟气脱汞技术

5.14　小结

本章将常规化学沉淀法、溶胶凝胶法、多元金属多层负载与生物质热解制焦过程进行整合，在选择特定组分进行结构设计的基础上，获得了经济高效的掺杂多元金属铁基改性生物焦烟气脱汞剂，主要包括未掺杂其他金属的单铁基负载改性生物焦，以及基于铁基掺杂多元金属（Ce、Cu、Co、Mn）的改性生物焦；在获得改性生物焦 Hg^0 脱除特性的基础上，利用多种表征分析手段研究样品的物质组成、晶相结构、热解特性、孔隙结构、微观形貌、元素价态和表面化学特性等，建立了改性生物焦理化性质与脱汞性能之间的构效关系；在识别生物焦吸附和氧化位点的同时，对前驱体制备与生物质热解、生物焦与所负载改性物质、不同负载金属自身之间的耦合作用机理及协同作用机制进行了研究，结合吸附动力学过程，利用程序升温脱附技术，揭示改性生物焦对 Hg^0 氧化和吸附过程之间的深层次差异性机理，以及 Hg^0 脱除过程的关键作用机制，所获得的主要结果如下：

（1）基于铁基改性条件，掺杂多元金属后所获得生物焦样品的 Hg^0 脱除性能获得了显著提升，而且掺杂双金属的改性样品的脱除性能整体优于掺杂单金属的改性样品，其中样品的脱除性能由强到弱依次为 Fe-Ce-Mn/BC、Fe-Ce-Cu/BC、Fe-Ce-Co/BC、Fe-Mn/BC、Fe-Cu/BC、Fe-Ce/BC 和 Fe-Co/BC。

（2）改性生物质的热解过程变得更加剧烈和充分。改性导致生物焦的晶体结构向无序方向演变，所对应的芳香结构单元排列有序度和石墨化程度减弱；所负载或掺杂的多元金属对生物焦物理吸附性能的提升主要体现在对孔隙结构参数的改善方面，同时多元金属的掺杂还可以增强—COOH 和 C═O 官能团对电子的迁移作用，进而提升生物焦对有机汞 Hg-OM 的结合能力。

（3）改性生物焦对 Hg^0 的脱除主要包括吸附和氧化过程。HgO 和 Hg-OM 是 Hg^0 在改性生物焦表面的主要赋存形态，吸附过程分为外部和内部传质两个阶段，均为多层吸附。在整个吸附过程中，化学吸附作用为反应的驱动力，而且随着氧化效率的提升，孔道扩散过程是 Hg^0 的吸附速率控制步骤；足够活性和数量的吸附位点利于优化吸附与氧化过程之间的主导关系，进而提升样品的整体 Hg^0 脱除性能。

（4）在吸附过程中，生物焦的微孔和较小孔径的介孔提供 Hg^0 的物理活性吸附位，而其他孔径的介孔则提供了汞进入内部孔隙的扩散通道；而表面化学官能团（主要为—COOH 和 C═O 等含氧官能团）和晶相结构中的离子空位则为化学吸附位点。被吸附位点捕获的

Hg^0 在进而所发生的氧化过程中，均匀分散在 Fe 相中的多元掺杂金属离子及对应氧化物、晶格氧、化学吸附氧以及卤素成分均为反应过程中主要的氧化位点，并形成了稳定的生物焦表面氧化体系。

（5）所掺杂的金属氧化物之间可以起到协同促进的作用：在改善具有高氧化性的活性成分结晶度与分散性的基础上，不仅可以共同提供晶格氧，还可以提升 Fe - Ce/BC 脱除剂体系的氧化能力和化学吸附氧的移动性和反应活性，并产生更多具有较高活性的氧空位，最终大幅提高改性生物焦的 Hg^0 脱除性能。

（6）生物焦在通过贫氧热解实现再生的过程中，深度碳化过程与吸附/氧化位点的修复过程之间存在竞争关系，从而决定再生样品的二次活化特性。当再生条件为 600℃、5%O_2 时，吸附剂中的碳与所负载活性物质的氧化反应较为稳定，再生样品的理化性质与脱汞性能之间建立了优异的构效关系，具有比新鲜样品更强的 Hg^0 脱除性能，所对应通过氧化作用脱除的 Hg^0 比例增大。其中，掺杂双金属改性生物焦的再生样品经历 10 次循环实验后，样品表面的活性物质组成与晶相结构保持稳定，再生率仍能维持在 90%以上，具有较大的重复利用潜力。

（7）通过在最优再生组合条件下对样品进行恒温热处理，可以使生物焦表面所赋存的多种类型 Hg^0 脱除产物分解，进而失效的吸附与氧化位点可以重新获得有效暴露。在此期间利用再生环境中 5%O_2 的气氛条件促进原本未充分裂解的挥发分析出，利于新的孔隙结构生成；同时补充含氧官能团在吸附过程中所消耗的氧原子，并与不饱和碳原子发生反应，产生新的羧基、羰基或碳氧络合物，形成丰富的活性吸附位点，进而促进对单质汞的吸附；而且 O_2 还可以补充 Hg^0 氧化过程中所消耗的化学吸附氧与晶格氧，实现对生物焦氧化位点的修复，进而提升了失活样品的氧化与吸附性能，相比再生前的脱除性能，样品发生了二次活化反应。再生样品对 Hg^0 的吸附是在物理与化学作用共同耦合的基础上，通过表面吸附位点发挥主导作用的多层传质过程。

参考文献

[1] KADIRVELU K, THAMARAISELVI K, TNAMASIVAYAM C. Removal of heavy metals from industrial wastewaters by adsorption onto activated carbon prepared from an agricultural solid waste [J]. Bioresource technology, 2001, 76: 63-65.

[2] TANG J C, LV H H, GONG Y Y, et al. Preparation and characterization of a novel graphene/biochar composite for aqueous phenanthrene and mercury removal [J]. Bioresource technology, 2015, 196: 355-363.

[3] FU Y S, LI X Y, YANG Z X, et al. Increasing straw surface functionalities for enhanced adsorption property [J]. Bioresource technology, 2021, 320: 124393.

[4] HUANG W H, LEE D J, HUANG C. P Modification on biochars for applications: A research update [J]. Bioresource technology, 2021, 319: 124100.

[5] SUJRITI, CHAND P, SINGH V, et al. Rapid visible light-driven photocatalytic degradation using Ce-doped ZnO nanocatalysts [J]. Vacuum, 2020, 178: 109364.

[6] TUXEN A, KIBSGAARD J, GOBEL H, et al. Size Threshold in the Dibenzothiophene Adsorption on MoS_2 Nanoclusters [J]. ACS Nano, 2010, 4: 4677-4682.

[7] SOLTANI H, REINHART H, BENOUDIA M C, et al. Impact of growth velocity on grain structure formation during directional solidification of a refined Al-20 wt. %Cu alloy [J]. Journal of Crystal Growth, 2020, 548: 125819.

[8] JIN L L, ZHU B K, WANG X S, et al. Facile synthesis of the amorphous carbon coated Fe-N-C nanocatalyst with efficient activity for oxygen reduction reaction in acidic and alkaline media [J]. Materials, 2020, 13 (20): 4551.

[9] KWON B C, KANG M, PARK N K, et al. Improvement of oxygen mobility with the formation of defects in the crystal structure of red mud as an oxygen carrier for chemical looping combustion [J]. Journal of nanoscience and nanotechnology, 2020, 20 (11): 7075-7080.

[10] WANG D, JIANG S D, DUAN C Q, et al. Spinel-structured high entropy oxide $(FeCoNiCrMn)_3O_4$ as anode towards superior lithium storage perform-

ance [J]. Journal of Alloys and Compounds，2020，844：156158.

[11] CLEGA - TIGOIU S，PASCAN R，TIGOIU V. Disclination based model of grain boundary in crystalline materials with microstructural defects [J]. International Journal of Plasticity，2019，114：227 - 251.

[12] LI G X，LUO Z Y，WANG W B，et al. A study of the mechanisms of guaiacol pyrolysis based on free radicals detection technology [J]. Catalysts，2020，10 (3)：295.

[13] GU C L，LI Y Y，MO Y，et al. Rod - like and mushroom - like Co_3O_4 - CeO_2 catalysts derived from Ce - 1，3，5 - benzene tricarboxylic acid for CO preferential oxidation：effects of compositions and morphology [J]. Reaction Kinetics Mechanisms and Catalysis，2020，129 (1)：135 - 151.

[14] WANG H P，TI S G，MO Y，et al. Triple - Gaussian distributed activation energy model for the thermal degradation of coal and coal chars under a CO_2 atmosphere [J]. Asia - Pacific Journal of Chemical Engineering，2020，15 (3)：1 - 9.

[15] CANAL - RODRIGUEZ M，RAMIREZ - MONOTOYA L A，VILLANUEVA S F，et al. Multiphase graphitisation of carbon xerogels and its dependence on their pore size [J]. Carbon，2019，152：704 - 714.

[16] LIANG Y，MAN X K，ZHANG W B，et al. Molybdenum trioxide impregnated carbon aerogel for gaseous elemental mercury removal [J]. Korean Journal of Chemical Engineering，2020，37 (4)：641 - 651.

[17] 张璧，罗光前，徐萍，等. 活性炭表面含氧官能团对汞吸附的作用 [J]. 工程热物理学报，2015，36 (7)：1611 - 1615.

[18] 卡瑞儿. 石墨烯氧化过程中官能团分布的研究 [D]. 扬州：扬州大学，2017.

[19] 卢艳军，胡艳军，余帆. 基于 Py - GC/MS 的污泥含碳、氧官能团热解演化过程研究 [J]. 化工学报，2018，69 (10)：4378 - 4385.

[20] SAMPREETHA T，NICKOLAS A，SEAN D，et al. Role of surface oxygen vacancies in intermediate formation on mullite - type oxides upon NO adsorption [J]. The Journal of Physical Chemistry C，2020，124 (29)：15913 - 15919.

[21] THESKA F，CEGUERRA A V，BREEN A J，et al. Correlative study of lattice imperfections in long - range ordered，nano - scale domains in a Fe - Co -

Mo alloy [J] . Ultramicroscopy，2019，204：91 - 100.

[22] ZHANG M Z，WANG J，ZHANG Y H，et al. Simultaneous removal of NO and Hg^0 in flue gas over Co - Ce oxide modified rod - like MnO_2 catalyst：Promoting effect of Co doping on activity and SO_2 resistance [J] . Fuel，2020，276：118018.

[23] PENG R，LI Y，WANG X P，et al. Lattice - compressed and N - doped Co nanoparticles to boost oxygen reduction reaction for zinc - air batteries [J]. Applied Surface Science，2020，525：146491.

[24] ZHANG X P，LI Z F，WANG J X，et al. Reaction mechanism for the influence of SO_2 on Hg^0 adsorption and oxidation with Ce - 0. 1 - Zr - MnO_2 [J]. Fuel，2017，203：308 - 315.

[25] WANG T，YANG Y H，WANG J W，et al. Preadsorbed SO_3 inhibits oxygen atom activity for mercury adsorption on Cu/Mn doped CeO_2 (110) surface [J] . Energy & Fuels，2020，34 (4)：4734 - 4744.

[26] 赵鹏飞，郭欣，郑楚光，等 . 活性炭及氯改性活性炭吸附单质汞的机制研究 [J] . 中国电机工程学报，2010，30 (23)：40 - 44.

第6章

生物焦分子结构及单质汞吸附机理研究

生物焦的吸附性能取决于结构，如何解析并获得其结构特征及分子结构，对研究吸附机制及实际工业应用具有重要意义。现阶段关于生物焦汞吸附的研究局限于宏观层面，主要集中在热解行为和动力学方面，关于微观特性的综合研究也较少，相关机理解释不充分，而且利用量子力学进行的机理研究鲜见报道。分子模拟技术可以通过搭建及优化生物焦的分子结构，探究结构与汞吸附性能的关系，进而为汞脱除实验提供理论基础。但是由于生物质热解过程较为复杂，关于生物焦分子结构搭建的研究还鲜见报道，给生物焦的研究及利用带来较多困难，这是因为生物焦作为高异质性的混合物，其分子结构具有灵活性和多样性，主要由芳香族化合物构成，且含有的官能团种类较多，具有多种组合形式。另外，近年来基于密度泛函理论对汞吸附机理的研究中，研究对象主要为“纯物质”（如活性炭基本以石墨结构建模），分子结构易于组合。

对于物质组成及分子结构的研究主要包括化学法、仪器分析法、统计结构解析法以及分子模拟等[1]。其中，煤的分子结构研究经历了一个漫长的过程，具有代表性的是著名的 Wiser 烟煤模型[2]。Carlson[3]于 1992 年第一次将三维计算模型应用于煤的模型构建，到目前为止，已有 130 多种煤的分子模型被构建，包括物理、化学和两者相结合的综合模型。成熟的煤分子结构已包含超过 20000 个原子，且通过利用量子化学理论，已被广泛用于研究煤与 CO_2、CH_4 及 H_2O 的相互作用机理。

现阶段对分子结构的三维模型优化主要通过 UFF、Dreiding 和 MM2 三种力场实现。其中，Dreiding 为普适型力场，可以用于有机、生物和主族无机分子，其对分子量较大的分子和缺少实验数据的物质结构具有非常好的预测作用，并可对各种有机体系导出精确的势垒；UFF 为涵盖整个周期表的普适型力场；而 MM2，则属于专业小分子力场，主要用于小分子结构模型的计算，相比前两者，其函数较为复杂，适合构象搜索和计算频率。

另外，单质汞在生物焦表面的吸附过程不只是单纯的物理吸附，所以很难通过实验测量的方法直接揭示汞的吸附反应路径，随着量子化学理论的发展，使得从微观层面探索化学吸附反应过程成为可能，但是，目前国内外利用量子化学方法计算汞与生物焦的吸附体系研究较为有限。

因此，鉴于煤和生物焦分子结构及性质的相似性，本章借鉴煤的分子结构研究方法，应用于生物焦分子结构的构建中，在结合核桃壳生物焦微观特性的基础上，对生物焦的结构特性进行分析，构建分子结构单体模型；同时基于分子力学，在 UFF、Dreiding 和 MM2 三种力场下对三维模型进行了结构优化，获得能量最优且结构最稳定的 3D 构象。另外，将量子化学的密度泛函理论引入到对单质汞与生物焦的气固吸附反应研究中，通过定量研究吸附体系的吸附能、吸附高度以及 Mulliken 布居数等特性，揭示生物焦对 Hg^0 的吸附机理，以期为今后的脱汞方法提供理论依据。

6.1 研究方法

基于前期研究，选取未改性核桃壳生物焦中汞吸附性能最好的样品作为研究对象，样品记为 WS-M。在进行分子结构模型搭建及单质汞吸附机理研究的过程中：

（1）根据元素分析、FTIR 和 NMR 光谱分析结果获得样品的分子

结构特征，并构建分子单体结构，同时利用ChemBioOffice拟合所构建生物焦2D分子构型的NMR光谱图，计算各碳基团的积分面积，与测量实验值进行对比，进而对模型进行验证。

（2）基于分子力学，在UFF、Dreiding和MM2三种力场下对所获得的分子结构三维模型进行结构优化；根据不同力场优化后的三维构象，利用半经验PM6量子化学方法对各构象的生成热进行了计算，获得稳定的优化结构。

（3）在利用密度泛函理论研究Hg^0在生物焦表面的吸附机理过程中，采用所构建的生物焦分子结构作为计算模型，并在此基础上模拟了汞在生物焦表面的吸附过程。

由于本书研究生物焦对气态Hg^0的气固吸附反应过程，因此采用密度泛函理论的B3LYP—D3组合方法，其中B3LYP是由Becke建议的三参数杂化交换函数和Lee-Yang-Parr函数表示的相关泛函组成，由于自身具有较好的稳定性而被广泛应用于碳基吸附剂对汞的吸附机理研究中[4,5]；而D3是由Boys和Bernadi提出的均衡校正（counterpoise correction）方法[6-8]，可以对计算所获得的较低结合能数值进行校正，从而有效弥补B3LYP方法在研究过程中存在的精度缺陷问题。

同时，在计算过程中，基组方法的选择对吸附体系的计算精确度也有着重要影响，特别对于含有过渡金属（如Hg）的研究体系，这是因为体系中的Hg有80个电子，属于重原子，前线轨道密集，电子相关作用强烈，必须使用赝势（pseudopotential）基组。因此，本书结合现阶段国内外相关研究[9-11]，主要考虑了三个适应于汞的赝势基组（Stuttgart、Stevens和Lanl2dz），并获得相关几何参数，通过与实验值进行比较从而选择最优计算基组，结果如表6-1所示。其中，对于所研究的生物焦分子模型，在采用相同的B3LYP-D3方法情况下，利用不同基组所获得的计算结果差异较大：当选择Stevens和Lanl2dz基组时，虽然结果较为接近，但仍与实验值存在差距，这可能是由于模型边界上的氧原子会产生异常极化所造成；而由于可以消除这种异常极化作用，Stuttgart的计算结果则优于其他两种基组，且计算精度较高，更接近于实际值。所以，本书在计算过程中，汞原子选择赝势基组 Stuttgart，而体系中的 C、H、O 及 N 等非金属原子均采用 6-31G（*d*）基组［6-31G（*d*）为极化基组，内层的每个原子轨道用 6 个高斯函数描述，价层的原子轨道劈裂为两组，分别用 3 个和 1 个高斯函数描述；另外，给非 H 原子增加了 *d* 函数］。本书所有的分子模拟计算过程均利用 Gaussian09 软件包完成。

表 6-1　不同赝势基组下的计算参数以及与实验值的比较

键长	基组名称			实验值（Å）
	Stuttgart	Stevens	Lanl2dz	
HgCl	2.46481	2.48984	2.64112	2.230
$HgCl_2$	2.32116	2.31955	2.40236	2.310
HgO	1.94742	1.94993	2.02477	1.840

6.2　工业分析和元素分析

生物质和生物焦的工业与元素分析结果如表 6-2 所示。在空气干燥基条件下，生物质具有较高的挥发分含量，热解过程中挥发分的析出则有利于生物焦形成丰富的孔隙结构，同时氧元素含量较高，说明其含氧官能团较为丰富；生物质在热解过程中，C—H 和 C—O 键纷纷断裂，H 和 O 从生物焦中分离出来，使得生物焦 H 和 O 含量减少，碳得以富集，所以生物焦固定碳含量和高位发热量较高。

表 6-2　生物质和生物焦的工业与元素分析

样品	工业分析（%）				元素分析（%）					高位发热量（kJ/kg）	原子比		
	V_{ad}	FC_{ad}	M_{ad}	A_{ad}	C	H	O	N	S		H/C	O/C	C/N
WS-RAW	79.5	12.77	7.4	0.33	45.7	5.94	46.02	0.32	0.02	18435.17	—	—	—
WS-M	28.66	65.81	0.79	4.74	68.65	2.14	25.70	1.49	0.08	26184.83	0.37	0.28	53.43

由于实际的生物焦分子量并不均一，且分子式也不确定，因此采用平均分子结构进行表征，并参考目前较为认可的煤焦类物质的分子结构，假设生物焦的平均相对分子质量为 1000；通过原子比计算初步获得生物焦的分子式为 $C_{53}H_{20}NO_{15}$，分子量 $M_r=910$，其中硫元素含量极少，未进行考虑。

6.3　表面官能团与晶体结构研究

生物焦的 FTIR 谱图如图 6-1 所示，由前文可知，共分为四个主要区域：羟基振动区（3600～3000cm^{-1}）、脂肪 CH 振动区（3000～2700cm^{-1}）、含氧官能团振动区（1800～1000cm^{-1}）和芳香 CH 的面外振动区（900～700cm^{-1}），分别记为 a、b、c 和 d，拟合所得到的相关参数如表 6-3 所示。

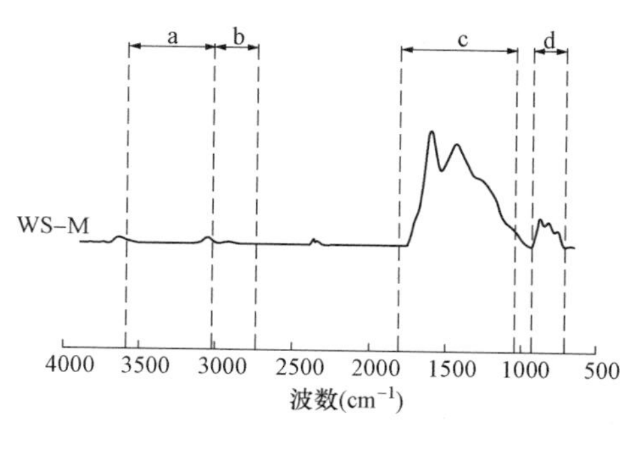

图 6-1　生物焦的红外光谱图

表 6-3　生物焦表面官能团拟合结果

样品	a 区	b 区	c 区	d 区	C—O 官能团	C═C 官能团	COOH 和 C═O 官能团
WS-M	28	6	2170	85	733	788	127

羟基振动区主要是由于氢和氧形成的键能较大，导致波峰带较宽，主要为生物焦的一些游离羟基。脂肪 CH 振动区主要为属于脂肪族化合物—CH_2 和—CH_3 的伸缩振动，在生物质热解过程中生物质分子中烷基侧链会发生断裂，所以生物焦中的相关含量较少。

对于 WS-M 样品，在芳香 CH 的面外振动区中，于 759、818cm^{-1} 和 877cm^{-1} 处存在吸收峰，表明生物焦分子结构中苯环的取代方式有三种（苯环 2，4 和 5 取代），其中 2 取代较少，主要以 4 和 5 取代为主；1420cm^{-1} 处为与—CO—相连的 C，说明生物焦分子结构中含有较多的羰基；1590cm^{-1}处峰值最大，为芳环C═C骨架的伸缩振动，表明生物焦分子主要为芳香结构；2000～2500cm^{-1}为三键和聚集双键伸缩振动频率区，表明分子结构中存在—C≡N。脂肪CH振动区的峰值较小，结合前文可得生物焦分子结构中存在很少的脂肪碳，可能只含有一个甲基或亚甲基。

生物焦与煤类似，是一种短程有序的非晶态物质，结构中存在一定数量的石墨微晶结构。因此，本章采用XRD对WS-M样品进行分析，如图6-2所示，其中，谱图中存在两个明显的衍射峰，分别位于25°和43°附近，且对应于晶体石墨结构的（002）和（100）峰；生物焦的两个衍射峰均较宽缓，表明生物焦中芳香环层片的排列有序度低于石墨；由于生物焦中矿物质的干扰，29°附近出现了一些尖锐且强度较大的峰。

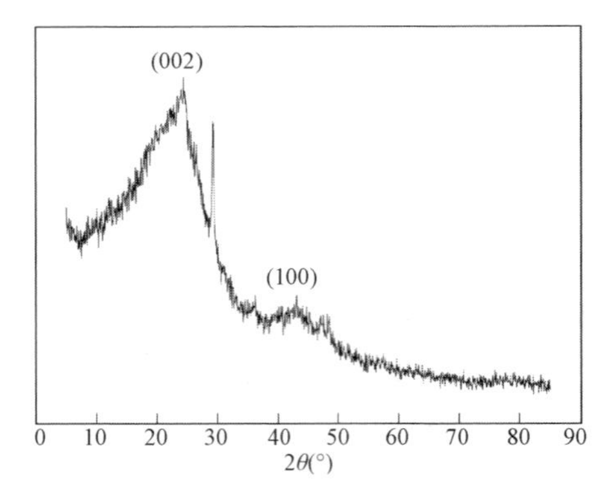

图6-2　WS-M样品的XRD衍射谱图

（002）峰左右不对称，这是因为该峰是由两种具有不同特点的微晶峰带［（002）峰和γ带］叠加而成；（002）峰可以反映芳香层片的堆砌高度，γ带是由与缩聚芳香核相连接的脂肪支链、脂环烃以及其他官能团引起；（100）峰可以反映芳香环层片的缩合程度。

根据XRD谱图中衍射峰的衍射角和半峰宽，通过布拉格方程［如式（6-1）所示］和谢乐公式［如式（6-2）和式（6-3）所示］可得生物焦的芳香层间距离d_{002}、芳香环层片堆砌厚度L_c和芳香环层片直径L_a分别为0.3615、2.0519nm和1.5614nm。

$$d_{002}=\lambda/2\sin\theta_{002} \tag{6-1}$$

$$L_c=0.9\lambda/(\beta_{002}\cos\theta_{002}) \tag{6-2}$$

$$L_a=1.84\lambda/(\beta_{100}\cos\theta_{100}) \tag{6-3}$$

式中 λ——X射线波长（0.1541nm）；

θ_{002}——（002）峰对应的衍射角；

θ_{100}——（100）峰对应的衍射角；

β_{002}——（002）峰对应的半高宽值；

β_{100}——（100）峰对应的半高宽值。

生物焦的HRTEM图像如图6-3所示。从图6-3（a）中可以得出，生物焦中的碳主要以无定形碳为主，芳香环层片主要以未定向的乱层状态存在，整体结构有序度低于石墨，与XRD分析结果一致。图6-3（b）表明，在无定形碳的乱层分布中，同时也存在着类似于石墨层的芳香环层片微晶条纹，说明有部分碳层发生了定向排列，且形成了相应微晶区域；所测定的条纹间距为0.3624nm，与XRD计算结果中的d_{002}值相吻合，表明为芳香环层片在（002）晶面的生长排列方向。通过图6-3整体可知，这些微晶结构在生物焦的碳化过程中形成，由于存在不完全燃烧的石墨层，且这些层状结构也存在缺陷、错位和不连续性等特征，导致了碳骨架中电子云的排列发生变化。同时，在这些位置的碳原子有不成对电子和不完全饱和的化合价，因此具有丰富的势能和高度的活性，形成了利于生物焦汞吸附的活性位或活性中心。

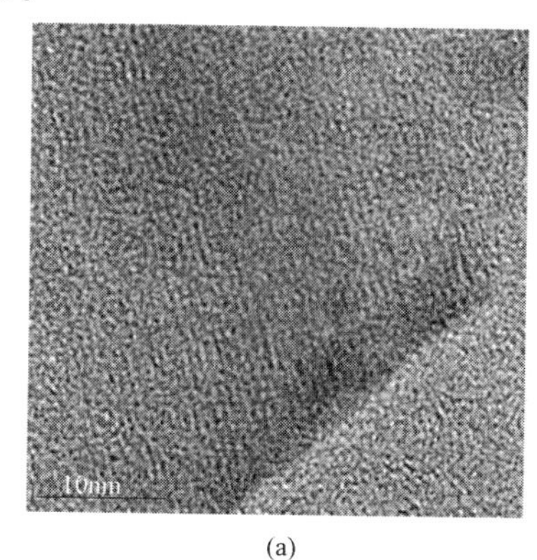

(a)

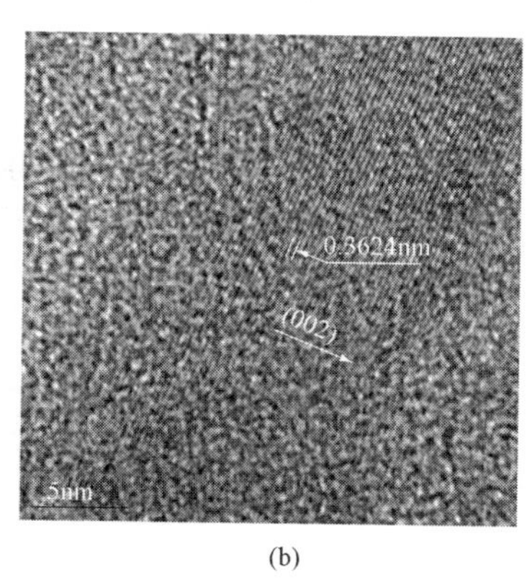

(b)

图6-3 WS-M样品的HRTEM图

（a）10nm；（b）5nm

6.4 碳结构组成研究

WS-M样品的^{13}C-NMR谱图如图6-4所示，生物焦结构中的碳共分为三类：脂肪碳（0～100Hz）、芳香碳（100～165Hz）和羰基碳（165～220Hz）。其中，脂碳区中50～100Hz为各种氧接脂碳；芳碳区中根据化学位移从小到大依次为质子化芳碳、桥接芳碳、侧支芳碳以及氧取代芳碳。同时对各化学位移区域进行了分峰拟合，并通过拟合面积表征不同种类碳的相对含量。对所获得的不同种类碳面积进行归一化处理，并按照相应化学位移归属进行分析，如表6-4所示。结合前文所述的FTIR表征结果，芳碳峰的强度远大于脂肪峰，表明生物焦的分子结构中芳香碳是主要组成部分，而脂肪碳则起到联结芳香结构单元的作用。

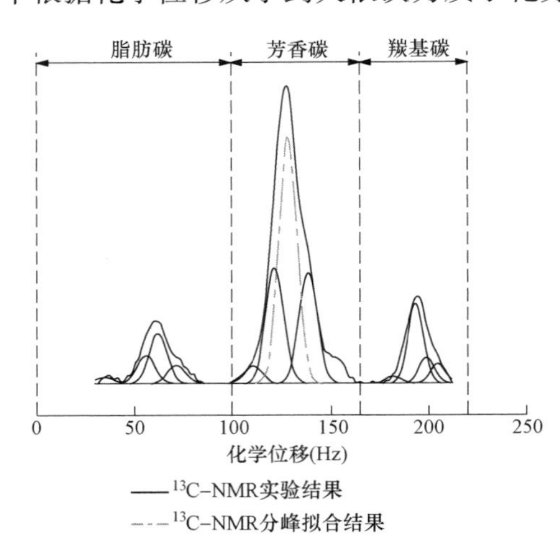

图6-4 WS-M的^{13}C-NMR谱图及分峰拟合结果

表6-4 WS-M的^{13}C-NMR谱图分峰拟合数据

序号	化学位移（Hz）	归属	相对面积（%）
1	37	亚甲基	2
2	54	氧甲基	3
3	61	甲醇基	7
4	73	环内氧接脂碳	3
5	114	质子化碳	5
6	120	质子化碳	28

续表

序号	化学位移（Hz）	归属	相对面积（%）
7	132	桥接芳碳	21
8	139	侧支芳碳	11
9	153	氧接芳碳	3
10	188	羧基	4
11	194	羰基	8
12	203	羰基	5

本章为定量研究生物焦的分子结构，根据 Solum 等[12] 所提出的 14 个骨架参数以及衍生参数进行计算，相关参数如下所示。

（1）f_a：芳碳率，所有 sp^2 碳原子占总碳比例，$\delta>100$Hz；

（2）f_a^C：羰基碳占总碳的比例，$\delta>165$Hz；

（3）$f_{a'}$：芳香度，芳环碳占总碳的比例，100～165Hz；

（4）f_a^H：芳香碳中质子化碳占总碳的比例，100～129Hz；

（5）f_a^N：芳香碳中非质子化碳占总碳的比例，129～165Hz；

（6）f_a^P：芳香碳中氧接芳碳占总碳的比例，148～165Hz；

（7）f_a^S：芳香碳中侧支芳碳占总碳的比例，137～148Hz；

（8）f_a^B：芳香碳中桥头碳占总碳的比例，129～137Hz；

（9）f_{al}：脂肪碳含量（脂碳率），0～100Hz；

（10）f_{al}^H：CH 或 CH_2 中的碳占总碳的比例，22～50Hz；

（11）f_{al}^*：甲基碳，脂肪碳中非质子化碳占总碳的比例，0～22Hz；

（12）f_{al}^O：与氧连接的脂肪碳占总碳的比例，50～100Hz；

（13）f_a^O：羰基碳占总碳的比例，190～220Hz；

（14）f_a^{OO}：羧基碳占总碳比例，165～190Hz。

为获得生物焦分子结构中不同种类碳占总碳的比例，利用式（6－4）～式（6－17）并结合表 6－4 的 ^{13}C－NMR 谱图分峰结果，对分子结构的相关参数进行了计算，结果如表 6－5 所示。其中，计算可得生物焦的芳香度 $f_{a'}$ 为 0.68，进一步验证了生物焦分子结构以芳碳为主，且构成了生物焦分子的骨架结构；脂肪碳中氧接脂碳 f_{al}^{O} 为 0.13，明显高于非氧接的脂碳；同时，所存在的羧基和羰基则说明生物焦分子中含有较多的氧，这与本章中所获得的元素分析和 FTIR 表征结果一致。

$$f_a = I_{>100}/I_t = 0.85 \tag{6-4}$$

$$f_a^C = I_{>165}/I_t = 0.17 \tag{6-5}$$

$$f_{a'} = f_a - f_a^C = 0.84 - 0.17 = 0.68 \tag{6-6}$$

$$f_a^P = I_{148-165}/I_t = 0.03 \tag{6-7}$$

$$f_a^S = I_{137-148}/I_t = 0.11 \tag{6-8}$$

$$f_a^N = I_{129-165}/I_t = 0.35 \tag{6-9}$$

$$f_a^B = f_a^N - f_a^P - f_a^S = 0.21 \tag{6-10}$$

$$f_a^H = f_{a'} - f_a^N = 0.68 - 0.35 = 0.33 \tag{6-11}$$

$$f_{al} = I_t - f_a = 1 - 0.85 = 0.15 \tag{6-12}$$

$$f_{al}^* = I_{0-22}/I_t = 0 \tag{6-13}$$

$$f_{al}^H = I_{22-50}/I_t = 0.02 \tag{6-14}$$

$$f_{al}^O = f_{al} - f_{al}^* - f_{al}^H = 0.15 - 0 - 0.02 = 0.13 \tag{6-15}$$

$$f_a^O = I_{190-220}/I_t = 0.13 \tag{6-16}$$

$$f_a^{OO} = f_a^C - f_a^{OO} = 0.17 - 0.13 = 0.04 \tag{6-17}$$

表 6-5　生物焦分子结构参数

项目	分子结构参数													
参数	f_a	f_a^C	$f_{a'}$	f_a^H	f_a^N	f_a^P	f_a^S	f_a^B	f_{al}	f_{al}^H	f_{al}^*	f_{al}^O	f_a^O	f_a^{OO}
比例	0.85	0.17	0.68	0.33	0.35	0.03	0.11	0.21	0.15	0.02	0	0.13	0.13	0.04

6.5　生物焦二维分子结构的构建与验证研究

基于 WS-M 样品的微观特性，并结合工业元素分析结果、FTIR 以及 ^{13}C-NMR 谱图解析结果，利用 ChemDraw 软件构建生物焦的二维分子模型，计算所获得分子模型的碳谱化学位移，通过 Matlab 软件利用高斯方法对模拟光谱进行拟合；通过实际与计算的 ^{13}C-NMR 谱图进行对比，对模型进行调整修正，最终使计算与实验的谱图基本吻合，从而确保模型的真实性和合理性。

生物焦主要由芳香碳结构、脂肪碳结构和羰基碳结构组成，各部分结构的具体构建如下。

6.5.1　芳香碳结构

结合所获得的核桃壳生物焦分子式（$C_{53}H_{20}NO_{15}$），通过^{13}C-NMR 谱图所计算得到的结构参数，可得芳香度为 0.68，进而确定分子结构的芳香碳数量共计 36 个，桥接芳碳为 11 个，所以分子结构中含有 8 个苯环；同时，由于结构中存在 2 个环内氧接脂碳，所以生物焦分子的芳香结构共计三种可能构型，如图 6-5～图 6-7 所示。

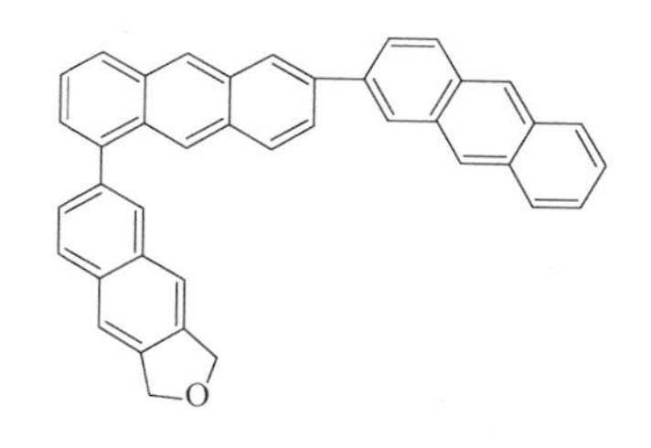

图 6-5　核桃壳生物焦分子的芳香结构构型（一）

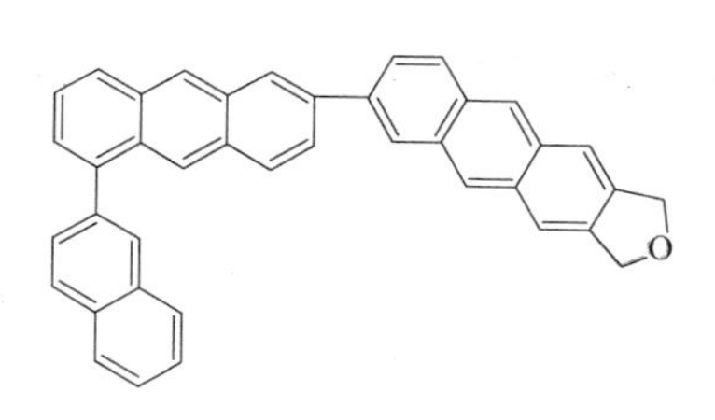

图 6-6　核桃壳生物焦分子的芳香结构构型（二）

由于官能团种类、数量和连接方式会对分子结构中碳的化学位移产生影响，因此，在上述三种芳香结构可能构型的基础上完成生物焦分子的脂肪碳与羰基碳结构的搭建，并通过实际与计算的^{13}C-NMR 谱图进行对比，从而选择合适的芳香结构，同时对模型进行调整修正。

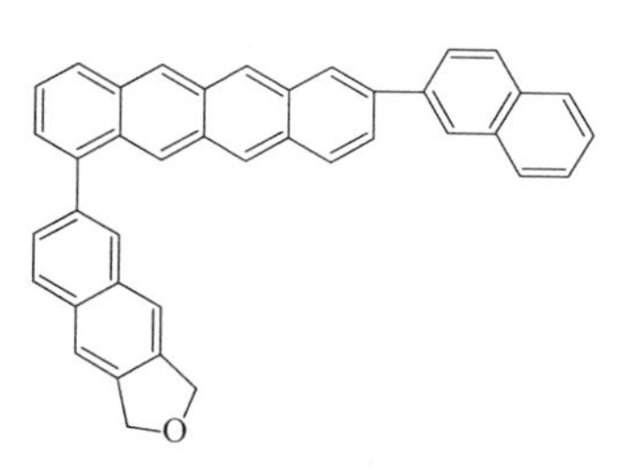

图 6-7　核桃壳生物焦分子的芳香结构构型（三）

6.5.2　脂肪碳和羰基碳结构

以基于图 6-5 所示的芳香结构构型（一）为例，在搭建分子模型中脂肪碳结构的过程中，由前文关于生物焦表面官能团的研究可得，氮元素相关结构的主要存在形式为—C≡N。由于化学位移 37Hz 处的峰对应为亚甲基，通过调整其他氧接脂肪结构在苯环上的连接方

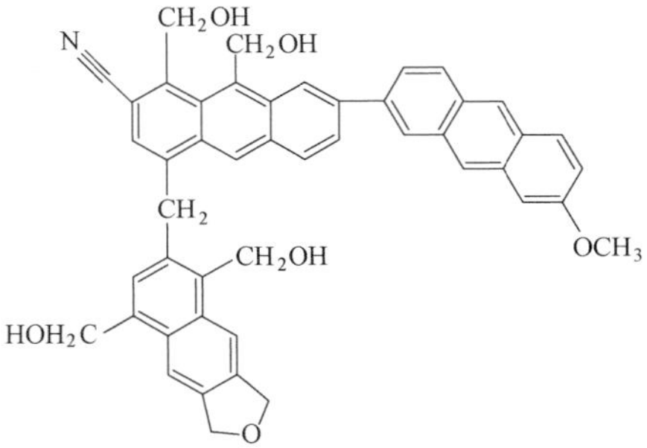

图 6-8　芳香结构构型（一）的脂肪碳连接方式

式，可得脂肪碳的连接方式，如图 6-8 和图 6-9 所示。其中，亚甲基碳化学位移为 37.6Hz，甲氧基碳化学位移为 55.8Hz，2 个环内氧接脂碳化学位移均为 73.8Hz，而 4 个甲醇碳化学位移分别为 60.0、61.6、60.8、63.3Hz。上述结果均与核磁谱图分峰结果基本一致，同时也验证了核磁谱图分峰拟合结果及其归属的正确性。

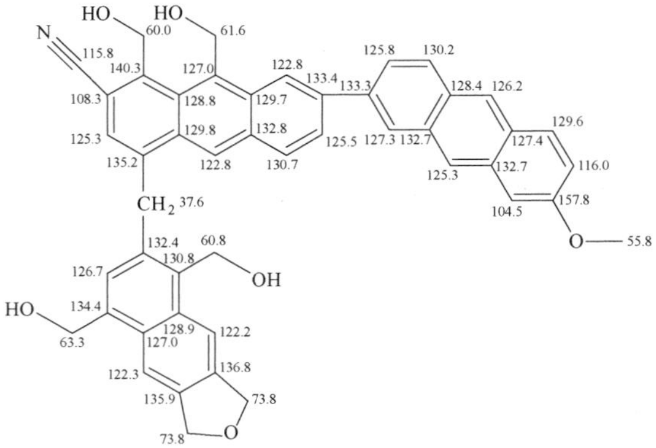

图 6-9　芳香结构构型（一）脂肪碳连接方式的化学位移

同样以基于芳香结构构型（一）为例，在搭建分子模型中羰基碳结构的过程中，由前文可知，羰基碳的化学位移可分为 3 类，即 188、194、203Hz，其中 194Hz 的羰基碳数量最多；通过调整羰基在苯环上的连接方式，确定羰基碳的化学位移分布，并进行修正和调整，从而获得合理结果，如图 6-10 和图 6-11 所示。羰基碳的化学位移因在苯环上连接方式不同而有所差异，分别为 181、193、204Hz，其中 181Hz 虽然与实验获得的核磁谱图分峰结果存在差异，但和实验谱图中最高峰为194Hz且两侧峰值较低的结果总体吻合；在调整过程中发现只有当羰基碳与脂肪碳相连时，才会产生出现204Hz处的化学位移，此时甲基碳化学位移为33.8Hz，与脂肪碳区所获得的实验值(37Hz)相差较小，所以将亚甲基调整为与羰基碳相连的甲基。

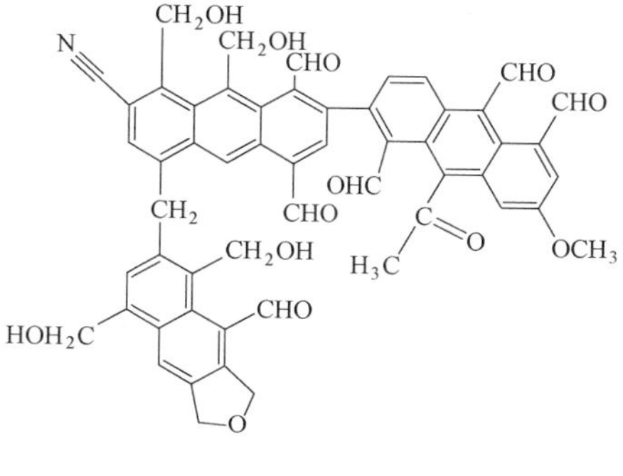

图6-10　芳香结构构型（一）的羰基碳连接方式

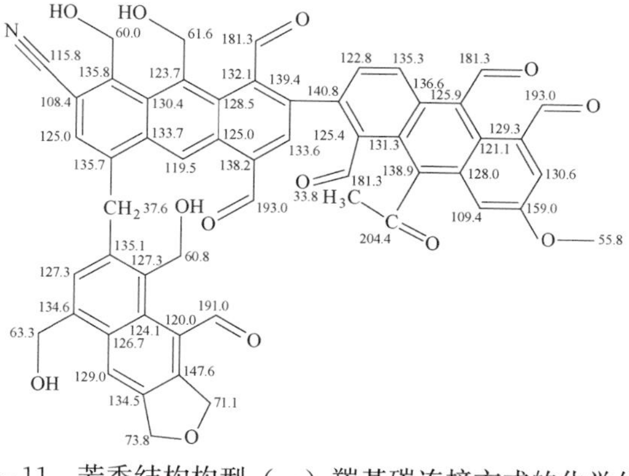

图6-11　芳香结构构型（一）羰基碳连接方式的化学位移

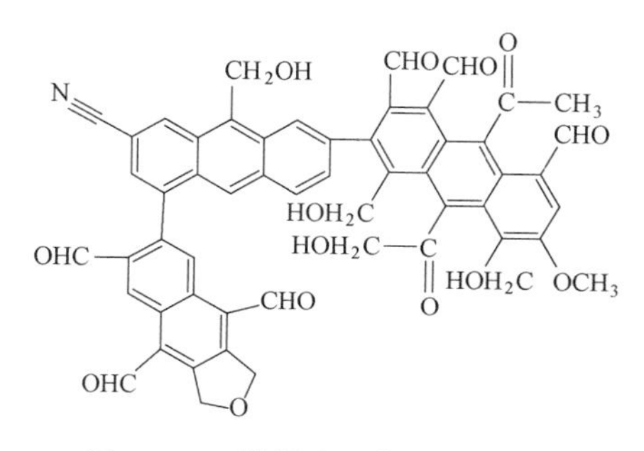

图6-12　核桃壳生物焦2D分子结构模型（a）

6.5.3　分子结构的构建与验证

通过以上对分子模型中芳香碳结构、脂肪碳结构和羰基碳结构的分析与搭建，基于三种芳香结构的可能构型，通过调整各个官能团在苯环上的连接方式，构建了三种核桃壳生物焦的二维分子结构模型如图6-12～

图 6-14所示；同时，获得了不同分子结构对应的化学位移如图 6-15～图 6-17 所示，所对应分子结构模型的[13]C-NMR 谱图如图 6-18～图 6-20所示。

研究发现，三种模型的脂肪碳区和羰基碳区拟合结果与表征结果基本一致。其中，图 6-12 所示的结构模型（a）与样品实测[13]C-NMR 谱图吻合度较高，所以选择结构模型（a）作为最终核桃壳生物焦的二维分子结构模型。

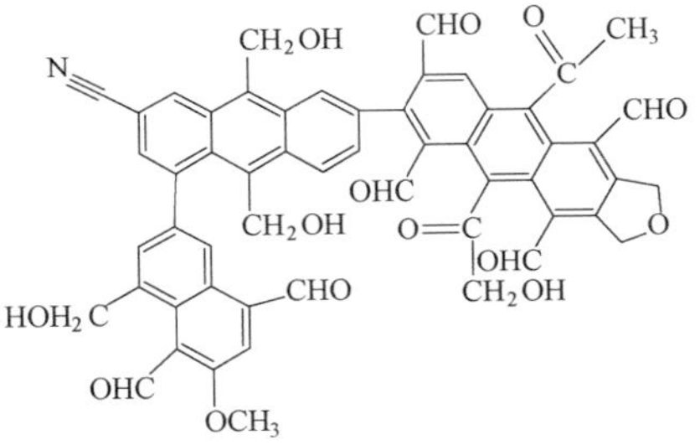

图 6-13　核桃壳生物焦 2D 分子结构模型（b）

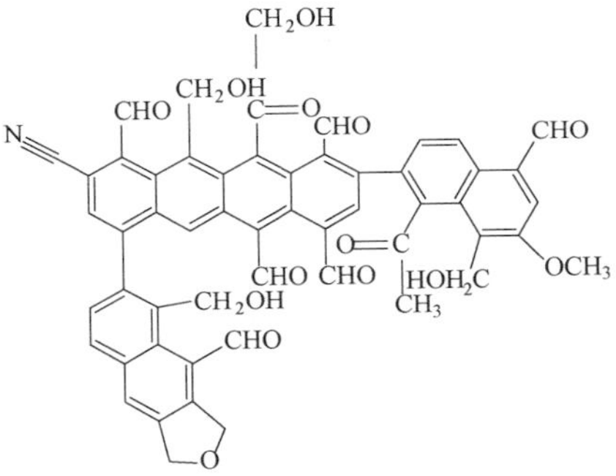

图 6-14　核桃壳生物焦 2D 分子结构模型（c）

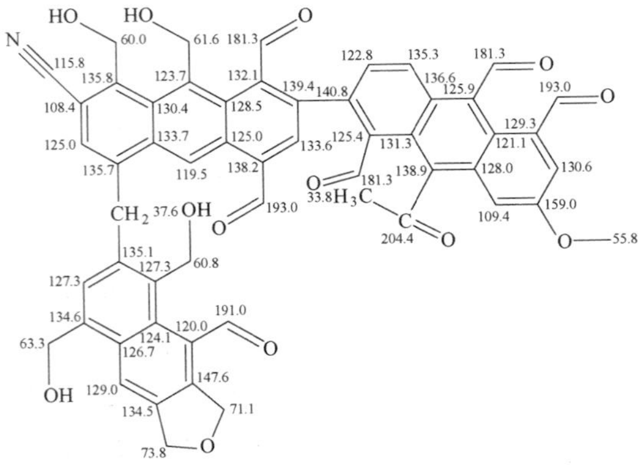

图 6-15　核桃壳生物焦 2D 分子结构模型（a）的碳化学位移

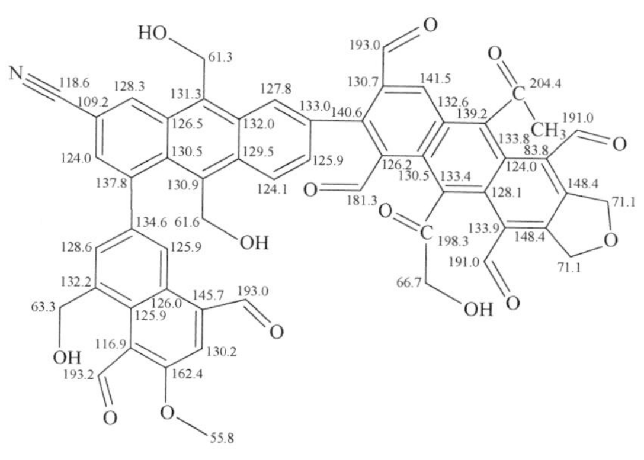

图 6 - 16　核桃壳生物焦 2D 分子结构模型（b）的碳化学位移

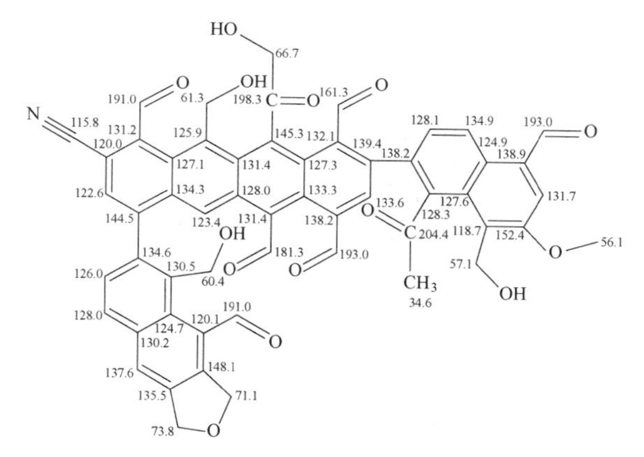

图 6 - 17　核桃壳生物焦 2D 分子结构模型（c）的碳化学位移

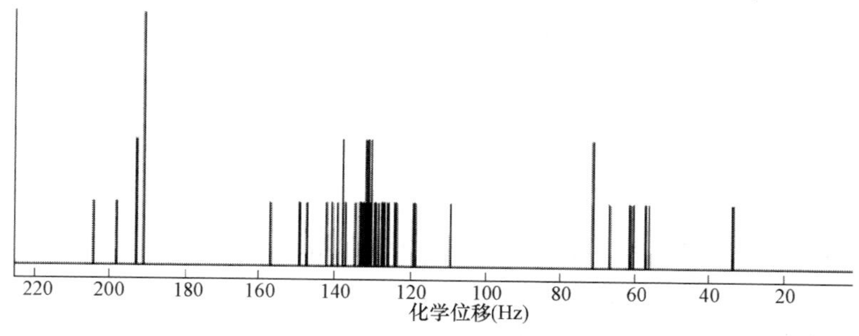

图 6 - 18　核桃壳生物焦 2D 分子结构模型（a）的^{13}C - NMR 的计算谱图

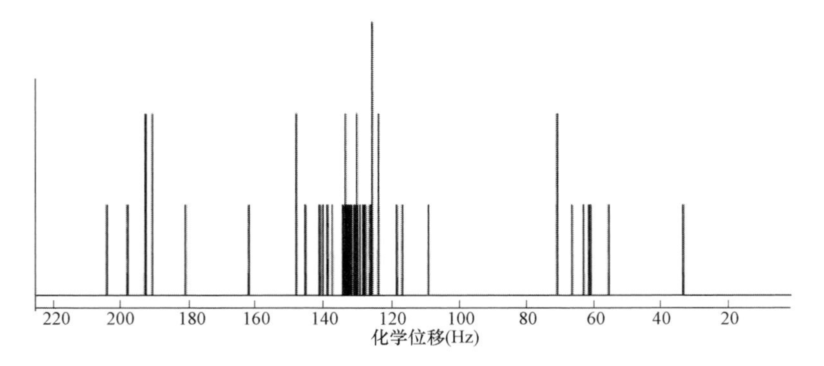

图 6-19　核桃壳生物焦 2D 分子结构模型（b）的^{13}C-NMR 的计算谱图

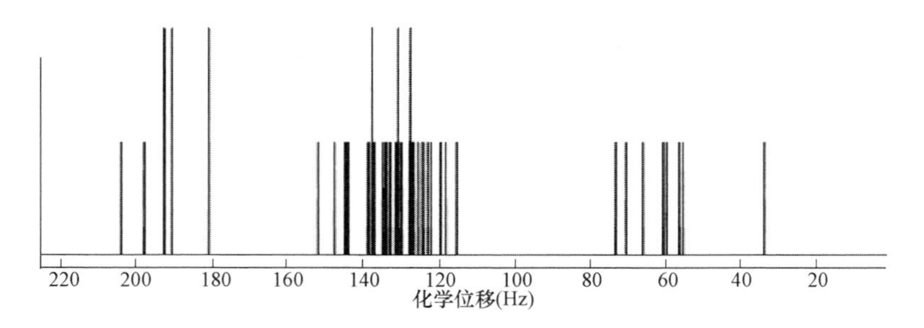

图 6-20　核桃壳生物焦 2D 分子结构模型（c）的^{13}C-NMR 的计算谱图

综上所述，所构建的生物焦二维分子结构模型及各位置碳的化学位移如图 6-21 所示。^{13}C-NMR 预测计算谱图与实验谱图对比结果如图 6-22 所示，总体吻合度较高。所获得的生物焦分子结构模型的分子式为 $C_{55}H_{37}NO_{14}$，分子量 $M_r=935$，生物焦和分子模型的 C、H、O 和 N 元素归一化后的分析结果如表 6-6 所示。其中，模型的 H 含量略高于实验值，而 O 含量略低，这是由于实验值所表征的是生物焦混合物，而构建的单体结构模型是生物焦的平均结构，且所存在的与实际大分子复杂结构之间的误差属于正常范围[13]。另外，所构建的模型以芳香结构为主，并含有 1 个甲基、4 个羟基以及 8 个羰基，与 FT-IR 分析结果一致，进一步验证了模型的正确性。

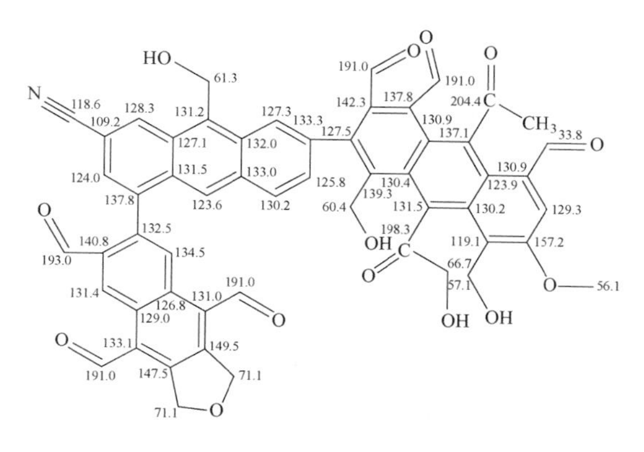

图 6 - 21　生物焦二维分子结构模型及各位置碳的化学位移

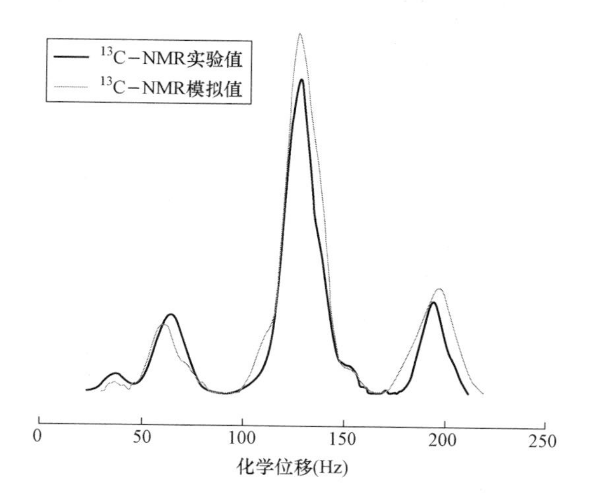

图 6 - 22　^{13}C - NMR 预测计算谱图与实验谱图对比

表 6 - 6　　生物焦与模型的元素组成及原子比

项目	元素组成（%）				原子比		
	C	H	O	N	H/C	O/C	C/N
实验值	70.05	2.18	26.22	1.52	0.37	0.28	53.43
模型值	70.59	3.99	23.93	1.50	0.67	0.25	55

6.6 生物焦三维分子结构的构建与优化研究

本书基于所获得的生物焦二维分子结构，利用 Chem3D 软件构建了三维模型，如图 6-23 所示。通过 ChemBioOffice 和 Gaussian 软件，基于分子力学，在 UFF、Dreiding 和 MM2 三种力场下对三维模型进行了结构优化，优化结果如图 6-24 所示，能量参数如表 6-7 所示。其中，UFF 力场下优化后的三维结构总势能最大，MM2 力场下势能最小；UFF 和 Dreiding 力场下优化后静电能都为 0；MM2 力场下所获得的优化值为－286.99kJ/mol。三种力场下所获得的范德华能差别较大，分别为 651.51、353.8kJ/mol 和 357.36kJ/mol；二面角能也有较大差别，UFF 力场下其值最大，且是最小值（Dreiding 力场）的 30 倍；MM2 力场具有交叉能量项，其值约为 3.85kJ/mol。

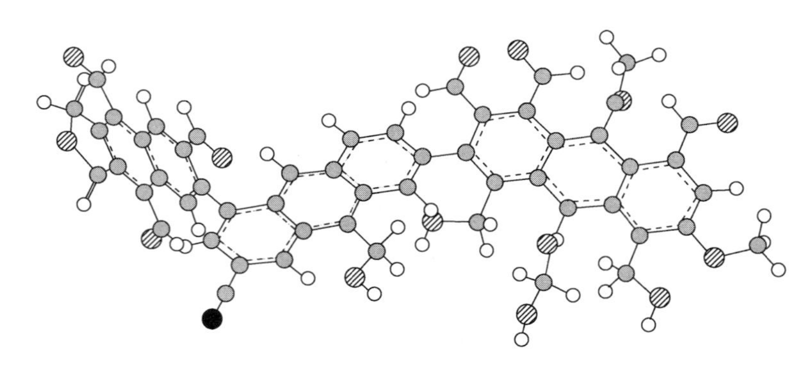

图 6-23　生物焦三维分子结构模型

▨—氧原子；●—碳原子；○—氢原子；●—氮原子

本书基于上述不同力场优化后的三维构象，利用半经验 PM6 量子化学方法对各构象的生成热进行了计算，如表 6-8 所示。其中，Dreiding 力场下所获得的生成热为－2410.05kJ/mol，而又由于生成热与构象稳定性呈反比关系，所以相比 UFF、MM2 力场，Dreiding 力场下所获得的优化结构更稳定。

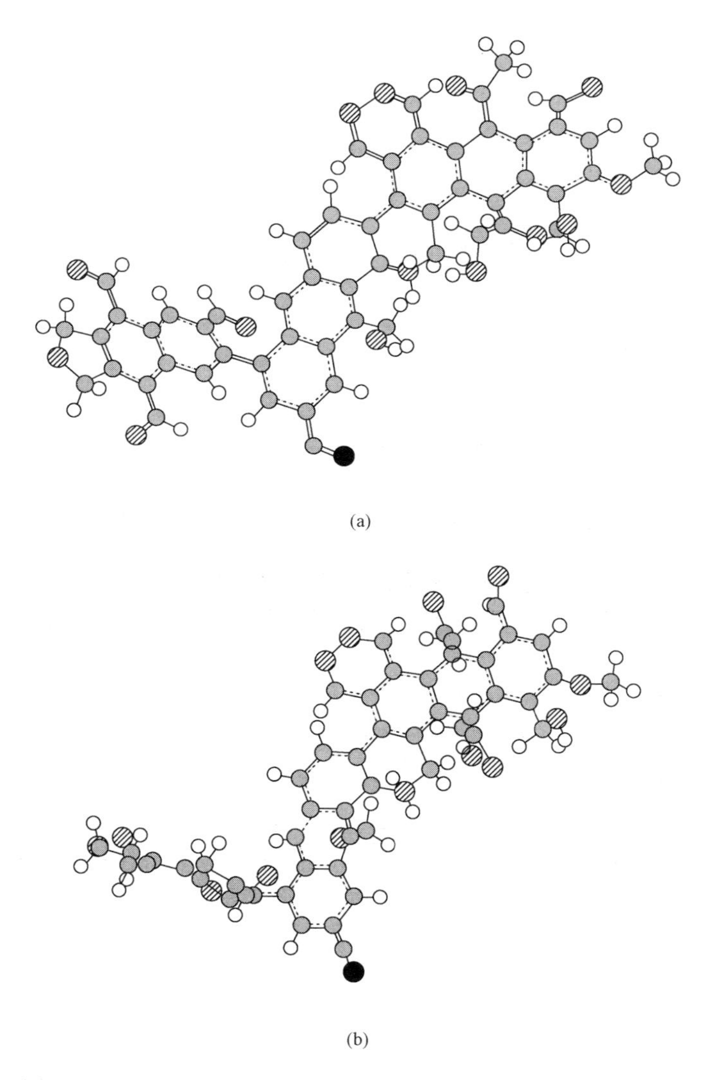

(a)

(b)

图6-24　生物焦分子模型分别在三种力场下优化后的空间构象

（a）UFF力场结构优化结果；（b）Dreiding力场结构优化结果

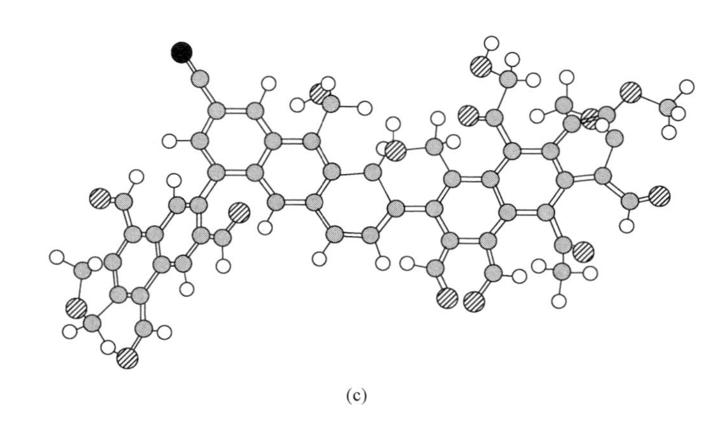

(c)

图 6-24　生物焦分子模型分别在三种力场下优化后的空间构象（续）

(c) MM2 力场结构优化结果

▨—氧原子；●—碳原子；○—氢原子；●—氮原子

表 6-7　　生物焦单元模型的分子力学优化结果　　(kJ/mol)

模拟方法	键能	键角能	交叉相互作用项	二面角能	范德华能	静电能	总势能
UFF	195.48	174.13	0	834.39	651.51	0	1855.65
Dreiding	60.69	94.18	0	27.04	353.8	0	536.06
MM2	52.32	210.43	3.85	192.74	357.36	−286.99	529.4

表 6-8　　半经验方法计算结果

模拟结果	力场类型		
	UFF 力场	Dreiding 力场	MM2 力场
生成热（kJ/mol）	−2149.92	−2410.05	−2148.51
收敛梯度［kJ/（mol·ang)］	2.21×10^{-2}	3.01×10^{-2}	1.11×10^{-2}

6.7　生物焦对单质汞的吸附机理研究

6.7.1　几何构型优化研究

通过对生物焦模型进行全参数几何优化和振动频率分析，获得了模型的键长、键角等结构参数，并利用 Mulliken 布居分析方法获得了键布居数以及不同碳原子的电荷数，优化后的分子结构模型如图 6-25 所示，计算结果如表 6-9 和表 6-10 所示。其中，布居分析法是通过键的重叠布居数判断分子轨道的成键特性以及原子间化学键的强度，键的布居数越大，则键级越大，化学键越稳定；反之，布居数越接近 0，则表明两个原子之间的相互作用越小。

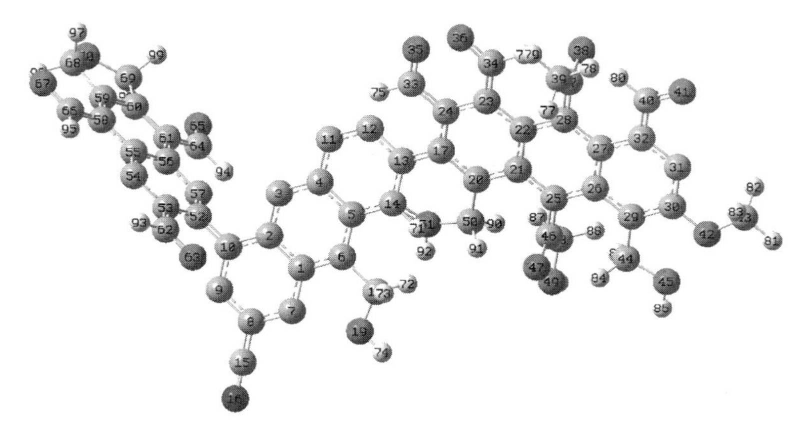

图 6-25 几何构型优化后的生物焦分子结构模型

表 6-9 生物焦模型优化计算结果与实验值的比较

参数	计算值	实验值	参数	计算值	实验值
C-C（Å）	1.413	1.420	<C-C-C（°）	119.9	120.0
C-H（Å）	1.090	1.070	<C-C-H（°）	120.0	120.0

表 6-10 生物焦分子模型中相关碳原子的电荷计算结果

原子	电荷（e）	原子	电荷（e）
C（2）	0.015	C（12）	−0.034
C（3）	−0.065	C（13）	0.011
C（4）	0.012	C（31）	−0.088
C（7）	−0.020	C（54）	−0.026
C（9）	−0.015	C（57）	−0.022
C（11）	−0.042		

优化计算所得的 C-C 平均键长为 1.413Å，C-H 平均键长为 1.090Å，且 C-C-C 和 C-C-H 的平均键角分别为 119.9°和 120.0°，与实验值吻合良好。所以，本书所构建的模型在计算精度和经济性方面达到了较好的平衡。

由表 6-10 可得，生物焦模型的边缘位置中，C（31）原子所带负电荷最多（—0.088e），而且 C（3）、C（11）和 C（12）的对应相邻碳原子［C（2）、C（4）和 C（13）］均带有正电荷，且分别为 0.015、0.012e 和 0.011e。

6.7.2 Hg^0 在生物焦表面的吸附研究

由于吸附活性位点在气固吸附反应过程中较为重要，而现阶段在研究碳基材料分子模型对汞吸附的计算过程中发现，活性位均存在于分子结构中苯环的边缘位置。因此，本书在计算过程中选取生物焦模型的所有边缘位置，用于模拟吸附的活性位，从而确保了研究的科学性，并对其他碳原子使用氢原子进行饱和封闭，具体吸附位如图 6-26 所示。其中，所对应的吸附位分别为 a、b、c、d、e、f、g 和 h，根据所选取吸附位的数量和位置，共研究了 8 种对应的吸附构型，如图 6-27 所示；同时计算了汞在不同活性位上时，所对应吸附体系的吸附能、吸附高度以及 Mulliken 布居数，如表 6-11 所示。

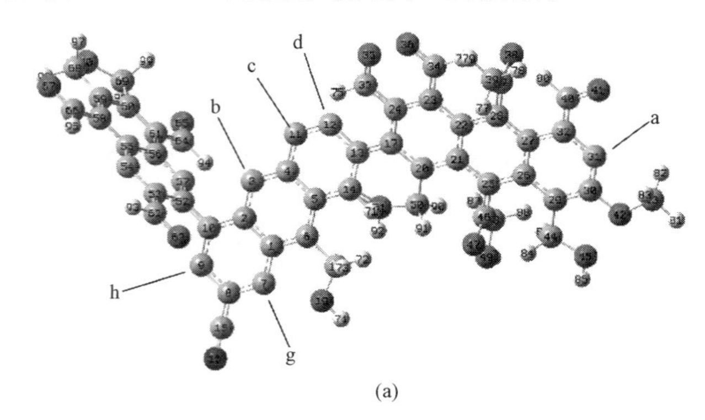

图 6-26　生物焦对 Hg^0 的吸附活性位（一）

（a）正视图

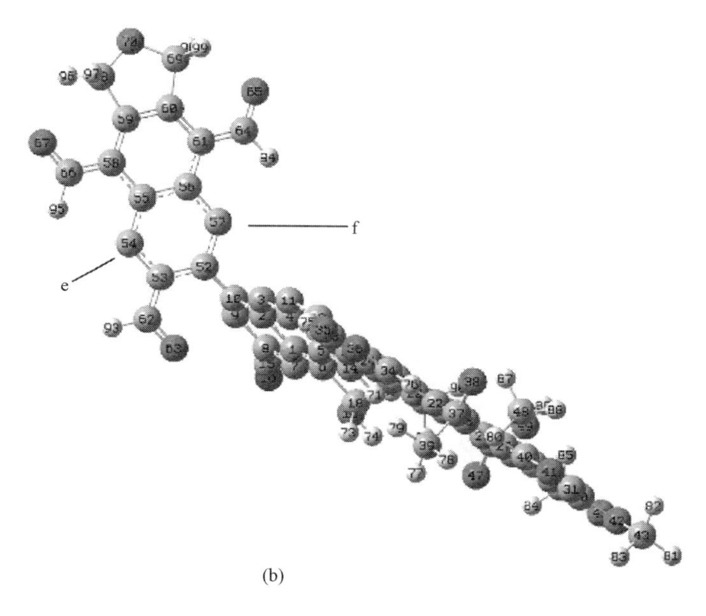

(b)

图 6 - 26　生物焦对 Hg⁰ 的吸附活性位（二）

（b）侧视图

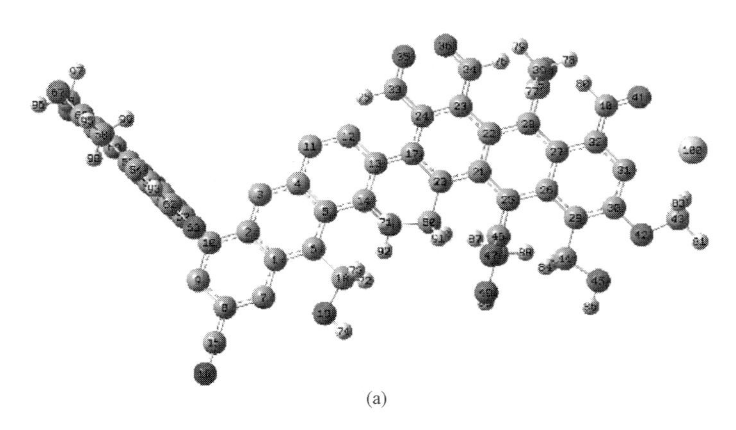

(a)

图 6 - 27　生物焦表面不同活性位对 Hg⁰ 的吸附优化构型（一）

（a）构型 A

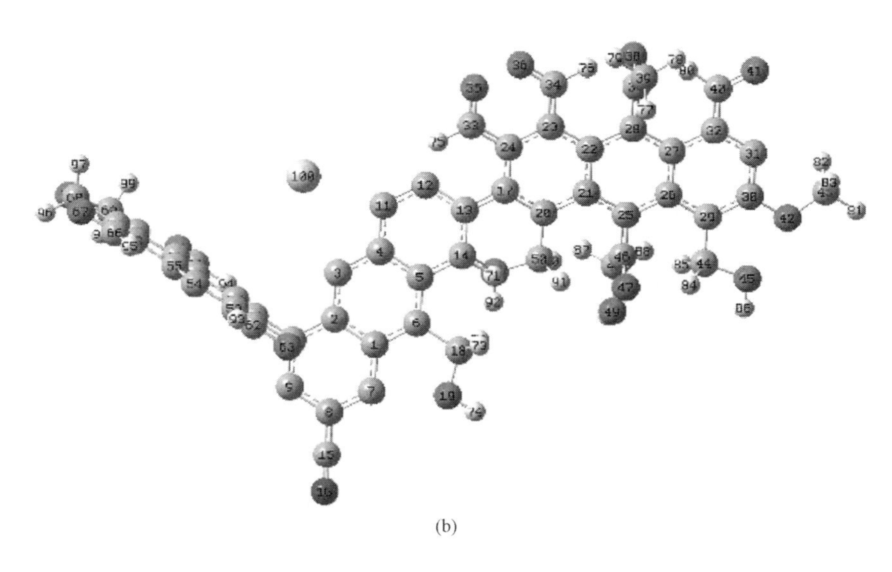

(b)

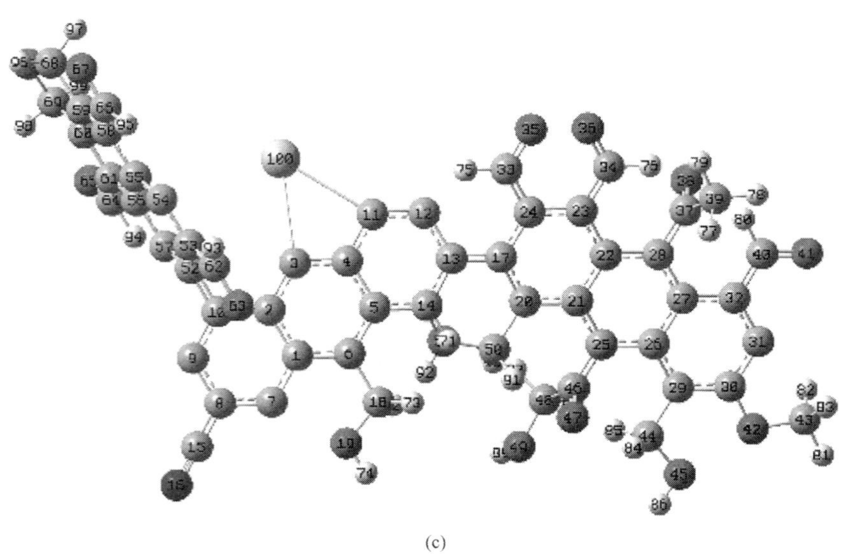

(c)

图 6-27　生物焦表面不同活性位对 Hg^0 的吸附优化构型（二）

（b）构型 B；（c）构型 C

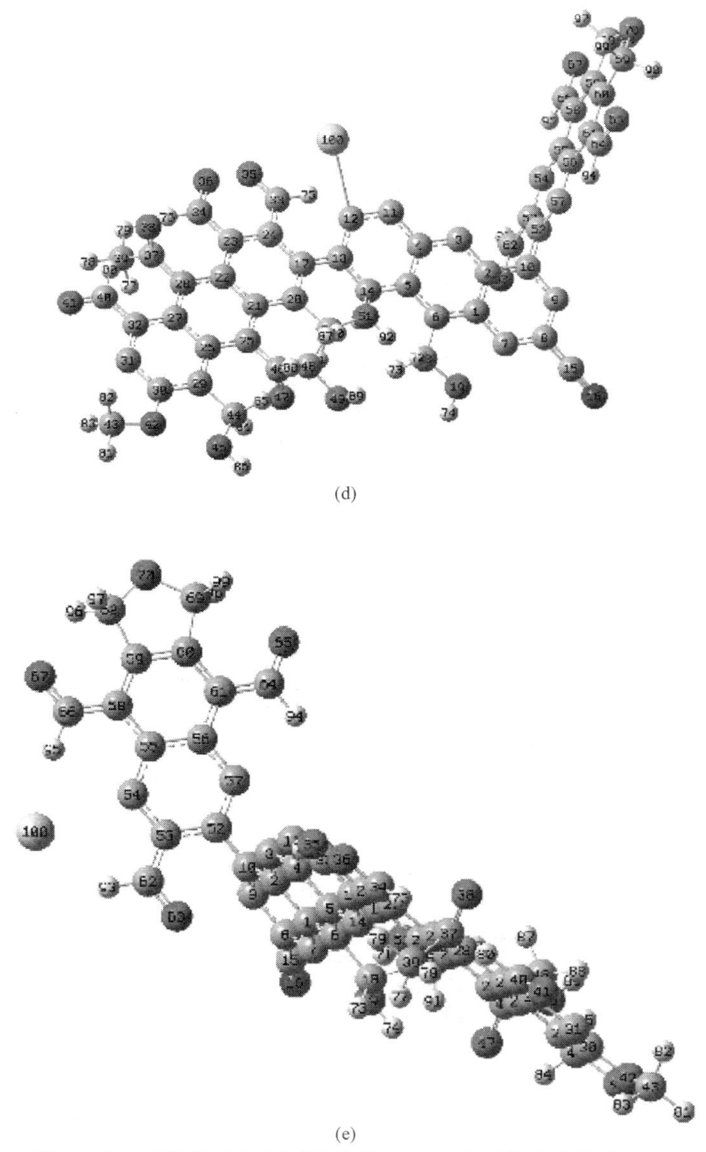

(d)

(e)

图6-27　生物焦表面不同活性位对Hg^0的吸附优化构型（三）

(d) 构型D；(e) 构型E

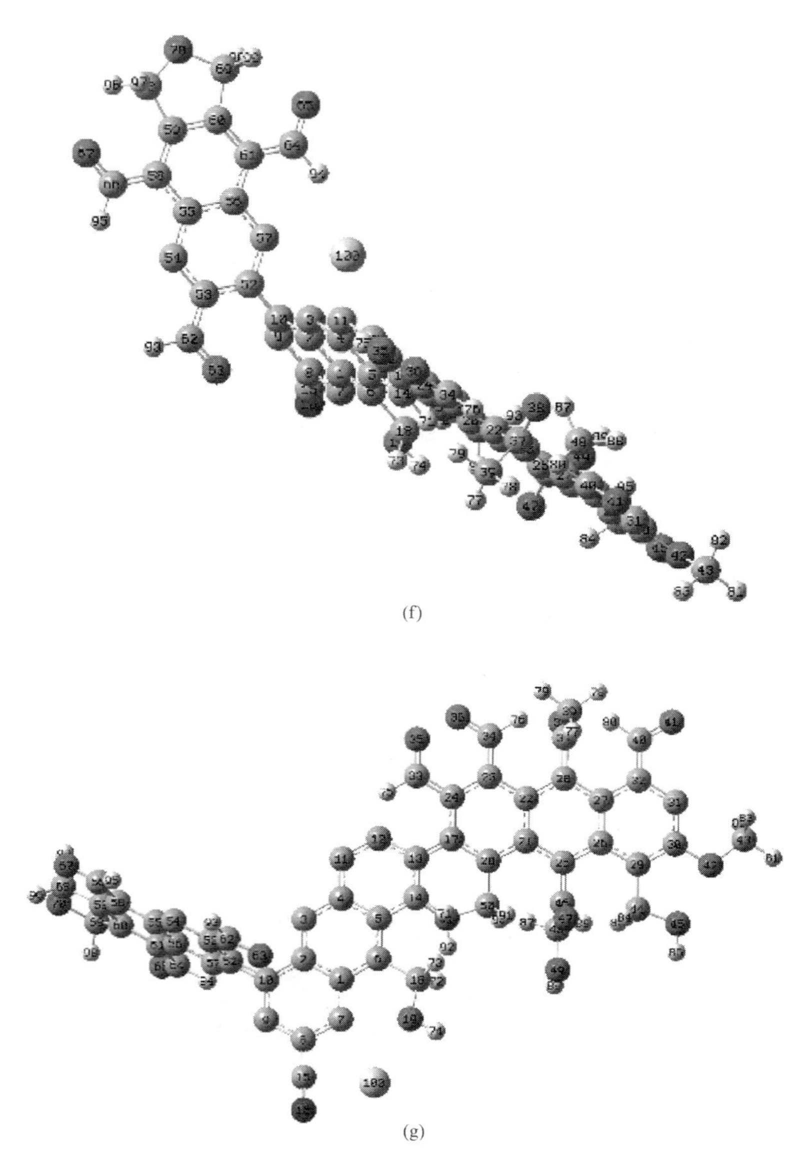

(f)

(g)

图 6-27 生物焦表面不同活性位对 Hg^0 的吸附优化构型（四）

(f) 构型 F；(g) 构型 G

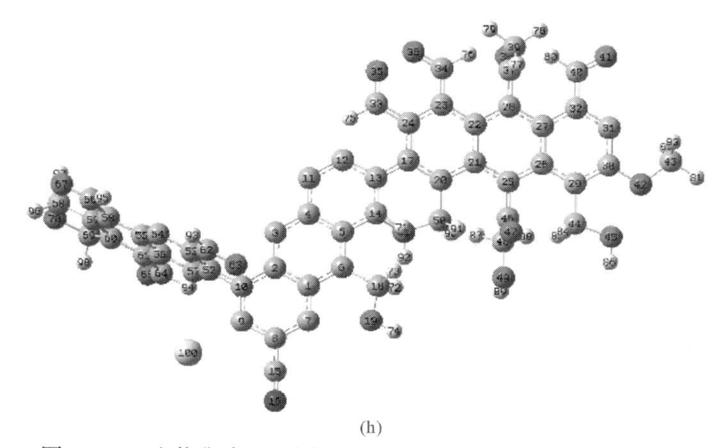

(h)

图 6-27　生物焦表面不同活性位对 Hg^0 的吸附优化构型（五）

（h）构型 H

表 6-11　　不同吸附构型下 Hg^0 在生物焦表面的吸附参数

吸附构型	C-Hg 键长（Å）	C-Hg 键布居数	吸附能 E_{ads}（kJ/mol）
构型 A	2.33615	0.321	−217.3
构型 B	2.44564	0.234	−139.9
构型 C	2.47898	0.228	−137.5
构型 D	2.52405	0.205	−84.6
构型 E	3.02551	0.126	−52.7
构型 F	3.02713	0.106	−52.2
构型 G	3.59879	0.025	−33.4
构型 H	3.67515	0.015	−27.5

在气固吸附过程中，当分子 A 吸附在固体表面 B 时，体系总能量会降低，这部分所释放出的能量为吸附能（E_{ads}），如式（6-18）所示。吸附能绝对值越大表示吸附越稳定，如果吸附能在−40～−10kJ/mol 之间，则吸附作用较弱，属于物理吸附；如果吸附能在−960～−50kJ/mol 之间，则吸附作用较强，属于化学吸附[14]。

$$E_{ads}=E(AB)-E(A)-E(B) \qquad (6-18)$$

根据计算结果可得，吸附构型 A 的吸附能绝对值最大，C-Hg 键长最小，且 C-Hg 键的布居数较大，强度最高，即 Hg^0 可以与生物焦表面的C原子形成较强的化学键，而吸附构型G和H中C-Hg键则相对较弱，吸附能绝对值较小。其中，不同吸附构型的吸附能绝对值由大到小依次为构型A、构型B、构型C、构型D、构型E、构型F、构型G和构型H，且分别为217.3、139.9、137.5、84.6、52.7、52.2、33.4、27.5kJ/mol，所对应吸附高度分别为2.33615、2.44564、2.47898、2.52405、3.02551、3.02713、3.59879、3.67515Å；同时，对于吸附构型A、B、C、D、E和F，由于Hg^0在各自对应吸附位上的吸附能绝对值均大于50kJ/mol，因此属于化学吸附。

在Hg^0吸附过程中，由于吸附构型A中的吸附位C（31）带有负电荷，而汞原子在吸附过程中会伴随电子云的转移而向吸附位发生偏移，使得汞原子自身带有正电荷。因此，带有负电荷的吸附位更有利于汞原子的吸附，且负电荷越大则吸附活性越强，而C（31）吸附位所带负电荷最多，对汞原子的吸附能力要强于其他吸附构型。同时，Mulliken布居数为0.321，也远大于其他吸附构型，这是因为吸附位点C（31）旁边还连接着羰基含氧官能团，而生物焦表面的羰基官能团可以促进邻近碳原子与汞原子之间的电子转移过程，进而促进化学吸附过程。

构型B、C和D的吸附机理则较为类似：构型B中的C（3）吸附位、构型C中的C（11）吸附位和构型D中的C（12）吸附位，虽然均带有较多负电荷，而相邻这些吸附位所对应的碳原子C（2）、C（4）和C（13），则带有正电荷。在吸附过程中，有一部分电子将会向这些带有正电荷的邻位碳原子上转移，因此削弱了吸附位上碳原子本身的电负性，进而减弱了对Hg^0的吸附能力。因此当汞原子吸附在C（3）、C（11）和C（12）这些吸附位上时，由于电子云的偏移，最终造成吸附位的电负性减小，使得汞原子的吸附相对减弱。

对于吸附构型F，C（57）吸附位的Hg^0吸附活性较低，同时C-Hg键发生空间位置的偏移，这是由于汞原子在吸附过程中，与邻近的醛基官能团会形成重叠的电子云，由于斥力的作用，分子中某些原子或基团彼此接近，产生了空间位阻效应，进而削弱了汞原子在吸附位的吸附活性。

当 Hg^0吸附在 C（7）和 C（9）吸附位时（构型 G、H），吸附能绝对值仅分别为 33.4kJ/mol 和 27.5kJ/mol，而且所获得的吸附高度较为接近，远大于其他吸附构型。根据 Zefirov[15]统计的原子范德华半径，C 原子的范德华半径与 Hg 原子的范德华半径之和为 3.7Å，与这两种吸附构型所获得的吸附高度接近，可得 Hg 原子与模型的相互作用以范德华力等弱相互作用为主；同时，由 Mulliken 布居分析可得，当吸附体系处于平衡构型时，Mulliken 布居数分别为 0.025 和 0.015，表明在吸附过程中，仅有少量电子从 Hg^0转移到生物焦表面，Hg 与生物焦之间的作用力不足以形成化学吸附。因此，在 G 和 H 这两种吸附构型下，Hg^0与模型的相互作用以物理吸附为主，但强度较弱，很难稳定存在。

综上所述，Hg^0在生物焦表面的吸附过程主要取决于吸附位点所带的电荷情况，如果吸附位所带的是负电荷且电荷数较大，则利于生物焦表面对单质汞的吸附，而且吸附位的邻位原子所带电荷情况也会对吸附位的吸附活性产生较大影响；同时，Hg^0在生物焦表面的吸附主要以化学吸附为主，且主要以构型 A、B、C、D、E 和 F 这 6 种形式稳定存在。另外，所获得的理论计算结果与前文实验研究结果一致，表明量子化学的理论计算可以作为揭示汞吸附机理的一种有效方式，对于获得高效廉价的可替代汞吸附剂具有指导意义。

6.8　小结

本章结合已获得的生物焦微观特性，通过超导核磁共振波谱仪、透射电镜对生物焦的有机碳架结构、微晶形貌与晶格特征进行了研究，并基于所获得的化学结构利用 ChemBioOffice 构建了生物焦的分子结构单体模型，对模型进行了验证。基于分子力学，在 UFF、Dreiding 和 MM2，三种力场下对三维模型进行了结构优化；基于密度泛函理论，采用 B3LYP - D3 方法，选取生物焦模型的所有边缘位置作为模拟吸附的活性位，对 Hg^0 在生物焦表面的吸附过程进行了理论计算。所获得的主要结果如下：

（1）核桃壳生物焦主要由C、H、O和N元素构成，生物焦分子结构中芳香碳是主要组成部分，脂肪碳则起到联结芳香结构单元的作用；生物焦结构中存在一定数量的石墨微晶结构，且条纹间距为0.3624nm。

（2）生物焦分子结构模型以芳香结构为主，并含有1个甲基、4个羟基以及8个羰基，分子式为$C_{55}H_{37}NO_{14}$，分子量$M_r=935$；所构建分子模型的^{13}C-NMR预测计算谱图与实验谱图总体吻合度较高，且与FTIR、元素分析等表征结果一致。

（3）UFF、Dreiding和MM2三种力场对三维模型的结构优化结果中，UFF力场下优化后的三维结构总势能最大，MM2力场下势能最小；通过量子化学半经验PM6方法对三种优化后构象的生成热进行计算可得Dreiding力场下优化的结构更稳定。

（4）生物焦对Hg^0的吸附方式主要以化学吸附为主，且所吸附的Hg^0可以稳定存在于生物焦表面。

（5）Hg^0在生物焦表面的吸附过程主要取决于吸附位点所带的电荷情况，如果吸附位所带的是负电荷且电荷数较大，则利于生物焦表面对单质汞的吸附，而且吸附位的邻位原子所带电荷情况也会对吸附位的吸附活性产生较大影响。

参考文献

[1] 陈昌国，鲜学福．煤结构的研究及其发展［J］．煤炭转化，1998，21（2）：7-13.

[2] Wiser W H，Singh S，Qader S A，et al. Catalytic hydrogenation of multiring aromatic coal tar constituents［J］. Industrial and Engineering Chemistry Product Research and Development，1970，9（3）：350-357.

[3] Carlson G A. Computer simulation of the molecular structure of bituminous coal［J］. Energy & Fuels，1992，6（6）：771-778.

[4] Liu J，Qu W，Sang W J，et al. Effect of SO_2 on mercury binding on carbonaceous surfaces［J］. Chemical Engineering Journal，2012，184（2）：163-167.

[5] Theilacker K，Arbuznikov A V，Bahmann H，et al. Evaluation of a combination of local hybrid functionals with DFT-D3 corrections for the calculation of thermochemical and kinetic data［J］. Journal of Physical Chemistry A，2011，

115 (32): 8990 - 8996.

[6] Valentin D I, Cristiana, PACCHIONI, et al. Conversion of NO to N_2O on MgO thin films [J] . Journal of Physical Chemistry B, 2002, 106 (31): 7666 - 7673.

[7] Di Valentin C, Del Vitto A, Pacchioni G, et al. Chemisorption and Reactivity of Methanol on MgO Thin Films [J] . The Journal of Physical Chemistry B, 2002, 106 (46): 61 - 69.

[8] Valentin C D, Pacchioni G, Chiesa M, et al. NO Monomers on MgO Powders and Thin Films [J] . The Journal of Physical Chemistry B, 2002, 106 (7): 1637 - 1645.

[9] Wilcox J, Marsden D C J, Blowers P. Evaluation of basis sets and theoretical methods for estimating rate constants of mercury oxidation reactions involving chlorine [J] . Fuel Processing Technology, 2004, 85 (5): 391 - 400.

[10] Wilcox J, Robles J, Marsden D C, et al. Theoretically predicted rate constants for mercury oxidation by hydrogen chloride in coal combustion flue gases [J] . Environmental Science & Technology, 2003, 37 (18): 4199 - 4204.

[11] Liu J, Wenqi Q U, Yuan J, et al. Theoretical studies of properties and reactions involving mercury species present in combustion flue gases [J] . Energy & Fuels, 2010, 24 (1): 117 - 122.

[12] Solum M S, Pugmire R J, Jagtoyen M, et al. Evolution of carbon structure in chemically activated wood [J] . Carbon, 1995, 33 (9): 1247 - 1254.

[13] Schiwieters C D, Kuszewski J J, Tjandra N, et al. The Xplor - NIH NMR molecular structure determination package [J] . Journal of Magnetic Resonance, 2003, 160 (1): 65 - 73.

[14] Hobson J P. Physical adsorption [J] . Critical Reviews in Solid State Sciences, 1993, 4 (1/2/3/4): 221 - 245.

[15] Zefirov Y V. Van der Waals atomic radii of group metals [J] . Russian Journal of Inorganic Chemistry, 2000, 45 (10): 1552 - 1554.